Phi Weber

Die Wunder des Kosmos

Phi Weber

Die Wunder des Kosmos

Zufriedenheit und inneres Wachstum mithilfe der Astrologie

allegria

Wir verpflichten uns zu Nachhaltigkeit
- Papiere aus nachhaltiger Waldwirtschaft und anderen kontrollierten Quellen
- Druckfarben auf pflanzlicher Basis
- ullstein.de/nachhaltigkeit

FSC www.fsc.org
MIX
Papier | Fördert gute Waldnutzung
FSC® C002795

Allegria ist ein Verlag
der Ullstein Buchverlage GmbH

ISBN: 978-3-7934-2460-4
2. Auflage 2024

Redaktion: Ines Schoberwalter
Grafiken und Collagen: © Ann-Kathrin Hochmuth
Illustrationen (Titelabbildungen und Innenteil): © Anna Mia Junker
Gesetzt aus der Jost
Satz: Arnold & Domnick, Leipzig
Druck und Bindearbeiten: Livonia Print, Riga
Printed in Latvia

Ich möchte dieses Buch gerne dir und allen weiteren mutigen, neugierigen und vertrauensvollen Leser:innen widmen, die sich für die Wunder des Kosmos öffnen. Mit jeder Seite, die du in diesem Buch vorankommst, vergrößert sich dein Verständnis für dich selbst und das Verhalten deiner Mitmenschen. Die Wunder des Kosmos helfen dir dabei, deine Arme auszubreiten, dein Herz ganz weit zu öffnen und dich liebevoll willkommen zu heißen in den Tiefen deiner inneren Welt.

Mögen dir die nachfolgenden Seiten viele Satori-Momente bescheren.

Deine Phi

Inhalt

VORWORT

Astrologie à la Phi

Weißt du, was die Superpower der Astrologie ist? Selbsterkenntnis und Selbstfindung! Mit Unterstützung der Astrologie lernst du dich in all deinen tiefsten Facetten kennen. Sie zeigt dir, wer du sein kannst, wenn du bereit bist, in dein unerschöpfliches Potenzial zu finden, und sie offenbart dir demgegenüber, wer du bist, wenn du dich dieser Transformation verschließt.

Astrologie kreiert Bewusstheit für das eigene Sein, und sie lässt dich deine Mitmenschen und das Leben mit ganz neuen Augen betrachten.

Du allein hast es in der Hand, deine Anlagen zum Höchsten und Besten auszuleben, an deinen Schwächen zu arbeiten und deine Stärken zu sublimieren. In diesem Buch wirst du vieles über dich in Erfahrung bringen, nach und nach verborgene Puzzlestücke aufspüren, die du zu einem großen Ganzen zusammensetzt, mit dem du letztlich dein Leben auf ein neues Level heben kannst.

Die Form der Astrologie, mit der ich arbeite, ist zeitgemäß, bodenständig und berücksichtigt, dass Persönlichkeits- und Bewusstseinsentwicklung eine immer wichtigere Rolle in unserer Gesellschaft einnimmt. Moderne Astrologie ist ein grandioses Tool, um die eigene Bewusstseinsentwicklung wie durch einen Katalysator zu beschleunigen und regelrechte innerliche Quantensprünge zu vollziehen. Der Gedanke, dass wir durch das Schärfen unserer Bewusstheit inneres Wachstum anregen, hat mich schon immer fasziniert. Aufmerksam das eigene Verhalten zu beleuchten, sich selbst zu reflektieren und über bestehende Dynamiken hinauszutreten, lässt uns ungeahnte Potenziale freisetzen und zugleich einen Ausbruch des Wundersamen erleben.

Dieser Wachstums- und Entwicklungsgedanke liegt meiner gesamten Arbeit mit der Astrologie sowie der Art und Weise, wie ich sie in die Welt trage, zugrunde. Mit der Astrologie zu wachsen, bedeutet, mit kosmischem Rückenwind auf das kristallblaue Meer deiner individuellen Talente und Stärken hinaus zu segeln. Wir alle brillieren in bestimmten Dingen, während andere uns wiederum viel Mühe bereiten, uns an die Grenzen unserer Komfortzone bringen oder uns regelrecht resignieren lassen. Jede:r von uns ist anders! Und genau das berücksichtigt die Astrologie. Viel mehr noch! Sie stellt ein verlässliches Navigationssystem dar, das dich ohne Umwege auf dem schnellsten Weg zu deinen einzigartigen Fähigkeiten führt. Sie ermöglicht es dir, deine Andersartigkeit zu entdecken und dein gesamtes Leben um sie herum zu errichten, anstatt dich in einen Schuh zu zwängen, in den du gar nicht hineinpasst.

Während eine Person mit Leichtigkeit zum Mikrofon greift und ihren Lieblingssong mit theatralischer Choreografie zum Besten gibt, schreibt eine andere Person im Stillen begnadete, herzzerreißende Liebesromane. Auch die Bereiche in unserem Leben, die uns Angst machen, uns innerlich aufwühlen oder trotzig das Handtuch werfen lassen, sind so einzigartig wie unsere Talente. Das Gefühl, von anderen nicht verstanden zu werden, sich selbst als nicht wertvoll zu erachten oder immer wieder an bestimmten Vorhaben zu scheitern, basiert auf Schattenaspekten in uns, die ebenso vielseitig sind wie unsere lichtvollen Aspekte. All diese Dinge lassen sich mit einem geschulten Blick aus deinem Geburtshoroskop herauslesen, und du kannst auf diese Weise ganz gezielt ausfindig machen, wie du die in dir bestehenden Themen in die Heilung bringen und deine Fähigkeiten in Freude und Mühelosigkeit zum Ausdruck bringen kannst.

Haben wir erst einmal erkannt, welche einzigartigen Gaben wir mitbringen, können wir unserem Wunsch nach einer sinnvollen Betätigung Ausdruck verleihen. Wir beginnen, unserer ureigenen schöpferischen Vision Leben einzuhauchen und unserer Genialität Flügel zu verleihen. Auch die Herausforderungen und Lektionen, die wir auf unserem Weg zu meistern haben, betrachten wir aus einer völlig neuen Perspektive: Wir bewerten sie nicht mehr als ungerechtes Übel und erklären uns auch nicht mehr resigniert zum Opfer der Umstände, sondern erblicken in allem die Chance, innerlich zu wachsen. Von der Peripherie aus lässt sich schließlich der übergeordnete Kontext viel leichter begreifen, und so fassen wir den bewussten Entschluss, nicht länger gegen das Leben anzustrampeln und am Ende in den Gewässern der Unklarheit und Überforderung verloren zu gehen.

Ich persönlich nutze die Astrologie für meine Bewusstseinsentwicklung, indem ich mir immer wieder vor Augen führe, dass ich eine Wahl habe, wie ich meine Anlagen ausdrücke und verkörpere. Wenn ich weiß, wann und warum sich bestimmte meiner inneren Muster verselbstständigen, weiß ich, worauf ich achten darf, kann mich schneller reflektieren und mir vor Augen führen, woraus diese Reaktion gerade erwächst. Mit zunehmender Bewusstheit habe ich mein reaktives in ein aktives Leben gewandelt. Anstatt inneren Mechanismen oder äußeren Geschehnissen die Kontrolle über mein Leben zu überlassen, übernehme ich das Ruder selbst und justiere mich neu. Hast du deine inneren Dynamiken erst einmal entlarvt und durchschaut, können sie dich nicht mehr so leicht steuern und unbemerkt lenken.

Astrologie hilft dir, dich und dein Verhalten klar und deutlich wahrzunehmen, wodurch dir bewusst wird, dass du die Wahl hast, wie du agieren und reagieren möchtest. Sie hebt deine unbewussten Prozesse ins Licht deines Bewusstseins, sodass du erkennst, dass du allein der/die Erbauer:in deines Lebens und zugleich der/die Architekt:in deiner Zukunft bist.

Moderne Astrologie – die Kunst, mit der Astrologie zu wachsen

Hast du dich schon einmal mit der Astrologie beschäftigt? Ganz egal, wie deine Antwort auf diese Frage ausfällt, würde ich dich gerne einladen, mich in die Weiten des Kosmos zu begleiten und mit mir gemeinsam die Frage zu klären, was unter Astrologie eigentlich zu verstehen ist. Zunächst einmal kannst du sie dir gerne als Melodie oder auch als Sprache des Kosmos vorstellen. Dane Rudhyar hat es im folgenden Zitat auf ganz zauberhafte Weise formuliert:

»Astrology is a language.
If you understand this language,
the sky speaks to you.«

Doch welche Botschaften hat das Universum eigentlich für dich? Sagt es dir die Zukunft voraus? Flüstert es dir konkrete Hilfestellungen ein? Kündigt es dir die Begegnung mit dem Traumprinzen oder der Märchenprinzessin an? Warnt es dich vor Zwists mit Familienmitgliedern? Oder verkündet es dir gar verheißungsvoll ein unerwartetes Jobangebot?

Häufig sind genau das die Vermutungen von Menschen, die sich noch nicht tiefergehend mit der Astrologie auseinandergesetzt haben. Am meisten profitierst du allerdings von der Astrologie, wenn du sie als kraftvolles Tool der Persönlichkeits- und Bewusstseinsentwicklung betrachtest. Fernab der Prognose von äußeren Geschehnissen liefert Astrologie nämlich treffsichere Hinweise über deine innere Welt, deine Charakteristika, Lernaufträge und Lebenslektionen, die dich nicht nur über dich hinauswachsen lassen, sondern dir den Blick auf deine eigene Meisterhaftigkeit eröffnen und dich in Verbindung mit deiner wahren Essenz bringen.

In den letzten Jahren war eine äußerst spannende Entwicklung zu beobachten: Spiritualität, Persönlichkeitsentwicklung und Bewusstseinserweiterung hielten immer mehr Einzug in unsere Gesellschaft, und auch die Astrologie wird heute mit anderen Augen betrachtet. Nicht nur, dass die Mondenergie einen wesentlich größeren Einfluss auf die Alltagsgestaltung hat, auch die Rückläufigkeit Merkurs ist bereits Wochen vor ihrem offiziellen Start in aller Munde. Viele Menschen ergoogeln ihren Aszendenten und ihr Mondzeichen, um ein besseres Gespür für sich selbst und die eigenen Anlagen zu entwickeln. Das größte Potenzial der Astrologie besteht nämlich darin, sich selbst in den schillerndsten Facetten zu entdecken, Familien-, Selbstwert- und Beziehungsdynamiken aufzudecken und die Auslöser hinter bestimmten Verhaltens- und Denkmustern zu begreifen. Astrologie eröffnet uns einen verlässlichen Einblick in unsere Stärken und Schwächen.

Gibt es so etwas wie Schwächen überhaupt?

Hast du dich gerade direkt an dem Begriff »Schwächen« gestoßen? Die Bewertung bestimmter Anlagen als Schwächen führt meist direkt zu der Diskussion, ob »Schwäche« nicht ein völlig überholtes Wort ist, dem eine subjektive Bewertung zugrunde liegt und immer eine Art Einteilung in gut und schlecht erforderlich macht. Dabei ist es doch genau das, was einem spirituellen sowie ego-freien Ansatz entgegensteht. Schwächen sind schließlich Betrachtungssache und lassen sich leicht relativieren, nicht wahr? Außerdem führt der Begriff der Schwäche zu der Vermutung, wir seien fehlerhaft oder gar unvollkommen und müssten erst durch das Überwinden unserer Schwächen in einen Zustand gelangen, in dem wir makellos und liebenswert sind. **Die Frage lautet also: »Hat der Begriff ›Schwächen‹ überhaupt noch einen Platz in der spirituellen Weltsicht?«** Meine Antwort darauf lautet: Es kommt darauf an, wie er verwendet wird. Dient er einzig dazu, das Verhalten eines anderen Menschen herabzuwürdigen, seine Selbstwahrnehmung negativ zu beeinflussen oder sich selbst für ein bestimmtes Verhalten abzulehnen, sollten wir sehr vorsichtig mit ihm sein.

Ich verwende den Begriff der Schwächen demgegenüber einzig, um Anlagen zu beschreiben, die unsere Aufmerksamkeit verdienen, weil sie sich verselbstständigen und uns das Leben unnötig schwer machen können. Wir alle besitzen auf der einen Seite Merkmale, die lichtvoll und fantastisch sind, die wir an uns mögen und die unsere Talente, Gaben und Stärken zum Ausdruck bringen. Doch auf der anderen Seite kennzeichnen uns auch Anlagen, die wir nicht ganz so gern an uns haben, die die Dinge verkomplizieren und die wir genauer beleuchten sollten, da sich in ihnen unser größtes Wachstumspotenzial verbirgt. Unsere Schwächen zu negieren stünde unserem inneren Wachstum und unserer persönlichen Weiterentwicklung im Weg.

> Natürlich sind wir genau richtig, wie wir sind! Doch das heißt nicht, dass wir für immer so bleiben müssen, wie wir sind.

Das Leben bietet uns unzählige Gelegenheiten, über bestehende Grenzen hinauszutreten – sowohl im Innen wie im Außen. Du erinnerst dich bestimmt an einige Momente in deinem Leben, die dir großes Unbehagen bereitet haben, weil du herausgefordert warst, etwas zu tun, von dem du überzeugt warst, dass du es nicht kannst. Dort, wo wir das größte Unbehagen empfinden, warten die größten Chancen auf uns. Haben wir unseren Schwächen erst einmal kühn ins Auge geblickt, fühlen wir uns regelrecht elektrisiert, energiegeladen und hoffnungsvoll – genauso wie ein Kind, das das erste Mal vom Drei-Meter-Brett springt und direkt beim Auftauchen aus dem Wasser freudig »Noch mal!« ruft. Genauso fühlt sich Wachstum an! Und sind wir erst einmal auf den Geschmack gekommen, bekommen wir gar nicht mehr genug davon. All unsere Schwächen stellen wundervolle Wachstumschancen dar: Je mehr wir haben, desto besser! Denn umso öfter wird uns das beglückende und befreiende Gefühl zuteil, mutig über uns hinauszuwachsen.

Je mehr Schwächen wir haben, desto mehr lässt sich in Stärken wandeln

Indem wir unseren Schwächen unsere Aufmerksamkeit schenken, uns ihrer bewusst werden und durch intensive Reflexion unser Verhalten besser begreifen, können wir unsere Schwächen in Stärken wandeln. Ich betrachte Schwächen als etwas Neutrales. Es geht nicht darum, unsere Schwächen oder Schatten zu bekämpfen, sondern vielmehr darum, sie frei von Wertung wahrzunehmen und uns die Frage zu stellen, ob wir uns auch weiterhin so verhalten und fühlen wollen. Jede:r von uns ist mit einzigartigen Stärken und Schwächen ausgestattet, jede:r von uns darf andere Dinge lernen und sich auf einzigartige Weise entwickeln. Die Astrologie hilft uns dabei, ein umfassendes Bild über unsere Anlagen zu erlangen, egal wie diese aussehen, ob positiv oder negativ, gut oder schlecht, lichtvoll oder schattenhaft. Denn es geht gerade nicht darum, unsere Anlagen zu bewerten, uns Vorwürfe zu machen oder uns selbst zu verurteilen, sondern vielmehr darum, ein Bewusstsein für unsere Anlagen zu schaffen und diejenigen, unter denen wir leiden oder bei denen wir zum Schluss kommen, dass sie uns nicht mehr dienen, zu transformieren.

In diesem Buch werde ich dir all die lichtvollen wie auch schattenhaften Aspekte der einzelnen Tierkreiszeichen aufzeigen. Gerade wenn es um die schattenhaften Merkmale der verschiedenen Tierkreiszeichen geht, kann es sein, dass du dich manchmal ganz schön getriggert fühlst. Vielleicht musst du in diesen Momenten mein Buch erst einmal zur Seite legen, tief durchatmen und dir einen Matcha Latte machen (Stier). Unter Umständen gehst du ihm auch schmollend eine Woche aus dem Weg (Krebs) oder pfefferst es ohne zu zögern aus dem Fenster (Widder). All diese Reaktionen weiß ich sehr zu schätzen. Denn wenn du auf diese Weise reagierst, zeigt das, dass du dich persönlich angesprochen fühlst – und das ist die Voraussetzung dafür, dass dieses Buch große Wellen in deinem Leben schlagen wird, es dir die Augen öffnen und dir zu innerem Wachstum verhelfen wird. Freue dich also am besten jedes Mal, wenn sich dein Ego beim Lesen der nachfolgenden Kapitel rührt, weil du daran erkennst, wie wertvoll die Aha-Momente sind, die du über dich und dein Verhalten gewinnst.

Nur indem ich die Schatten, Schwächen und Ego-Ausformungen der einzelnen Tierkreiszeichen klar und unverblümt skizziere, dir aufzeige, wann sich dein Ego einschaltet und du in gewisse Dynamiken kippst, kann ich dir auch einen Weg heraus zeigen. Und genau das ist es, was ich mit diesem Buch erreichen möchte: Dass du dich in all deinen Facetten erfassen und gezielt diejenigen Muster ausfindig machen kannst, die dich unfrei machen. Denn nur so ist es dir möglich, dich zu befreien, zu wachsen und so richtig upzuleveln.

Doch was ist nun moderne Astrologie genau?

Astrologie ist ein Tool, das dich dabei unterstützt, persönlich und seelisch zu wachsen. Es hilft dir, ein Bewusstsein für deine individuellen Anlagen zu entwickeln, und ermöglicht es, ein paar Schritte zurückzutreten, um eine frische Perspektive einzunehmen und dich treffsicher zu reflektieren. Wenn du dein Geburtshoroskop kennst, eröffnet sich dir eine ganz *neue Dimension der Selbsterkenntnis.*

Dein Geburtshoroskop stellt nämlich eine Art Screenshot des Himmels zum Zeitpunkt deiner Geburt dar. Es bildet ab, wie die Planeten zum exakten Zeitpunkt deiner Geburt am Firmament positioniert waren. Dieser energetische Fingerabdruck begleitet dich ein Leben lang, er ist einzigartig – genau wie du – und bietet dir Aufschluss darüber, welche Potenziale in dir schlummern und nur darauf warten, von dir erweckt zu werden. Zugleich zeigt es auf, welche Herausforderungen, Lektionen und Lernaufgaben du meistern darfst und welche kosmischen Geschenke in Form von Stärken und Begabungen du mitbringst, um ebendiese Aufgaben zu meistern.

Und was ist in diesem Zusammenhang nun die Rolle meines Sternzeichens?

Die kurze Antwort lautet: »Ein Aspekt von vielen!«. Vielleicht überrascht es dich, zu hören, dass dein Sternzeichen nicht ganz so viel über dich aussagt, wie man es vermuten würde. Genau genommen verrät es dir, in welchem der 12 Tierkreiszeichen (Sternzeichen) sich die Sonne zum Zeitpunkt deiner Geburt befand. Wenn du also Sternzeichen Löwe bist, hast du in der *Leo Season* Geburtstag, und das bedeutet, dass sich die Sonne bei deiner Geburt im Zeichen Löwe aufhielt. Allerdings ist die Sonne nur ein Aspekt von vielen, die in der Astrologie etwas über die Charaktereigenschaften eines Menschen erahnen lassen. Sonst wären ja alle Krebse empathische Mimöschen und alle Widder impulsive Abenteurer.

Daneben gibt es noch weitere Faktoren, die es zu berücksichtigen gilt, wie den Mond, Merkur, Venus, Mars und nicht zu vergessen den Aszendenten. Vielleicht erahnst du bereits die Komplexität der Astrologie und begreifst, weshalb Löwe nicht gleich Löwe und Skorpion nicht gleich Skorpion ist. Denn während häufig nur die Rede vom Sternzeichen beziehungsweise dem Sonnenzeichen ist, werden alle weiteren Faktoren vernachlässigt. Doch erst wenn du weißt, in welchen Zeichen Sonne, Mond, Merkur, Venus, Mars und der Aszendent in deinem Geburtshoroskop stehen, können stichhaltige Aussagen darüber getroffen werden, welche Tierkreiszeichen in dir angelegt sind, in welchem Maß sie dich prägen und welche wundervollen Stärken, Gaben und Talente du mitbringst. Erst dann kennst du deine Betonungen. Hast du beispielsweise die Sonne im Krebs, deinen Mond im Wassermann und deinen Aszendenten im Stier, weist du sowohl eine Krebs-, Wassermann- als auch Stier-Betonung auf und solltest die Kapitel über den Krebs, Wassermann und Stier in diesem Buch genauestens studieren.

Die Sonne ist nur ein Aspekt von vielen in der Astrologie.

So kannst du *Die Wunder des Kosmos* basierend auf deinem aktuellen Wissensstand zur Astrologie gezielt für dich und die Entwicklung deines Bewusstseins nutzen:

Wenn du ein Astro-Newbie bist, nimmt dich das Buch behutsam an die Hand und führt dich durch den Tierkreis. Tauche in deine Betonungen ein und prüfe durch die praktischen Übungen in jedem Kapitel dein neu erworbenes Wissen direkt auf Praxistauglichkeit bei dir und in deinem Umfeld.

Du hast bereits erste Berührungspunkte mit der Astrologie gehabt und möchtest näher in die Materie eintauchen? Du erfährst mehr über die Qualitäten der einzelnen Archetypen und deren Entwicklungs- und Wachstumspotenziale. Lerne, wie du die einzelnen Eigenschaften miteinander in Zusammenhang bringst und dadurch dich und andere Menschen besser verstehst.

Selbst wenn du bereits intensiv mit der Astrologie in Berührung gekommen bist, liefert dir mein Buch ganz neue Ansätze und Betrachtungsweisen auf die einzelnen Archetypen. Setze dich intensiv mit den drei Bewusstseinsstufen der jeweiligen Zeichen sowie den Wachstumsmöglichkeiten innerhalb eines Kreuzes auseinander, um ein noch tieferes Gespür für dich und deine Mitmenschen zu erhalten.

Das Spannende daran ist, dass jedes einzelne Tierkreiszeichen auf unterschiedlichste Weise ausgelebt werden kann. Die Bewusstheit eines Menschen entscheidet darüber, wie er seine Anlagen zum Ausdruck bringt, welche Entscheidungen er trifft, welche Handlungen er vornimmt und welche Ergebnisse er erzielt. Es wird nachfolgend für dich sehr erhellend sein, die unterschiedlichen Ausdrucksformen der Tierkreiszeichen auf den verschiedenen Bewusstseinsstufen zu betrachten. Du wirst sehen, in welchen Situationen du dich noch unbewusst verhältst, welche Dinge du bereits über dich in Erfahrung gebracht hast, wo du also schon sehr aufmerksam und reflektiert vorgehst, und hinsichtlich welcher Anlagen du die Fähigkeit hast, sie auf lichtvolle und für dich selbst und andere gewinnbringende Weise einzusetzen.

Die Bewusstheit eines Menschen entscheidet darüber, wie er seine Anlagen zum Ausdruck bringt.

Stößt du in dir die in jedem Tierkreiszeichen vorhandene Bewusstseinsentwicklung an, erlebst du die Wunder des Kosmos, über die ich in diesem Buch schreibe. Für mich verkörpern sie Satori-Momente. »Satori« bedeutet auf Japanisch »Verstehen«, »Erkennen« oder auch »Erwachen«. Im Zen-Buddhismus ist unter einem Satori-Moment ein Augenblick der Erleuchtung zu verstehen. Er schenkt uns erhellende Einsichten in die Natur und Beschaffenheit des Lebens sowie in unsere eigene Existenz und eröffnet uns somit ein plötzliches Erfassen all dessen, was ist.

Was sind die Wunder des Kosmos?

Wenn wir uns selbst wahrhaftig begegnen und uns die Auslöser unserer inneren Dynamiken wie Schuppen von den Augen fallen, erwachen wir. Diese Erwachensmomente können als Satori-Momente, Augenblicke des plötzlichen Erwachens, bezeichnet werden. Wenn dir ein Satori-Moment zuteil wird, erlebst du einen der stärksten Aha-Momente überhaupt. Das Licht der Wahrheit durchdringt dein gesamtes System, und du spürst, dass du gerade eine Erkenntnis gewonnen hast, die dein Leben grundlegend verändern wird. Wird dir einmal eine solche Erkenntnis zuteil, ist es dir nicht mehr möglich, entgegen dieser Wahrheit zu handeln. Ist dir etwas derart klar geworden, kannst du nicht mehr in den alten Schuh zurück. Egal, wie sehr du versuchst, dich hineinzuzwängen, er passt einfach nicht mehr.

Diese Erwachensmomente katapultieren dich blitzartig aus deinem bisherigen Glaubenssystem und eröffnen dir eine neue Wahrheit, manchmal einen völlig neuen Blick auf die Welt. Aus diesem Grund stellen Satori-Momente Augenblicke der Befreiung und des Wachstums dar. Durch sie löst du dich von alten Überzeugungen, konditionierten Herangehensweisen oder gar einem destruktiven Selbstbild, das du bisher unkritisch als die einzige Wahrheit betrachtet hast. Sie ermöglichen es dir, dein Ego zurückzudrängen, sodass deine Seele in klaren, unmissverständlichen Worten zu dir sprechen kann. Dich durchströmt Gewissheit darüber, dass das, was du im Rahmen dieses majestätischen Aha-Moments erkannt hast, die Wahrheit ist. Die Weisheit, die daraus erwächst, ist fortan in dir abgespeichert. Zwar kann es zunächst einmal Zeit in Anspruch nehmen, die neu gewonnene Erkenntnis zu verkörpern. Vielleicht testet dich das Universum auch darin, wie konsequent du das Erkannte anwendest oder ob du in Krisenmomenten in dein altes Verhalten zurück kippst. Doch auf lange Sicht gesehen gibt es kein Zurück mehr.

Wenn du beispielweise bisher geglaubt hast, nur etwas wert zu sein, wenn du einen übermenschlichen Einsatz erbringst, dich unerbittlich an deinen Zielen festbeißt und nicht lockerlässt, bis du sie erreicht hast, war die Vorstellung für dich, in Leichtigkeit Erfolge zu erzielen und um deiner selbst willen wertgeschätzt zu werden, unvorstellbar. Erkennst du nun aber durch die Auseinandersetzung mit deinen astrologischen Prägungen, dass diese inneren Überzeugungen und das daraus resultierende Verhalten Ausdruck deiner Steinbock-Anlage sind, wird dir klar, dass du es in der Hand hast, wie du deine Steinbock-Betonung auslebst. Du beschließt, dich von der Härte, die du dir selbst entgegenbringst, zu befreien und dich zunehmend von deinen überhöhten Perfektionsansprüchen zu lösen. In dem Moment, in dem du erkennst, dass es dir gelungen ist, liebevoller mit dir zu sein, dich nicht mehr so sehr unter Druck zu setzen und dich zu lieben, wie du bist, wird dir klar, dass dir etwas gelungen ist, das du zuvor für unmöglich gehalten hast. Im Folgenden erzielst du grandiose Resultate ganz ohne belastenden Leistungsdruck, profitierst von deiner enormen Schaffenskraft und der Präzision, mit der du dich deinen Vorhaben widmest. Das scheinbar Unmögliche möglich zu machen ist die klassische Definition eines Wunders. Das sind die Wunder, die ich in diesem Buch behandle. Die Wunder des Kosmos, und damit auch die Wunder deines inneren Universums.

Die Macht der Bewusstseinsentwicklung

Das Äußere spiegelt immer das Innere wider. Das persönliche Umfeld, das Maß an Erfüllung und Liebesglück sowie die Wirkungsmöglichkeiten, die uns zur Verfügung stehen, sind immer ein Ausdruck dessen, was in unserer Innenwelt vor sich geht. Viele Menschen sind sich dieser Dynamik nicht bewusst, machen ihre Lebensumstände und Mitmenschen für bestimmte Geschehnisse oder Gefühle verantwortlich und übersehen dabei die Wirkmacht, die sie selbst besitzen: dass sie nur etwas in ihrem Leben ändern können, wenn sie im eigenen Inneren aufräumen.

Für sie ist das, was unter der Oberfläche und in ihren Tiefen verborgen liegt, noch nicht zugänglich, und so erkennen sie die Parallelen zwischen ihrer inneren und äußeren Welt noch nicht. Denn die wahren Auslöser für äußere Geschehnisse verbergen sich gut getarnt in den Tiefen des eigenen Unterbewusstseins, und man erhascht erst dann einen Blick darauf, wenn äußere Umstände einen eklatant darauf stoßen und damit konfrontieren.

Das Außen stößt uns auf das Innen

Unsere Umwelt stellt einen kostbaren Spiegel für uns dar, der es uns ermöglicht, unsere Innenwelt zu erforschen. Dieser Spiegel projiziert unsere Ängste, Zweifel und Unsicherheiten zu uns zurück, und wir sind dadurch erstmals imstande, wahrzunehmen. Durch äußere Erfahrungswerte gewinnen wir also Erkenntnisse über die Gefühle, Verletzungen, Konditionierungen und Überzeugungen, die in uns aktiv sind, auch wenn wir bisher noch keine Notiz davon genommen haben.

Bestimmte Lebensabschnitte, schicksalhafte Wendungen oder konkrete Begegnungen bringen uns mit Anteilen von uns in Kontakt, von denen wir zuvor gar keine Notiz genommen haben. Dadurch gelingt es uns, einen Zusammenhang herzustellen zwischen äußeren Erlebnissen und unseren inneren Denk- und Verhaltensmustern. Wir erkennen folglich, wie äußere Ereignisfolgen mit unserem inneren Glaubenssystem korrelieren. Dabei wird die Bewusstseinsentwicklung einer Person durch äußere Faktoren angestoßen. Beispielsweise wird man von der/dem Partner:in verlassen, weil man seine Eifersucht nicht im Griff hat. Der Schmerz über die Trennung veranlasst einen, sich tiefergehend mit seiner Eifersucht und den dahinterliegenden Auslösern zu befassen. Man erkennt, dass diese Eifersucht auf starken Verlustängsten gründet, die daraus erwuchsen, dass der eigene Vater die Familie verließ, als man noch ein kleines Kind war. Die Trennung und der damit einhergehende Trennungsschmerz, das Gefühl des Verlassenseins und die Trauer über das Ende der Beziehung haben einen bedeutenden Erkenntnisprozess in Gang gesetzt und letztlich dazu geführt, dass man sich über verborgene innere Dynamiken bewusst wird und daran zu arbeiten beginnt. Das Verlassenwerden war ein wesentlicher Faktor in der Bewusstseinsentwicklung dieses Menschen, mithin hat ein äußeres Erlebnis einen bedeutenden inneren Wachstumsprozess angeregt.

Diese Form der Bewusstseinsentwicklung verläuft unbewusst und reaktiv. Ein Geschehnis tritt ein – nicht selten plötzlich und unerwartet –, und wir finden uns in einer Situation wieder, in der wir nur noch reagieren können. Begleitet wird diese Situation zumeist von Gefühlen der Ohnmacht und Hilflosigkeit. Haben wir den ersten Schock überwunden, versuchen wir den Kopf über Wasser zu halten, das Beste daraus zu machen und zu akzeptieren, was wir nicht ändern können. Die unbewusste, reaktive Bewusstseinsentwicklung bedarf zunächst einer realen Erfahrung, die außerhalb unseres Selbst liegt. Erst durch das Erleben unseres Selbst in Verbindung mit der äußeren Erfahrung gewinnen wir Erkenntnisse über unser eigenes Verhalten und beginnen uns weiterzuentwickeln. Äußere Geschehnisse (z. B. Kündigung) oder die Handlungen unserer Mitmenschen (z. B. Trennung) bieten uns Aufschluss darüber, an welchen Verhaltensweisen (z. B. Eifersucht) wir arbeiten sollten, um Fortschritte in unseren zwischenmenschlichen Verbindungen, unserem Berufsleben oder unserem inneren Wohlbefinden zu erzielen.

Die Bewusstseinsentwicklung mithilfe der Astrologie verläuft vollkommen anders! Sie besitzt einen sanften Rhythmus. Genau genommen verläuft sie exakt andersherum als die eben geschilderte reaktive, unbewusste Bewusstseinsentwicklung.

Das Innen stößt uns auf das Außen

Somit ist diese Form der Bewusstseinsentwicklung aktiv und bewusst, und damit nicht nur viel effektiver, sondern auch selbstbestimmter. Es bedarf keiner äußeren Erfahrungswerte, die einen auf innere Muster oder Anlagen stoßen, sondern durch einen Blick in das eigene Geburtshoroskop, auch Geburtschart genannt, erkennt man seine Betonungen, man weiß nun, welche Tierkreiszeichen in einem angelegt sind und was es zu beachten und aufzuarbeiten gilt. Die oben beschriebene Person, die mit starker Eifersucht und Verlustangst zu tun hat, weist beispielsweise eine Stier-Betonung auf. Typischer Schattenaspekt des Stiers ist Eifersucht, basierend auf Verlustangst. Weiß nun die betreffende Person, dass sie diese Anlage besitzt, kann sie sich nicht nur direkt mit ihrer Eifersucht auseinandersetzen, sondern weiß auch, dass diese aus hartnäckigen Verlustängsten erwächst. Sie kann sich beispielsweise intensiv mit den Erfahrungen ihrer Kindheit befassen, den Schmerz über die Trennung ihrer Eltern verarbeiten und so sukzessive ihre Eifersucht mindern. Durch das Wissen über ihre astrologischen Anlagen gelingt das vollkommen losgelöst von einem Gegenüber, das zunächst unter der Eifersucht leidet, wiederkehrenden Streitgesprächen rund um dieses Thema und einer schmerzvollen Trennung.

Wie du siehst, unterstützt uns Astrologie dabei, uns selbst zu begegnen, zu erkennen, was uns ausmacht in lichtvoller, wie auch schattenhafter Hinsicht, wodurch es uns möglich ist, all das, was um uns herum passiert, mit uns selbst in Verbindung zu setzen, Hinweise auf unser eigenes Verhalten zu erlangen und das Außen ganz bewusst als Spiegel wahrzunehmen. Bewusstseinsentwicklung ist ein fundamentaler Baustein der Erfahrung »Mensch«. Die Frage, die sich jedem von uns stellt, ist: Auf welche Art und Weise möchten wir wachsen? Wie soll unsere Bewusstseinsentwicklung aussehen? Möchten wir den Anstoß zur Weiterentwicklung immer nur von außen erhalten oder möchten wir es selbst sein, der den Entschluss dazu fasst? Im letztgenannten Fall steigen wir vollkommen rhythmisch und dynamisch Be-

> Bewusstseinsentwicklung ist ein fundamentaler Baustein der Erfahrung »Mensch«.

wusstseinsstufe für Bewusstseinsstufe empor und erkennen, dass wir auch in herausfordernden Momenten und im größten Wachstumsschmerz das Ruder in der Hand haben. Wir sind nie ohnmächtig oder handlungsunfähig, es gibt immer etwas, das wir tun können, selbst wenn das bedeutet, dass das Tun im Erkennen liegt. Gibt man dem eigenen Wachstum ein resolutes, bedingungsloses »Ja«, öffnen sich ungeahnte Türen, und man kann Hand in Hand mit dem eigenen Seelenplan voranschreiten.

Frage dich also immer, mit all deinem Wissen über deine astrologischen Betonungen, auf welche Weise sich deine Anlagen, Gefühle und Überzeugungen in der Außenwelt manifestiert haben. Bist du sehr Zwillinge- und Krebs-betont, kann es sein, dass sich dein Krebs-Herz nichts sehnlicher wünscht, als endlich bei einer anderen Person anzukommen, ein wohliges Zuhause zu erschaffen und in trauter Zweisamkeit ein gemeinsames Leben zu führen, während der Schattenanteil der Zwillinge unverbindlich und ungebunden sein will, um jederzeit durch die Hintertür zu entschwinden, wenn es darum geht, sich bedingungslos einzulassen. Nun ziehst du immer wieder aufs Neue Partner:innen an, die unter Bindungsängsten leiden und emotional nicht verfügbar sind, weil sich dadurch dein Zwillinge-Schatten ganz beruhigt zurücklehnen kann, ohne befürchten zu müssen, seine Freiheit und Flexibilität einzubüßen. Ohne das Wissen über dein Geburtschart würdest du zunehmend in den Opfermodus verfallen, frustriert darüber schimpfen, dass du immer nur die Falschen anziehst und du der/die Einzige bist, der/die scheinbar immer nur Pech in der Liebe hat. Kennst du nun aber die Stärken und Schwächen deiner Betonungen und deckst auf, dass deine eigene Angst, dich bedingungslos auf eine andere Person einzulassen, der versteckte Auslöser für die sich wiederholenden Dynamiken in deinem Liebesleben ist, begreifst du, dass allein du es in der Hand hast, etwas daran zu verändern. Du kannst dich mit deinen Bindungsängsten auseinandersetzen, frühere Beziehungsmodalitäten beleuchten und dir die Angst nehmen, in einer Beziehung gefangen und unfrei zu sein.

Dich mit Unterstützung der Astrologie zu entwickeln, bedeutet, dein eigenes Verhalten viel schneller zu durchschauen, viel deutlicher zu erkennen, wann deine Ängste und Unsicherheiten deine eigentlichen Wünsche torpedieren und etwas manifestieren, das du im Kern gar nicht möchtest. Dir wird bewusst, dass du deine Realität jederzeit umformen kannst, sobald du aufgedeckt hast, welcher innere Anteil dafür verantwortlich ist, dass sie sich dir auf die eine oder andere Weise zeigt. Letztlich wird es dir also möglich, dich selbst als die/den Erbauer:in deiner Realität zu begreifen und dir vor Augen zu führen, dass du deine Umwelt beliebig verändern und formen kannst, wenn du das innere Programm findest, das den jeweiligen äußeren Umstand erzeugt hat. Indem du deinen unbegrenzten geistigen wie auch emotionalen Fundus ausschöpfst, kreierst du eine vollkommen neue Realität.

Die Macht der Selbsterkenntnis

Neben der aktiven, bewussten Bewusstseinsentwicklung ermöglicht dir die Astrologie auch, dich selbst in deiner größten Strahlkraft, Heldenhaftigkeit und Vollkommenheit zu erblicken. Denn sie verändert die Art und Weise, wie du dich wahrnimmst. Natürlich ist deine Selbstwahrnehmung ausschlaggebend dafür, wie du deine Umwelt erlebst, und so verändert sich mit der Astrologie deine Sicht auf dich selbst und die Welt.

Während wir weiter oben beleuchtet haben, in welchem Zusammenhang deine inneren Anlagen mit den Erlebnissen stehen, in denen du dich wiederfindest, möchte ich dir in diesem Abschnitt erklären, welche fundamentale Wirkung dein Selbstbild auf das Erleben der Wirklichkeit hat.

Zunächst einmal ist es wichtig, festzuhalten, dass deine persönliche Wahrnehmung nicht deckungsgleich mit der Wirklichkeit ist. Das bedeutet, du ziehst nicht nur bestimmte Lernaufgaben, Lebensumstände oder Begegnungen an, die dich auf innere Konzepte und verborgene Muster hinweisen (siehe oben), sondern du entscheidest auch darüber, wie du das, was sich dir im Außen zeigt, erlebst. Deine persönliche Interpretation ist nämlich ausschlaggebend dafür, wie du die Welt um dich herum wahrnimmst. Und zwar nicht nur die Interpretation deiner Umwelt, sondern auch deiner inneren Welt. Änderst du deine innere Einstellung zu bestimmten Charaktermerkmalen, verändert sich automatisch auch deine Selbstwahrnehmung und deine Bewertung äußerer Erlebnisse.

Alles beginnt also damit, in einen ungetrübten Kontakt mit dem eigenen Ich zu kommen, und genau dabei unterstützt dich die Astrologie. Die Beziehung, die wir mit uns selbst führen, ist maßgeblich dafür, wie wir mit der Welt um uns herum interagieren und was wir in der Außenwelt vorfinden. Wir bekommen vom Leben nicht das, was wir wollen, sondern das, was wir sind. Bist du beispielsweise Wassermann-betont und leidest darunter, dass du anders bist als die anderen und dich stetig das Gefühl begleitet, dich verbiegen zu müssen, um gemocht zu werden, wirst du im Außen einerseits immer in Resonanz mit Menschen gehen, die deine Andersartigkeit herabwürdigen – schließlich erschaffen wir das Außen durch unsere inneren Überzeugungen. Doch daneben wirst du in einer Art Kreislauf die Kritik an deiner Andersartigkeit wieder heranziehen, um dich kleinzumachen und dich abzulehnen.

> **Die Beziehung, die wir mit uns selbst führen, ist maßgeblich dafür, wie wir mit der Welt um uns herum interagieren.**

Allerdings sind die Einzigartigkeit des Wassermanns, seine Genialität, sein Denken außerhalb des Gewöhnlichen und seine unkonventionelle Weltsicht seine größte Stärke. Durch diese Eigenschaften wird es ihm möglich, wesentliche Veränderungen anzustoßen, innovative Ideen anzupacken und den Mainstream aufzumöbeln. Als Wassermann ist es gerade nicht deine Aufgabe, hineinzupassen, sondern das Gewöhnliche zu revolutionieren. Ab dem Moment, in dem dir das bewusst wird, verändert sich deine Sicht auf die eigene Person, deine Fähigkeiten und deine Mission. Eigenschaften, die du zuvor an dir abgelehnt hast oder für die du dich verurteilt hast, nimmst du nun auf vollkommen neue und bereichernde Weise wahr, und so wird es dir möglich, sie für dich nutzbar zu machen und voller Begeisterung auszuleben. Das Wissen über deine Betonungen lässt dich dich selbst auf eine vollkommen neue Weise wahrnehmen. Du erkennst dich selbst in deinem strahlendsten Licht, und die Zufriedenheit, die dadurch in dir und deinem Leben Einzug hält, verändert alles! Denn diese positive Kraft kreiert und manifestiert fortan und erschafft für dich eine vollkommen neue äußere Realität.

Wenn du beginnst, deine innewohnende Kraft zu stärken, dein Potenzial zu nutzen und deine Schätze freizulegen, wirst du eine andere Wirklichkeit aufblitzen sehen, die dir eine vollkommen neue Lebensführung eröffnet.

Einführung in die 12 Archetypen

In diesem Kapitel widmen wir uns nun den astrologischen Urprinzipien. Doch zunächst möchte ich dir erklären, was unter dem Begriff »Urprinzip« zu verstehen ist. Du kannst dir ein Urprinzip als einen Archetyp vorstellen. In der Astrologie gibt es insgesamt zwölf dieser Archetypen. Ein Archetyp umfasst ganz konkrete Charakteristika, die einen Menschen beschreiben und die zudem miteinander in Verbindung stehen.

Das Bild zu Beginn veranschaulicht sehr schön, wie du dir das Zusammenspiel der zwölf astrologischen Archetypen vorstellen kannst: Überlege dir einmal, wie viele unzählige Charakterzüge, Merkmale, Weltbilder, Vorlieben, Automatismen und Angewohnheiten ein Mensch haben kann. Nun stelle dir vor, all diese Wesenszüge, schlichtweg alles, was einen Menschen ausmachen kann, würde sich in einem einzigen Behältnis befinden. Wenn wir nun beginnen würden, nach und nach einzelne Anlagen herauszunehmen und einem der zwölf Archetypen zuzuweisen, bis nichts mehr übrig und das Behältnis vollständig leer wäre, hätten wir zwölf Archetypen vor uns, die alle Wesenszüge des Menschen umschließen würden. Sie würden der Vielseitigkeit der menschlichen Natur gerecht werden und sie in ihrer Komplexität erfassen. Die zwölf astrologischen Archetypen beschreiben jedoch nicht nur, welche Merkmale einen Menschen ausmachen, sondern sie helfen uns dabei, einzelne Eigenschaften miteinander in Zusammenhang zu bringen, was uns dabei hilft, andere Menschen und uns selbst besser zu begreifen. Denn wenn eine Anlage zu einem bestimmten Archetyp zählt, liegt es nahe, dass auch weitere Anlagen dieses Archetyps zutreffend sind, und so entwickeln wir sehr schnell ein Gespür für unser Gegenüber und natürlich auch für uns selbst.

Es geht also darum, zu verstehen, dass es in der Astrologie zwölf Prinzipien, Zeichen oder auch Archetypen gibt, die die Wesenszüge eines Menschen umfassen. In dem Moment, in dem wir in uns selbst und in anderen bestimmte Archetypen wahrnehmen, begreifen wir, was sie ausmacht, welche Stärken und Fähigkeiten sie besitzen und an welchen Schwächen sie reifen dürfen. Ganz entscheidend ist allerdings, dass niemand nur ein Urprinzip in sich trägt. Das ist vollkommen unmöglich! Wir alle vereinen in uns mehrere Tierkreiszeichen. Jeder Mensch ist einzigartig und facettenreich, weshalb niemand nur Jungfrau, Waage oder Skorpion ist.

In den nachfolgenden Kapiteln über die zwölf astrologischen Archetypen skizziere ich, was jeden einzelnen von ihnen in Reinform ausmacht. Ich schreibe also nicht über das Sonnenzeichen Widder, sondern über den Archetyp Widder. Kein Mensch kann diesem reinen Archetyp entsprechen, da jeder Einzelne mehrere Tierkreiszeichen in sich angelegt hat. Du wirst aber sehen, dass du dich in den einzelnen Zeichen wiederfinden wirst, auch wenn diese von ihren Anlagen her sehr gegensätzlich sind. Dich kennzeichnen diese konträren Energien, auch wenn das ganz unmöglich scheint. Wie soll denn ein tatkräftiges, ungeduldiges Sonnenzeichen Widder zugleich empfindsam und introvertiert sein, wie es sein Mond in den Fischen vermuten lässt? Auch wenn diese Anlagen auf den ersten Blick unvereinbar scheinen, wird die betreffende Person bestätigen, dass sie beide Seiten nur zu gut von sich kennt. Zudem gilt: Je stärker die Betonung eines Archetyps im Geburtschart ist, desto mehr tritt er in Erscheinung, drängt andere Anlagen zurück und bietet die größte Chance auf Wachstum.

> **Wir alle vereinen in uns mehrere Tierkreiszeichen.**

Die Einteilung der Tierkreiszeichen in Elemente und Kreuze

Die zwölf Tierkreiszeichen werden sowohl in Elemente als auch in Kreuze eingeteilt. Dabei bilden immer drei Zeichen ein Element und vier Zeichen ein Kreuz. Insgesamt gibt es vier Elemente: Feuer, Erde, Luft und Wasser. Daneben gibt es drei Kreuze: das kardinale, fixe und veränderliche Kreuz.

Die vier Elemente

Die Einteilung der zwölf Archetypen in die vier Elemente hilft dir dabei, wesentliche Übereinstimmungen, markante Parallelen, aber auch deutliche Gegensätze bestimmter Tierkreiszeichen kennenzulernen. Hierdurch erlangst du ein Gespür für die einzelnen Zeichen, was es dir ermöglicht, auch ohne die genauen Geburtsdaten einer Person zu kennen, eine Ahnung davon zu erhalten, welche Tierkreiszeichen in ihr angelegt sein könnten.

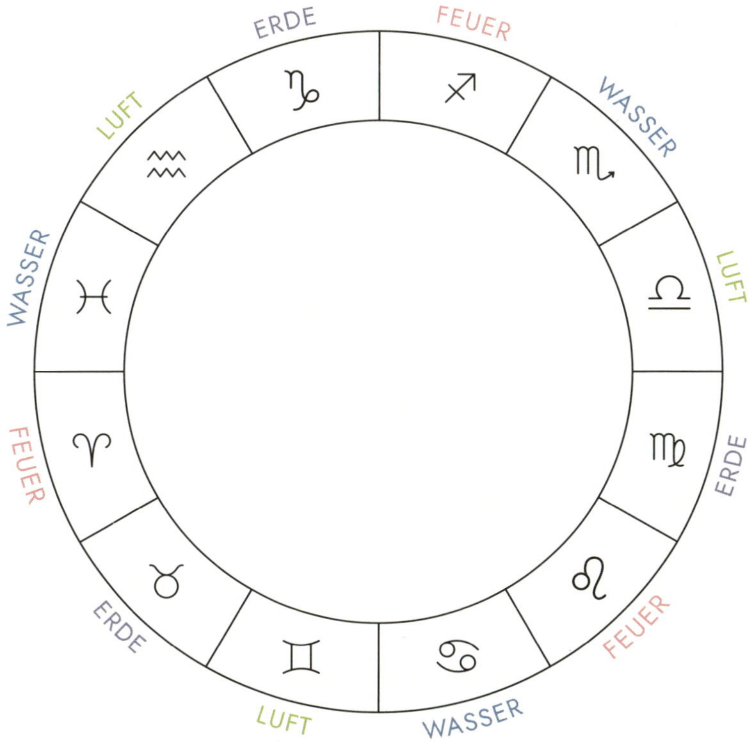

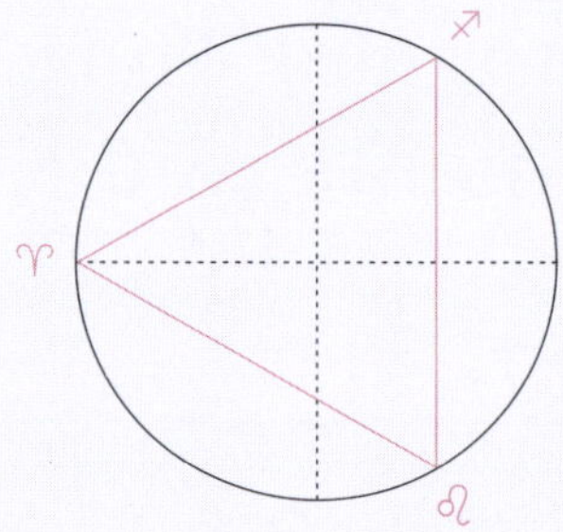

Die Feuerzeichen

Die Feuerzeichen kennzeichnet ein hohes Maß an Eigeninitiative, Selbstbewusstsein und Enthusiasmus. Sie besitzen die Fähigkeit, sich vorbehaltslos auf das Leben einzulassen, freudvoll für ihre Träume loszugehen und in vollkommener Integrität gemäß ihren Visionen zu handeln. Sie blicken positiv in die Zukunft und lassen sich schnell für Projekte oder Vorhaben begeistern. Auch sie selbst können andere leicht von Ideen überzeugen und wickeln sie mit ihrem Charme regelrecht um den Finger. Sie zeichnen sich häufig durch eine kindliche Betrachtungsweise aus, doch ebendiese Sorglosigkeit ist es, die ihnen Türen öffnet und sie in unbekannte Höhen abheben lässt. Feuerzeichen haben ein großes Bedürfnis nach Freiheit und Unabhängigkeit. Zudem strotzen sie vor Willenskraft, Lebenslust und Optimismus. Ihnen fällt es leicht, an sich selbst zu glauben, im Mittelpunkt zu stehen oder risikofreudige Entscheidungen zu treffen.

Widder – Aufrichtigkeit

Der Widder als erstes Feuerzeichen ist ein Sinnbild für Kraft, Tatendrang und Aufrichtigkeit. Seine Lebensaufgabe besteht darin, eine Ideenfabrik zu sein, anderen Mut zuzusprechen und voller Neugier die Welt zu entdecken. Durch ihn fließen tagtäglich unzählige Impulse, Konzepte und Einfälle. Seine Begeisterungsfähigkeit bewirkt, dass er andere selbst für waghalsige Vorhaben gewinnen kann und ihnen frische Perspektiven schenkt. Im Tierkreis nimmt er die Rolle des Bahnbrechers und Wegbereiters ein. Er ist ein Pionier, der vor allen anderen die Segel setzt, um das Unbekannte zu erobern. Es versteht sich von selbst, dass er für seine Ideale einsteht und sich mit Entschlossenheit gegen alle Widerstände behauptet. Sein Kampfgeist zeigt sich gerade auch darin, dass er kein Blatt vor den Mund nimmt, energisch auf seiner Meinung beharrt und im Alleingang losstürmt, sollte sein Umfeld nicht genügend Schneid haben, seine Ideen mit ihm umzusetzen.

Löwe – Authentizität

Das zweite Feuerzeichen, der Löwe, strotzt vor Herzenswärme, Frohsinn und Kreativität. Er macht anderen vor, wie sie das Leben leichtnehmen und die Lebenslust voll aufdrehen. Sorglos tanzt er durch das Leben und verankert sich so tief im Hier und Jetzt, dass der Ärger über die Vergangenheit und die Sorge über die Zukunft keinen Platz haben. Der Löwe weiß ganz genau, wie man Freude aus den allerkleinsten und unscheinbarsten Dingen bezieht, wie man die eigene Kreativität selbstsicher und intuitiv ausdrückt und andere mit seinem Charme in den Bann zieht. Dieses Zeichen geht unbekümmert an das Leben heran, lässt sich so leicht nicht den Schwung nehmen und drückt sich auf authentische Weise aus. Sein Selbstbewusstsein und das Vertrauen, das er seinen Fähigkeiten entgegenbringt, sorgen dafür, dass er anderen ein Beispiel an Tapferkeit und Zuversicht ist. Er ist nicht selten ein Vorbild für Souveränität und Authentizität.

Schütze – Wachstum

Wie alle Feuerzeichen ist auch der Schütze als drittes Feuerzeichen eine echte Frohnatur. Als Optimist und Manifestations-Genie des Tierkreises surft er vertrauensvoll und sorgenfrei auf der Fülle-Frequenz und widmet sich mit so viel Zuversicht seinen Vorhaben, dass sie gar nicht anders können als zu gelingen. Das Bewusstsein des Schützen ist geprägt vom Wunsch, kontinuierlich über sich selbst und den eigenen Horizont hinauszuwachsen. Deshalb wird der Schütze auch als ewiger Student beschrieben, der sein Leben lang auf der Suche nach Antworten und insbesondere nach Sinn ist. Sein größter Wunsch ist es, dem Mysterium »Leben« auf den Grund zu gehen und Sinnhaftigkeit in seinem Dasein zu finden. Nicht selten reist er durch die ganze Welt, um seine Sehnsucht zu stillen, die darin besteht, fremde Kulturen zu entdecken, neue Erkenntnisse zu gewinnen und inspirierenden Menschen zu begegnen. Am liebsten ist es ihm, wenn er all seine Erkenntnisse mit anderen teilen und sein Wissen an sie weitergeben kann.

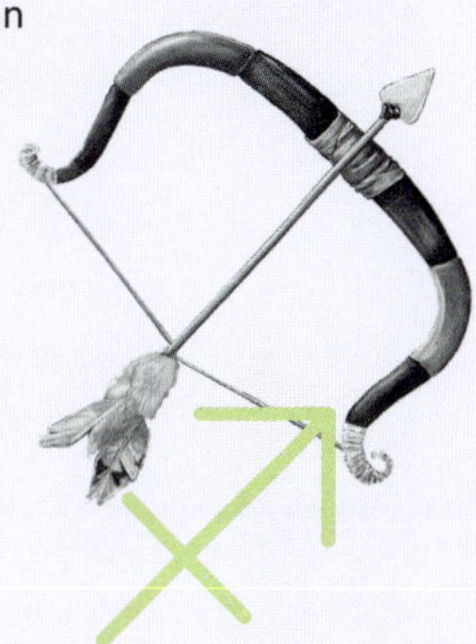

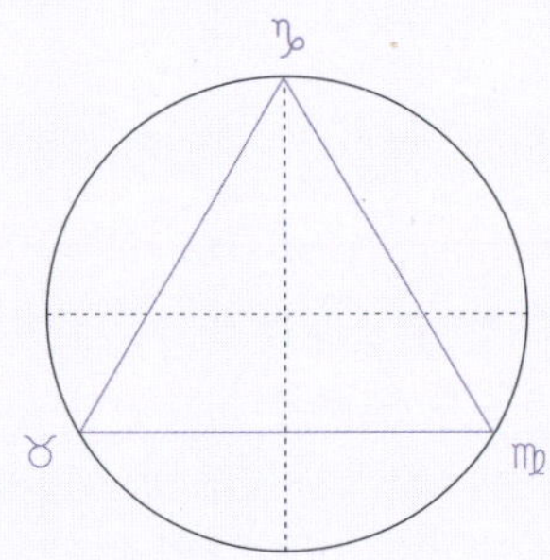

Die Erdzeichen

Erdzeichen besitzen, wie der Name bereits vermuten lässt, eine ausgeprägte Beziehung zur Erde, zu Mutter Gaia und dem physischen Körper. Die Erdzeichen bringen Stärken mit wie Gründlichkeit, Ausdauer und Beharrlichkeit. Sie lassen sich nicht leicht zu etwas hinreißen, sondern prüfen genau, ob der zu erbringende Aufwand in einem ausgewogenen Verhältnis zum Ergebnis steht, das sie erzielen möchten. Sie sind wahre Organisationstalente und Alleskönner, da sie die Präzision und Hartnäckigkeit besitzen, sich selbst in die komplexesten Themengebiete hineinzufuchsen. Sie sind wahre Meister darin, Fragen zu stellen, zum Kern einer Sache vorzudringen und jede Eventualität vorherzusehen. Häufig haben sie ein Händchen für alles Praktische und sind äußerst talentiert darin, abstrakte Ideen in die Materie zu überführen.

Stier – Entschleunigung

Das Zeichen Stier strebt nach Sicherheit, Beständigkeit und Loyalität. Hat man das Herz eines Stiers gewonnen, ist er ein treuer, geduldiger und verlässlicher Weggefährte, der krisenfeste und stabile Verbindungen eingeht. Er hat sein ganz eigenes Tempo und lässt sich so schnell nicht aus der Ruhe bringen. Wie alle Erdzeichen ist er außerordentlich zäh, ausdauernd und belastbar. Am liebsten ist es ihm, wenn alles bleibt, wie es ist, seinen gewohnten Gang geht und er seinen Routinen ungestört nachkommen kann. Kein Wunder, dass dieses Zeichen Veränderungen und Neuerung skeptisch gegenübersteht und im Fall, dass sie unvermeidbar sind, lange den guten alten Zeiten nachweint. Besondere Stärken des Stiers sind sein Sinn für Ästhetik, sein künstlerisches Talent und sein Blick für alles Schöne. Außerdem verwöhnt er sich selbst nur zu gerne in vollen Zügen, indem er beispielsweise spontan einen Wellness-Urlaub bucht, einen Abstecher in sein Lieblingscafé unternimmt oder sein Zuhause mit neuen Deko-Artikeln aufhübscht.

Jungfrau – Vernunft

Die Jungfrau weist eine starke, vollkommen intuitive Verbindung zum eigenen Körper und der Natur auf. Kaum etwas fasziniert sie so sehr, wie die Optimierung der physischen Gesundheit und die Steigerung ihrer Vitalität. Außerdem liebt sie es, ihr Wissen zu erweitern, ganz tief in ein Wissensgebiet vorzudringen und ihre Analysefähigkeit auszuschöpfen. Meist agiert sie zurückhaltend und ist Neuem gegenüber eher skeptisch. Bis sie sich ein eigenes Bild gemacht hat, bleibt sie verhalten und kritisch. Ihr Leitsatz ist »Jedem Problem wohnt bereits die Lösung inne«, und so hält sie sich nicht lange mit dem Ärger über einen bestimmten Umstand auf, sondern widmet sich auf direktem Weg der Beseitigung aller Schwierigkeiten. Ihre größte Stärke besteht darin, für andere die Rettung zu sein. Ihr Einfallsreichtum, ihre Lösungsorientiertheit und Aufopferungsbereitschaft sorgen dafür, dass sie immer einen Ausweg findet und andere dank ihrer Unterstützung erleichtert aufatmen können.

Steinbock – Meisterschaft

Das dritte Erdzeichen, der Steinbock, verkörpert Meisterhaftigkeit, Brillanz und Weisheit. Der Steinbock hat ein verlässliches Gespür für Schwachstellen, bedeutende Kleinigkeiten und die eine Sache, die erforderlich ist, um die Mittelmäßigkeit hinter sich zu lassen. Segnet er ein Vorhaben ab, kann man sich sicher sein, dass es zum Erfolg führt, viel zu hoch ist sein Perfektionsanspruch, als dass er sich mit Halbherzigkeiten und dem Mittelmaß zufriedengeben würde. Präzise und trittsicher erklimmt er schwindelerregende Höhen und ist anderen dadurch ein Beispiel, dass Ehrgeiz, Zielstrebigkeit und Durchhaltevermögen der Garant für Spitzenleistungen sind. Außerdem besitzt der Steinbock eine unvergleichbare mentale Stärke, sodass er mit Abstand das belastbarste und zäheste Zeichen des Tierkreises ist. Auch wenn er, ebenso wie die anderen beiden Erdzeichen, etwas länger braucht, um einen Entschluss zu fassen, kann man sich felsenfest auf ihn verlassen.

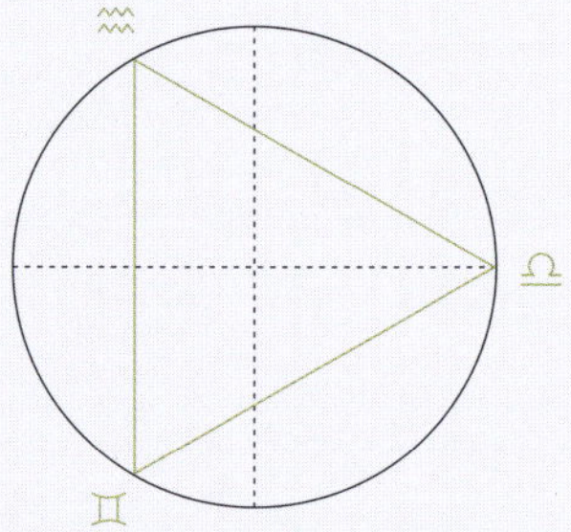

Die Luftzeichen

Luftzeichen sind schlagfertig, geistreich und eloquent. Das führt dazu, dass sie nahezu alles verargumentieren können, wahre Improvisationstalente sind und niemandem eine Antwort schuldig bleiben – außer man möchte sie festnageln. Sie finden in Blitzgeschwindigkeit originelle Strategien, um Fortschritt anzustoßen, konservative Köpfe für ihre Vorhaben zu gewinnen oder mit Raffinesse eine Abkürzung zu nehmen. Das Element Luft ist beweglich, quirlig, locker und unkonventionell. Am liebsten tummeln sich die Luftzeichen in abstrakten Theorien sowie den luftigen Höhen ihrer Gedankenwelt. Allem, was sie zu sehr einengt, weichen sie aus, und das völlig unbemerkt, schließlich sind sie wahre Meister darin, sich aus der Affäre zu ziehen oder Verbindlichkeiten zu umschiffen. Dem Luft-Element mangelt es an Bodenhaftung und klar umrissenen Konturen. Dadurch ist es Luftzeichen allerdings möglich, sich für die unterschiedlichsten Betrachtungsweisen zu öffnen, ihrem Gegenüber Toleranz entgegenzubringen und sich von der Vielseitigkeit des Lebens bereichern zu lassen.

Zwillinge – Kommunikation

Die Zwillinge sind das kommunikativste Zeichen des Tierkreises. Selbst unter den Luftzeichen sind sie bei Weitem am kontaktfreudigsten und gesprächigsten. Sie lieben es einfach, sich mitzuteilen – egal ob in gesprochener oder geschriebener Form. Sie besitzen ein außergewöhnliches Gespür dafür, ihre Gedanken in Worte zu fassen und Informationen auf unterhaltsame Weise weiterzugeben. Daneben sind sie aufgeweckt, lustig und frech. Sie lockern mit ihren pfiffigen, nicht selten ironischen Sprüchen jede Runde auf, indem sie lebendige Geschichten und belustigende Anekdoten erzählen. Die größten Schwierigkeiten bestehen für sie darin, einen klaren Standpunkt zu beziehen. Mal davon abgesehen, dass sie häufig beide Optionen verlockend finden, gründet ihre Entscheidungsschwäche darauf, dass sie Angst davor haben, sich durch einen Entschluss in ihren Möglichkeiten zu begrenzen. Deshalb behalten sie nur zu gerne einen

Fuß in der Tür, um jederzeit eine Fluchtmöglichkeit zu haben, wenn sie die Reue packt und sie ihre Zu- oder Absage revidieren wollen.

Waage – Ausgleich

Das zweite Luftzeichen, die Waage, symbolisiert Ausgeglichenheit, Harmonie und die goldene Mitte. Sie hebt Gegensätze auf, errichtet Brücken und erweicht die härtesten Fronten. Ihr Harmoniestreben erschwert es ihr häufig, ihre eigenen Werte, Standards und Bedürfnisse mitzuteilen, und ihre Angst vor Konfrontationen lässt sie schweigen, wenn es erforderlich wäre, für sich einzustehen. Sie ist und bleibt bemüht um ein friedliches und rücksichtsvolles Miteinander, in dem sich alle gleichermaßen wohlfühlen und mit ihren Wünschen gesehen werden. Das Luftzeichen Waage gönnt sich gerne Pausen von all der Hektik des Alltags und liebt es, sich Zeit für die kleinen, aber wichtigen Dinge des Lebens zu nehmen. So genießt sie in vollen Zügen die Sonne auf ihrem Balkon, das fantastische Croissant von der kleinen französischen Bäckerei in ihrer Straße oder das zarte Lichtspiel, das die Schatten auf der Wand veranstalten. All diese Dinge machen sie so glücklich, dass sie dabei vollkommen die Zeit vergisst und viel zu spät zum nächsten Meeting erscheint.

Wassermann – Individualität

Das dritte Luftzeichen, der Wassermann, ist der Revoluzzer des Tierkreises. Dieser Ruf haftet ihm deshalb an, weil er mit Abstand das rebellischste und unkonventionellste Zeichen ist. Der Wassermann scheint gar nicht anders zu können als das Leben auf ungewöhnliche Weise anzupacken. Während er auf die meisten seiner Mitmenschen sonderbar und exzentrisch wirkt, fasziniert er andere mit seiner alternativen Lebensführung und inspiriert sie dazu, sich aus den Fängen der gesellschaftlichen Konformität zu befreien. Ob die Menschen in seinem Umfeld sein Verhalten nachvollziehen können, spielt für ihn keine große Rolle, vielmehr reizt es ihn, sich gegen das Herkömmliche und Traditionelle aufzulehnen. Er liebt es, die Opposition zu bilden und sich von der Masse abzuheben. Niemals würde dieses Luftzeichen unkritisch etwas als Wahrheit akzeptieren, Fortschritt boykottieren oder seine Ideale verraten. Der Wassermann setzt sich für Veränderungen ein, die zu mehr sozialer Gerechtigkeit führen und den Gemeinschaftssinn stärken. Zudem zeichnen ihn Innovationsgeist und ein unschlagbarer Riecher für Zukunftstrends aus. Er ist also nicht nur ein Revoluzzer, sondern auch ein großer Visionär.

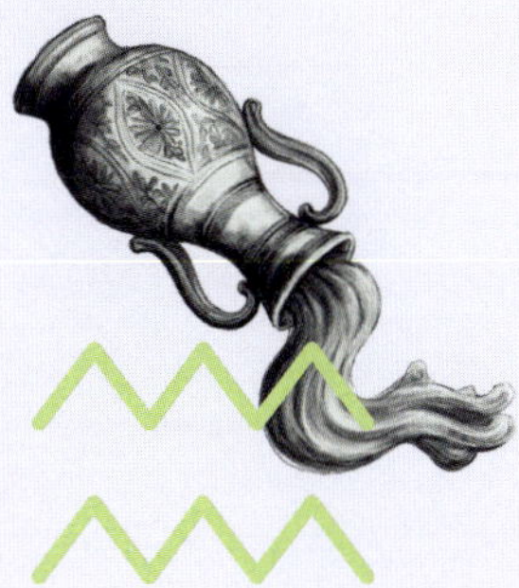

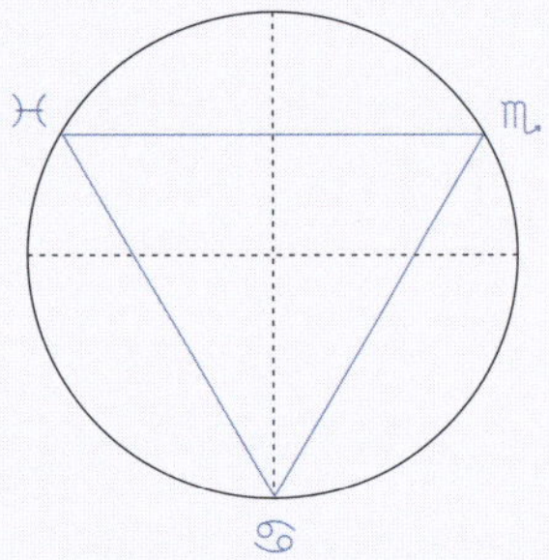

Die Wasserzeichen

Den Wasserzeichen ist eine besondere Gefühlstiefe immanent. Sie haben äußerst feine Antennen, die es ihnen ermöglichen, alles Atmosphärische, aber auch Zwischenmenschliche wahrzunehmen. Selbst wenn sie nicht direkt in Worte fassen können, was sie auf der Gefühlsebene erfassen, spüren sie sehr deutlich, was sich auf einer tieferen Ebene abspielt. Ihre Handlungs- und Reaktionsweisen sind von viel Fingerspitzengefühl gekennzeichnet. Für sie ist es selbstverständlich, auf die Empfindungen und Bedürfnisse ihrer Mitmenschen Rücksicht zu nehmen, und sie sind bemüht, niemanden vor den Kopf zu stoßen oder gegen sich aufzubringen. Ihre Gefühlswelt nimmt sehr viel Raum in ihrem Leben ein. So dient sie ihnen als Quelle der Inspiration, befeuert ihre Fantasie und verschafft ihnen einen direkten Zugang zu höheren Sphären. Daneben können sie gelegentlich zu emotionalen Überreaktionen sowie dramatischen Gefühlsausbrüchen neigen, sich in den Schmollwinkel zurückziehen oder gar im Selbstmitleid versinken.

Krebs – Mitgefühl

Das erste Wasserzeichen, der Krebs, zeichnet sich durch Mitgefühl, Empathie und Feinfühligkeit aus. Der Krebs ist ein guter Zuhörer, ein rücksichtsvoller Freund und ein umsorgender Partner. Er kümmert sich wohlwollend um seine Liebsten und schafft für sie ein wohliges Zuhause. Ginge es nach ihm, wäre das Miteinander geprägt von Fürsorge und Sanftmut. Nicht selten erscheint der Krebs als viel zu weich für diese Welt. Sein sensibles Wesen, seine Verletzlichkeit sowie seine Dünnhäutigkeit lassen ihn häufig vor der getakteten und lieblosen Welt zurückweichen. Wird es ihm zu viel, zieht er sich in seinen schützenden und stilvoll eingerichteten Panzer zurück. Sein Privatleben und seine Familie haben für ihn oberste Priorität. Aufgrund seiner Empfindsamkeit und Sensitivität nimmt er sehr deutlich wahr, was in ihm und um ihn herum vor sich geht. Kleinigkeiten können rasch zu großen Dramen

werden, weil sie sich für den Krebs nicht nach etwas Unbedeutendem anfühlen, sondern hohe Wellen in seinem Inneren schlagen.

Skorpion – Metamorphose

Das Zeichen Skorpion besitzt eine unvorstellbare Gefühlstiefe und eine untrügliche Menschenkenntnis. Sein psychologisches Geschick ermöglicht es ihm, die wahren Beweggründe und die versteckten Motive seiner Mitmenschen zu entlarven. Er selbst besitzt dagegen die Fähigkeit, in Momenten, in denen eine andere Person ihn zu durchschauen droht, ein eisernes Pokerface aufzusetzen. So verzieht er keine Miene, wenn es darum geht, eine Verletzung oder Kränkung zu kaschieren. Der Skorpion ist der Stratege des Tierkreises. Er weiß genau, wie er auf raffinierte Weise an sein Ziel kommt. Zudem besitzt er eine unvergleichliche Zähigkeit und gibt nicht auf, bis er die Früchte seiner Bemühungen ernten kann. Daneben hat er ein intuitives Interesse an allem, was unter der Oberfläche liegt. Meistens faszinieren ihn von klein auf die großen Lebensfragen, auf die ihm kaum jemand eine befriedigende Antwort liefert. So beginnt er selbst zu forschen und zu ergründen, wodurch es ihm möglich wird, anderen Einblicke in die Geheimnisse des Lebens zu geben.

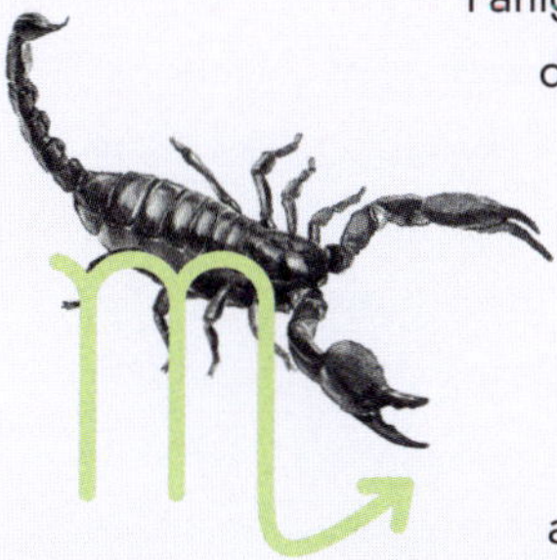

Fische – Einheitsempfinden

Das letzte Zeichen des Tierkreises, die Fische, ist das universellste aller Tierkreiszeichen. Auch wenn man ihnen bestimmte Charakteristika zuschreiben kann, sind die Fische mit Abstand am schwersten zu greifen. Wenn sie könnten, würden sie alle Grenzen der eigenen Persönlichkeit sowie die Barrieren, die zwischen ihnen und allem außerhalb ihrer selbst bestehen, auflösen. Sie suchen nach allumfassender Liebe, bedingungsloser Mitmenschlichkeit und tiefen Einheitserfahrungen. Nicht selten haben sie Schwierigkeiten damit, sich mit weltlichen Dingen zu arrangieren, da sie viel zu verbunden mit ihrer Fantasie- und Traumwelt sind. Als Weltenwanderer stellen sie ein bedeutendes Bindeglied zwischen der sichtbaren Welt und den unsichtbaren Dimensionen dar und dienen als Kanal für göttliche Weisheiten. Ihr größter Wunsch besteht darin, das Leben zu vertiefen sowie ihrer Intuition zu folgen. Daher richten sie den Schwerpunkt darauf, ihre Medialität auszureifen, ihr Urvertrauen auszuschöpfen und sich hingebungsvoll in den Dienst anderer zu stellen. Schließlich wissen sie, dass die einzige wirkliche Währung in unserer Welt die Liebe ist.

Die drei Kreuze und ihre Grundqualitäten

Neben der Einteilung in Elemente können die zwölf Tierkreiszeichen auch in drei Kreuze, mithin drei Grundqualitäten, eingeteilt werden. Jedes Kreuz setzt sich aus einem Feuer-, Erd-, Luft- und Wasserzeichen zusammen. Dabei unterscheidet man zwischen dem kardinalen, fixen und veränderlichen Kreuz.

Jede der drei Grundqualitäten und damit auch jedes Zeichen, das einem bestimmten Kreuz zugeordnet wird, besitzt eine ganz bestimmte Grundenergie. Die Einteilung in kardinale, fixe und veränderliche Zeichen wurzelt auf dem Kerngedanken, dass alles, was vom Geistigen in die Materie überführt werden soll, folgender Dynamik unterliegt: Nachdem der gedankliche Impuls geboren wurde, wird die abstrakte Idee in die Umsetzung gebracht (kardinal). Nach ihrer Realisierung liegt der Schwerpunkt darin, sie zu stabilisieren und aufrechtzuerhalten (fix). Nachdem einige Zeit verstrichen ist, wird es erforderlich, Platz für Neues zu schaffen und eine Auflösung des Bestehenden herbeizuführen (veränderlich).

Zusammenfassend lässt sich also sagen, dass die kardinalen Zeichen einen kraftvollen Anfangsimpuls setzen und in die Kreation übergehen. Die fixen Zeichen sorgen anschließend für die Bewahrung und Stabilität dessen, was erschaffen wurde, und der Auftrag der veränderlichen Zeichen besteht darin, einen Abschluss herbeizuführen und zu gewährleisten, dass der Übergang zum Neuen reibungslos vonstattengeht.

Kardinales Kreuz

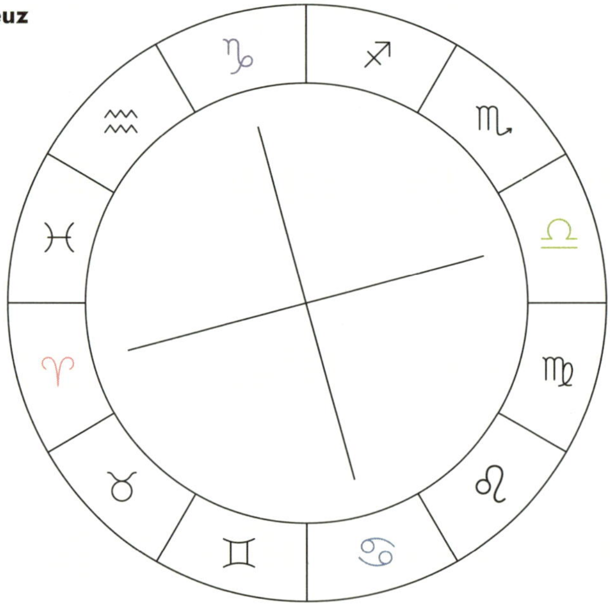

Widder – Waage | Krebs – Steinbock

Die kardinalen Zeichen Widder, Krebs, Waage und Steinbock sind die Macher des Tierkreises. Sie besitzen ein hohes Maß an Eigeninitiative und sind dafür zuständig, abstrakte Impulse oder noch ungeborene Ideen in eine konkrete Form zu kleiden. Sie erzeugen Dynamik und Bewegung, mischen ihr Umfeld mit ihren Visionen auf und benötigen genügend Handlungsspielraum, um sich immer wieder neu zu erfinden. Zudem lieben es die kardinalen Zeichen, die Führung zu übernehmen, nach mehr zu streben und ihrem Willen Ausdruck zu verleihen.

Fixes Kreuz

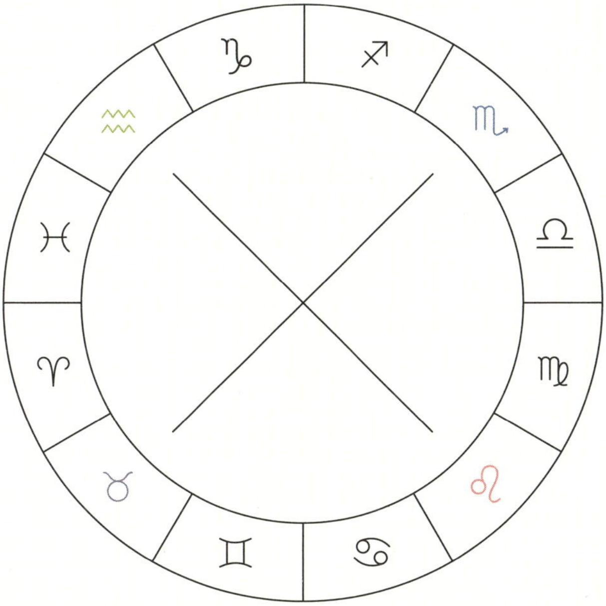

Stier – Skorpion | Löwe – Wassermann

Die fixen Zeichen Stier, Löwe, Skorpion und Wassermann sind dafür zuständig, die von den kardinalen Zeichen in Bewegung gesetzte Energie aufzugreifen, zu festigen und zu stabilisieren. Sie halten sinnbildlich die Bälle in der Luft und sorgen dafür, dass ein dauerhafter Energiefluss gewährleistet wird. Sie besitzen Durchhaltevermögen, Gründlichkeit und Ausdauer. Die Grundqualität dieser vier Zeichen ist somit Konstanz, Konzentration und Stabilität. Sie prüfen alles auf Herz und Nieren und führen, wo es erforderlich ist, Verbesserungen herbei, um einen ungestörten Gang der Dinge zu gewährleisten.

Veränderliches Kreuz

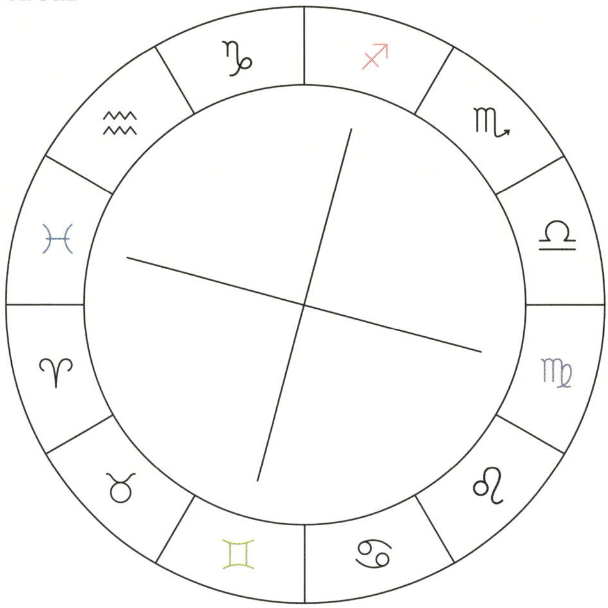

Zwillinge – Schütze | Jungfrau – Fische

Die veränderlichen Zeichen Zwillinge, Jungfrau, Schütze und Fische vollenden das, was durch die kardinalen Zeichen als Impuls hervorgebracht und durch die fixen Zeichen stabilisiert wurde. Sie sind so beweglich, fluide und anpassungsfähig, dass sie nicht am Bestehenden festhalten oder ihm gar anhaften, sondern bereitwillig eine Wandlung einleiten, wenn diese erforderlich erscheint. Ihre Aufgabe besteht darin, einen guten Abschluss herbeizuführen und den Nährboden für Neues zu bereiten.

Bewusstseinsentwicklung innerhalb eines Kreuzes

Um die nachfolgenden Erklärungen so einfach wie möglich zu halten, möchte ich dich direkt zu Beginn einmal darauf hinweisen, dass die Bezeichnung »Grundqualität« gleichbedeutend ist mit einem »Kreuz«. Ob man nun davon spricht, dass Stier, Löwe, Skorpion und Wassermann ein Kreuz formen oder eine Grundqualität darstellen, ist daher egal. Außerdem werde ich dir in diesem Abschnitt erklären, warum es für deine persönliche Entwicklungsreise so überaus hilfreich ist, die weiteren Zeichen eines Kreuzes heranzuziehen, um potenzielle Schwachstellen und Wachstumsmöglichkeiten aufzuspüren. Die Grundidee besteht nämlich darin, die anderen drei Zeichen des jeweiligen Kreuzes für die eigene Be-

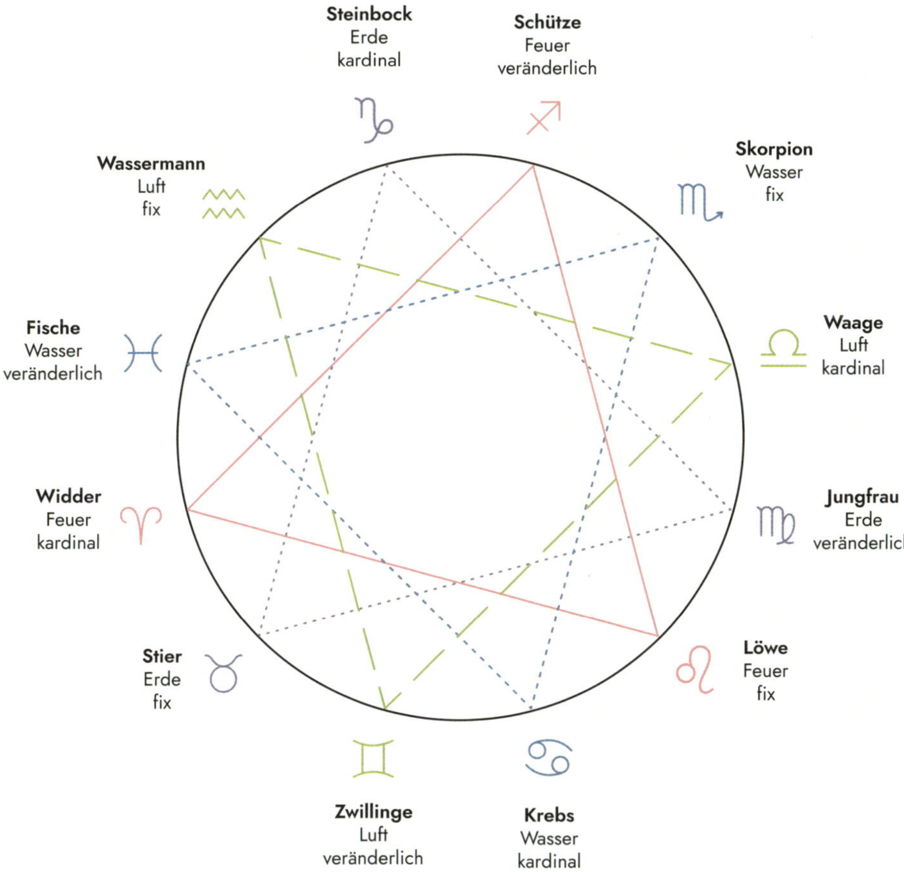

wusstseinsentwicklung zu nutzen. Hast du beispielsweise eine Widder-Betonung, profitierst du in besonderem Maß von den lichtvollen Qualitäten des Krebses, der Waage und des Steinbocks. Bist du dagegen Fische-betont, sind dir die Stärken der Zwillinge, des Schützen und der Jungfrau von Nutzen, um dich weiterzuentwickeln. Ist die Stier-Energie in dir angelegt, darfst du dir die Stärken des Löwen, Skorpions und Wassermanns als Beispiel nehmen, um über dich hinauszuwachsen.

Wie wir bereits weiter oben gesehen haben, weisen die jeweiligen vier Zeichen der drei Kreuze markante Parallelen auf. Ihnen wohnt ein Grundton inne, der in ihnen zwar vollkommen unterschiedlich zur Geltung kommt, sie aber dennoch miteinander verbindet. Mit anderen Worten lässt sich also sagen, dass die Zeichen eines Kreuzes trotz ihrer spürbaren Unterschiede (sie alle gehören unterschiedlichen Elementen an) aus ein und demselben Nährboden erwachsen. Während der Widder seine initiale Kraft durch eine konkrete Handlung ausdrückt, kommt der Krebs zunächst mit einer gefühlsmäßigen Regung in Berührung, die Waage entwickelt ein geistiges Konzept und der Steinbock macht sich an die planvolle Struktur seiner Idee. Alle vier Aspekte greifen perfekt ineinander und decken alles ab, was es erfordert, um eine abstrakte Vision erfolgversprechend Gestalt annehmen zu lassen: ein tatkräftiges Handeln (Widder), ein verlässliches Bauchgefühl (Krebs), einen genialen Plan (Waage) und ein konzentriertes Vorgehen (Steinbock). Die vier Zeichen einer Grundqualität komplettieren sich gegenseitig in entscheidendem Maß.

Im Rahmen meiner Arbeit mit Klient:innen fiel mir auf, dass ich ihr Verständnis für ihre Lernaufgaben und Lebenslektionen dadurch schärfen konnte, dass wir uns gemeinsam die weiteren Zeichen einer Grundqualität ansahen. Durch den Verweis sowohl auf den Kontrast als auch auf die Parallelen der einzelnen Zeichen konnte ich ihnen eine neue Perspektive auf ihre bisherigen Betrachtungs- und Handlungsweisen eröffnen. Hierdurch erhielten meine Klient:innen eine erste Ahnung davon, was erforderlich sein würde, um über bestimmte Denk- oder Verhaltensgewohnheiten hinauszuwachsen. Die anderen drei Zeichen des jeweiligen Kreuzes liefern nämlich entscheidende Puzzlestücke dafür, was es zu erlernen gilt, um bestimmte Vorhaben zu realisieren, eingefahrene Muster zu durchbrechen oder den geeignetsten Lösungsansatz zu wählen.

Deswegen ist es im Rahmen der eigenen Bewusstseinsentwicklung sehr aufschlussreich und vor allen Dingen heilsam, einen Blick auf die Anlagen der anderen Zeichen eines Kreuzes zu werfen. Dadurch kann in Erfahrung gebracht werden, welche Qualitäten erlernt, integriert und ausgebildet werden dürfen, um eine bestimmte Schwäche auszugleichen oder eine Stärke zum Höchsten und Besten auszuleben. In den Kapiteln zu den einzelnen Tierkreiszeichen schildere ich daher bei jedem einzelnen Archetyp, wie sich die Bewusstseinsentwicklung unter Einbeziehung der weiteren Zeichen des jeweiligen Kreuzes darstellt und wie unterstützend es für das eigene Wachstum ist, die Grundqualitäten zu berücksichtigen.

Zusammenfassend lässt sich sagen, dass jeder Archetyp, isoliert von den anderen Zeichen seines Kreuzes betrachtet, auf eine gewisse Weise feststeckt. Der Waage mangelt es an Durchsetzungskraft (Widder), einem intuitiven »Hell Yes!« gerichtet auf seine Ideen (Krebs), und der klaren Struktur (Steinbock), um ihrer initialen Kraft eine Richtung zu geben. Der Schütze verirrt sich in seinen abstrakten Theorien, weil er den konkreten Bezug (Zwillinge), den Sinn für Details (Jungfrau) und die höheren, spirituellen Einsichten (Fische) aus sich heraus nicht gewinnen kann. Der Stier erstarrt in seinen Gewohnheiten, weil ihm der Optimismus (Löwe), die Wandlungsbereitschaft (Skorpion) und der Reformeifer (Wassermann) fehlen. Zieht ein Archetyp die Qualitäten der anderen Zeichen heran, eröffnet sich ihm ein breites Spektrum an Entwicklungschancen und es findet eine wundervolle Symbiose statt, die es ihm ermöglicht, einen inneren Quantensprung zu machen.

Das nachfolgende Beispiel soll dir noch etwas genauer zeigen, wie Wachstum innerhalb einer Grundenergie aussehen kann. Dabei sind den Wachstumsmöglichkeiten keine Grenzen gesetzt. Schließlich lässt sich jede einzelne Eigenschaft eines Archetyps heranziehen, um diesen Ansatz mit Leben zu füllen.

Die Jungfrau besitzt ein fantastisches analytisches und praktisches Denken, das sie eifrig Details sammeln lässt. Doch meist genügt eine unbeantwortete Frage, und sie steckt vollkommen fest. Ein winziger Teilaspekt wird von ihr so sehr übergewichtet, dass sie den Überblick über die Gesamtthematik verliert. Die anderen veränderlichen Zeichen sind mit Eigenschaften ausgestattet, die der Jungfrau dabei helfen, sich von ihrem Tunnelblick zu lösen und den Wald vor lauter Bäumen wiederzuerkennen. Schließlich stehen die Zwillinge für leichte Informationsbeschaffung, der Schütze für weiträumiges Denken und die Fische für intuitive Weisheiten. Lässt sich die Jungfrau von diesen Qualitäten inspirieren, liefern sie ihr den perfekten Lösungsansatz für ihre Tendenz, sich zu tief in die Dinge hineinzugraben. Dieses Beispiel soll dir veranschaulichen, wie sehr die veränderlichen Zeichen trotz ihres gemeinsamen Grundtons von ihrer Unterschiedlichkeit profitieren können. Gleiches gilt natürlich auch für die kardinalen und fixen Zeichen.

Die anderen drei Zeichen, mit denen ein Kreuz gebildet wird, für die eigene Bewusstseinsentwicklung zu nutzen, ist überaus dienlich. Jedoch ist auch dieser weiterführende Gedanke in diesem Zusammenhang sehr wertvoll: Die anderen drei Zeichen eines Kreuzes zeigen dem vierten Zeichen auf, was sich zu einer Schwäche ausreifen kann, wenn es unberücksichtigt bleibt. Die enorme Tiefgründigkeit des Skorpions, seine profunde Weltsicht und seine ausgeprägten Gefühlswellen können beispielsweise zu einem Quell des emotionalen Dramas werden. Wenn sich der Skorpion aber immer wieder ganz bewusst auf das Wesentliche rückbesinnt (Stier), sich ermutigt, das Leben leicht zu nehmen (Löwe) und flexibel in seinen Ansichten bleibt (Wassermann), kann er verhindern, dass sich bestimmte innere Muster verselbstständigen. Potenzielle Schwächen werden durch die Heranziehung der anderen Zeichen des jeweiligen Kreuzes ausgeglichen und die Möglichkeit geschaffen, in eine wohltuende innere Balance zu finden.

Wenn dir das gerade noch etwas abstrakt erscheint, ist das halb so wild. Denn du findest in jedem einzelnen Kapitel über die Archetypen detaillierte Ausführungen hierzu sowie praktische Übungen, wie sich die Weiterentwicklung mithilfe der drei Grundqualitäten konkret darstellt und anwenden lässt. Für den Moment genügt ein erster Eindruck in die Grundidee, deine Bewusstseinsentwicklung durch die Heranziehung der drei Kreuze zielgerichtet zu beschleunigen.

Die verschiedenen Bewusstseinsebenen

Im Rahmen eines jeden Archetyps gehe ich auf die drei Bewusstseinsebenen ein, auf denen sie ausgelebt werden können. Dies soll dir veranschaulichen, wie unterschiedlich ein und dieselbe Tierkreiszeichen-Energie zum Ausdruck kommen kann. Wie sich die Anlagen eines Geburtshoroskops im Leben und Verhalten eines Menschen konkret abzeichnen, variiert von Individuum zu Individuum. Welche Merkmale eines Archetyps eine Person charakterisieren, ist abhängig vom Grad ihrer Bewusstheit.

Bereits weiter oben habe ich angemerkt, dass Löwe nicht gleich Löwe und Schütze nicht gleich Schütze ist. Diese Anmerkung bezog sich darauf, dass wir viel mehr sind als nur unser Sternzeichen. Schließlich treffen in jedem von uns gleich mehrere Tierkreiszeichen-Energien aufeinander. An dieser Stelle möchte ich diese Aussage aber gerne noch um einen weiteren Zusatz ergänzen. Denn nicht nur, dass uns gleich mehrere Tierkreiszeichen ausmachen – wir haben es auch in der Hand, wie wir diese Zeichen zur Geltung bringen. Unsere Bewusstheit nimmt nämlich einen entscheidenden Einfluss darauf, auf welche Weise sich die Archetypen ausdrücken, die in uns angelegt sind. Unbewusster Löwe ist nicht bewusster Löwe und unbewusster Schütze nicht bewusster Schütze.

Was hierunter genau zu verstehen ist, möchte ich dir nun erklären.

Was bedeutet es eigentlich, sein Bewusstsein zu entwickeln?

Wenn wir uns das Wort »*Bewusstseinsentwicklung*« einmal genauer ansehen, wird deutlich, dass man bei der Bewusstseinsentwicklung sein Bewusstsein *ent*wickelt. Von irgendetwas scheint unser Bewusstsein also zunächst einmal *ein*gewickelt zu sein, und der Akt der Bewusstseins*entwicklung* erfordert, dass wir uns davon befreien. Zudem dürfen wir uns unter dem Begriff »*Bewusstsein*« das *bewusste Sein* vorstellen. Doch was ist dieses bewusste Sein? Darunter ist unser ursprünglicher Seinszustand zu verstehen, ein Zustand der Verbundenheit, bedingungslosen Liebe und uneingeschränkten Akzeptanz.

All die Schichten, die uns umgeben und in die wir »eingewickelt« sind, wurden von unserem Ego erschaffen und dürfen im Rahmen unserer Bewusstseinsentwicklung peu à peu aufgelöst werden. Unser Ego hat uns nämlich im Laufe unseres Lebens in unendlich viele Schutzmechanismen und Abwehrstrategien gehüllt. Es hat uns weisgemacht, dass dies zu unserem Wohle geschieht, aber eigentlich ging es ihm nur darum, sich selbst zu schützen und zu erhalten. Die Konsequenz ist, dass wir uns als isoliert betrachten und der Illusion der Trennung unterliegen. Wir fühlen uns von allem abgespalten, was außerhalb unserer Selbst liegt, anstatt zu erkennen, dass wir ein wesentlicher Bestandteil von allem sind, was uns umgibt. Vielleicht fühlen wir uns sogar einsam, ohne es konkret benennen zu können. Vielleicht tritt unsere Einsamkeit durch Misstrauen (Jungfrau), Unentschlossenheit (Waage) oder Sprunghaftigkeit (Zwillinge) auf. Doch im Kern liegt unter all unseren Verhaltensweisen meist viel mehr als das, was wir oberflächlich wahrnehmen. Möchtest du nun zu dir selbst zurückfinden, deine Zufriedenheit steigern und dir deiner selbst uneingeschränkt bewusst werden, gilt es, den Einfluss deines Egos zu reduzieren.

In einem ersten Schritt ist es dabei essenziell, deine Ego-Muster zunächst einmal zu entlarven, und in einem zweiten Schritt, Wege zu finden, anders zu handeln, als es dir dein Ego schmackhaft macht. Unter »Ego« ist in diesem Zusammenhang nicht ein aufgeblähtes Selbstbewusstsein zu verstehen, sondern die smarte, überzeugende Stimme in deinem Kopf, die sich nicht so leicht stummschalten lässt und dir den lieben langen Tag Dinge erzählt, die dir erstens nicht guttun und zweitens nicht der Wirklichkeit entsprechen. Dein Ego ist nämlich nie objektiv, sondern legt alles danach aus, dass es dir Mut und Zuversicht raubt, dich kleinhält und dich im Ist-Zustand verharren lässt. Es sorgt ziemlich geschickt dafür, dass du dir deiner wahren Existenz als unsterbliche Seele, die wahre Wunder in ihrem Leben bewirken kann, nicht bewusst wirst. Denn würdest du in deine volle Strahlkraft erwachsen, hätte dein Ego ausgedient, und nichts fürchtet es mehr, als zu sterben. Das Verständnis dafür, dass du nicht die Stimme in deinem Kopf bist, sondern der leere, unendliche Raum, in dem diese Stimme überhaupt erklingen kann, ist von fundamentaler Bedeutung für deine Bewusstseinsentwicklung. Schließlich bedeutet Bewusstseinsentwicklung nichts anderes, als dass du dich deiner selbst als kosmisches Wunder bewusst wirst und dich aus den Fängen deines Egos befreist.

Wie sich dein (individuelles) Ego darstellt, welche Überzeugungsstrategien es verfolgt und welche Situationen es in deinem Leben kreiert, um dich im Status quo festzunageln, kann man von den Tierkreiszeichen ableiten, die in deinem Geburtshoroskop stark hervorstechen. Während das Ego sich bei der Jungfrau durch Unsicherheiten, beim Widder durch Wutausbrüche und beim Stier durch Eifersucht ausbildet, erscheint es bei den Fischen in Form der Selbstverleugnung. Durch das Wissen über deine astrologischen Anlagen lernst du, dein Ego treffsicher zu entlarven, glaubst nicht mehr alles, was es dir einflüstert und beginnst dich Schicht für Schicht aus seinen Fängen zu lösen.

Bewusst oder unbewusst, das ist hier die Frage!

Lass uns noch einmal den Gedanken aufgreifen, dass sich ein unbewusster Löwe ganz entscheidend von einem bewussten Löwen unterscheidet. Dasselbe gilt für den Wassermann, Skorpion und alle weiteren Tierkreiszeichen. Es macht einen bedeutenden Unterschied, ob man es mit einem unbewussten Skorpion-betonten Menschen zu tun hat oder mit einem Skorpion, der seine Eigenschaften auf lichtvolle und damit bewusste Weise auslebt. Die unbewusste Skorpion-Energie drückt sich mitunter in Kontrollsucht und Manipulation aus, sie agiert strategisch sowie undurchsichtig und gibt nur so viel von sich preis, wie es erforderlich ist, um an ihr Ziel zu kommen. Auf der bewussten Ebene ist diese Tierkreiszeichen-Energie jedoch ein Sinnbild für Regenerationskraft, Wandlungsfähigkeit und Tiefgründigkeit. Der bewusste Skorpion ist ein aufmerksamer, verständnisvoller Zuhörer, der seine Mitmenschen durch seine feine Beobachtungsgabe klar und deutlich erfassen kann und ihnen dabei behilflich ist, Erkenntnisse zu gewinnen und Heilung anzustoßen. Er ist der Magier, der andere tief bewegt und ihnen begreiflich macht, dass es noch viel mehr gibt als das, was vordergründig in Erscheinung tritt.

Nachdem du die einzelnen Kapitel über die Archetypen gelesen hast, wirst du ein verlässliches Gespür dafür entwickelt haben, welche Tierkreiszeichen in einem Menschen angelegt sind, und du wirst treffsicher erkennen können, auf welcher der drei Bewusstseinsebenen die jeweilige Person sie auslebt. Ganz besonders wichtig ist es mir, noch einmal darauf hinzuweisen, dass die Einteilung in die verschiedenen Bewusstseinsebenen nicht dazu dienen soll, Menschen zu beurteilen oder gar abzuwerten. Der Grundgedanke hinter dieser Einteilung in unbewusst, reflektiert und bewusst ist vielmehr, deutlich erfassen zu können, wo ein Mensch auf seiner Reise zu mehr Bewusstheit gerade steht, welche Informationen und Hilfestellungen ihm wirklich von Nutzen sind und was ihm am verlässlichsten dabei hilft, mehr Leichtigkeit und innere Gelöstheit zu erlangen.

In meinen Readings gaben mir viele meiner Klient:innen folgendes Feedback: »Phi, du beschreibst gerade haargenau, wie ich mich vor ein paar Jahren gefühlt und verhalten habe. Wenn ich das bereits damals gewusst hätte, wäre es für mich so viel leichter gewesen, damit zurechtzukommen.« Wir alle befinden uns in einem permanenten Wandlungsprozess, und viele unserer inneren Muster, die uns heute noch auf Trab halten, können in ein paar Wochen, Monaten oder Jahren schon der Vergangenheit angehören. Daher ist es überaus dienlich, die Stärken und Schwächen der Tierkreiszeichen zu kennen, die in dir angelegt sind, weil du dadurch ein sofortiges Gespür dafür entwickelst, woran du aktuell noch arbeiten darfst, um zu reifen, zu wachsen und deine einzigartigen Potenziale uneingeschränkt auszukosten.

Die verschiedenen Entwicklungsstufen

Die unbewusste Entwicklungsstufe

Auf der untersten Ebene, der unbewussten Entwicklungsstufe, ist das Ego noch sehr stark ausgebildet. Die betreffende Person ist weitestgehend mit ihrem Ego identifiziert und kaum imstande, steuernd auf ihr Verhalten einzuwirken. Ihr fehlt es an Reflexionsvermögen, weshalb sie alles, was im Außen geschieht, auf sich bezieht. Ohne zu überlegen geht sie direkt in die Reaktion über und lebt die Schattenaspekte des jeweiligen Archetyps aus. Zwar sind auch auf der unbewussten Ebene positive Merkmale der Tierkreiszeichen vorhanden, doch kommen diese nur nachrangig zur Geltung und treten verstärkt in den Hintergrund.

Die reflektierte Entwicklungsstufe

Auf der reflektierten Ebene setzt ein Reifungsprozess ein, der durch Erfahrungswerte ausgelöst wird, die in Verbindung mit den unbewussten Anlagen des Tierkreiszeichens liegen. Das bedeutet, dass die Umwelt der betreffenden Person irgendwann als Korrekturinstanz fungiert und auf die unbewussten Ausdrucksformen des Zeichens reagiert. Die Folge ist, dass die Person dazu aufgerufen ist, ihr Verhalten zu überdenken. Sie beginnt nun erstmals in Erwägung zu ziehen, dass ihr Verhalten verbesserungswürdig ist, was das Ego normalerweise zu verhindern weiß. Schließlich ist es ein fantastischer Lieferant für Rechtfertigungen, die das eigene Handeln, Denken oder Fühlen legitimieren. Der Betreffende beginnt, die eigenen Vorgehens- und Betrachtungsweisen zu hinterfragen, empfindet Reue oder leidet selbst an den Konsequenzen seiner Handlungen. Hierdurch distanziert er sich zunehmend von den Schattenaspekten seiner Tierkreis-Betonungen und entwickelt neue Handlungsstrategien.

Das Arbeiten an den Schwächen und die Ausreifung der Stärken beginnt. Denn auf der reflektierten Ebene erkennt die betreffende Person, wie viele wundervolle Möglichkeiten sie hat, um die eigenen Talente, Gaben und Kräfte auszudrücken. Je freier sie wird, desto mehr Optionen bieten sich ihr, um ihre verborgenen Potenziale ungehindert zur Entfaltung zu bringen. Und wenn sie erst einmal damit beginnt, dem Ego die Energie zu entziehen, hat sie viel mehr Energie zur Verfügung, um sie in die Ziele, Projekte und Bereiche einfließen zu lassen, die ihr wirklich am Herzen liegen.

Die bewusste Entwicklungsstufe

Auf der obersten Ebene, und damit auf der bewussten Entwicklungsstufe, hat das Ego der Bewusstheit Platz gemacht. Das hartnäckige Gefühl des Getrenntseins und der Isoliertheit wurde als Illusion enttarnt und durch ein Gefühl der Verbundenheit und Einheit ersetzt. Der Einzelne bringt nun seine individuellen Fähigkeiten, Talente und Gaben frei und ungehindert zur Entfaltung. Doch nicht nur das: Darüber hinaus ist es ihm möglich, seine einzigartigen Qualitäten in den Dienst der Gemeinschaft zu stellen, um auch anderen dabei unter die Arme zu greifen, sich zu entfalten, Sinnhaftigkeit zu finden und sich für ein starkes, liebevolles Miteinander einzusetzen. Die lichtvollen Aspekte der betreffenden Tierkreiszeichen werden vollumfänglich ausgedrückt und dafür genutzt, im Sinne der Liebe, Mitmenschlichkeit und des Friedens im Kollektiv zu wirken und die Menschheit als Ganzes weiterzuentwickeln.

Die drei Entwicklungsstufen am Beispiel des Widders

Die unbewusste Entwicklungsstufe

Der unbewusste Widder stürmt ohne lange zu fackeln im Alleingang los. Die Befindlichkeiten seiner Mitmenschen oder die Konsequenzen, die aus seinem Handeln für sie entstehen, spielen für ihn keine Rolle. Er ist schließlich schon längst dabei, mit dem Kopf durch die Wand zu stürmen! Es überrascht wenig, dass sein Umfeld dieses Verhalten als rücksichtslos, unhöflich und unsensibel empfindet. Seine Mitmenschen nehmen es dem Widder übel, dass er bei seinen Handlungen vorrangig bis ausschließlich an sich denkt und ungefiltert äußert, was ihm durch den Kopf geht. Viel zu beschäftigt mit seinen eigenen Einfällen und Vorhaben, bemerkt der Widder zunächst gar nicht, dass sich immer mehr Menschen gekränkt zurückziehen.

Die reflektierte Entwicklungsstufe

Irgendwann jedoch dämmert es ihm... Manche seiner Freunde antworten nicht mehr auf seine Sprachnachrichten oder haben immer schon etwas anderes geplant, wenn er ein Treffen vorschlägt. »Habe ich etwas falsch gemacht?«, fragt sich der Widder verblüfft.

Diese Erfahrungswerte lassen ihn einen kritischen Blick auf seine Schwächen werfen, wodurch er in die nächste Bewusstseinsebene eintritt. Er beginnt, sein Verhalten zu reflektieren und die Bedürfnisse anderer bei seinen Handlungen mit einzubeziehen. Nach und nach kühlt sein hitziges Temperament ab und er bildet mehr Fingerspitzengefühl im Umgang mit anderen aus. Durch intensive Reflexion und ein Gespür für die Stärken und Schwächen seiner Anlagen versteht er, wie sein Verhalten auf andere wirkt und weshalb er immer wieder aufs Neue dieselben Erfahrungen macht.

Die bewusste Entwicklungsstufe

Auf der nächsten Bewusstseinsebene widmet er sich mit Elan seinen Stärken und bringt sie auf lichtvolle Weise in die Gemeinschaft ein. Er profitiert von dem unerschütterlichen Mut, der dem Widder immanent ist, seiner Fähigkeit, aufrichtig und integer zu sein und unterstützt andere dabei, in ihre Kraft und Authentizität zu finden. Er ist ihnen ein Vorbild an pulsierender Vitalität, kindlicher Lebensfreude und mitreißender Zuversicht. Er wird zur Inspirationsquelle für andere, zur Ideenwerkstatt eines Unternehmens und zum charmanten Mutmacher.

Ist die Bewusstseinsentwicklung eine Einbahnstraße?

Die Darstellung der drei Entwicklungsstufen sollte nicht den Anschein erwecken, die persönliche Weiterentwicklung würde lediglich in eine Richtung verlaufen. Darüber hinaus ist sie auch nicht an ein bestimmtes Alter gebunden oder geht in einer gleichbleibenden Geschwindigkeit vonstatten. Die drei Bewusstseinsstufen, die ich dir in diesem Buch näherbringe, kennen zwar eine Richtung, mithin die Entwicklung von unten (unbewusst) nach oben (bewusst), doch bedeutet das nicht, dass du, wenn du einmal eine Erkenntnis gewonnen oder ein Verhalten abgestellt hast, nicht »rückfällig« werden kannst. Wir alle haben schon bedeutende Aha-Momente erlebt oder eine wichtige Lektion gemeistert und taten uns dennoch nicht so leicht, unser Verhalten konstant an die gewonnenen Erkenntnisse anzupassen. Vielleicht wurden wir sogar – nur kurze Zeit später – vom Universum herausgefordert, unter Beweis zu stellen, dass wir wirklich dazu imstande sind, unsere Erkenntnisse auch anzuwenden.

Vielleicht erinnerst du dich daran, dass ich weiter oben darauf hingewiesen habe, dass es einem unmöglich ist, in das Stadium der Unwissenheit zurückzufallen, wenn man einmal etwas erkannt und verstanden hat. Jedoch sollten wir eine Sache niemals unterschätzen, und zwar wie mächtig unsere Gewohnheiten sind. Gerade in Momenten, in denen wir uns überfordert, verzweifelt oder verunsichert fühlen, können sich unsere Konditionierungen in unvorstellbare Höhen aufbäumen und uns herausfordern, unter Beweis zu stellen, wie sehr wir das Erkannte verkörpern können. Gewohnheiten werden nicht umsonst als der festeste Kleber der Welt bezeichnet.

Zwar ist davon auszugehen, dass man gerade in der Kindheit und Jugend noch sehr stark mit dem Ego identifiziert ist, was dazu führt, dass man die eigenen Anlagen eher unbewusst zum Ausdruck bringt, doch lassen sich keine Verallgemeinerungen dergestalt treffen, dass man sagen könnte, dass man mit zunehmendem Alter im Rahmen der Bewusstseinsebenen automatisch aufsteigt. Zwar wird durch die Erfahrungswerte, die man im Laufe des Lebens sammelt, immer mehr Reflexion angeregt. Doch kann das Alter keine verlässliche Grundlage dafür bilden, um zu bestimmen, wie bewusst oder unbewusst ein Mensch seine astrologischen Betonungen auslebt. Schließlich gibt es bereits sehr weise, reife und achtsame Kinder und Jugendliche, während es demgegenüber auch viele egozentrische, unbewusste Erwachsene in jedem erdenklichen Alter gibt.

Niemand ist »nur« unbewusst oder »nur« bewusst

Ein weiterer wichtiger Aspekt, um die Darstellung der drei Bewusstseinsstufen zu verstehen, ist, sich vor Augen zu führen, dass niemand in der Summe seiner Anlagen »nur« bewusst, reflektiert oder unbewusst ist. So statisch darf man dieses Wachstumsmodell nicht begreifen. Du kannst es dir vielmehr so vorstellen, dass du jede deiner Betonungen sowie deren Stärken und Schwächen losgelöst von den anderen betrachten kannst. Während du dir über eine bestimmte Thematik schon sehr bewusst bist, an ihr arbeitest und stetig neue Fortschritte erzielst, kann es sein, dass du gerichtet auf einen anderen Aspekt nur schwer vom Fleck kommst und das Gefühl hast, immer wieder in alte Muster zurückzukippen. Manche Dynamiken in uns sind eben hartnäckiger als andere.

Außerdem ist es denkbar, dass es eine Weile gerichtet auf ein bestimmtes Merkmal ganz gut läuft und du den Eindruck hast, der große Heilungsdurchbruch sei geschafft, doch dann führen bestimmte Lebensumstände, ein unvorhergesehenes Ereignis oder die Begegnung mit einer bestimmten Person eine Kehrtwende herbei und das alte Muster bricht sich erneut Bahn.

Sei in einem solchen Fall nicht zu streng mit dir. Du musst keine Angst haben, dass du auf direktem Weg wieder auf die unterste Ebene abstürzt und wieder bei null beginnst. Vielmehr bist du dazu aufgefordert, dir das jeweilige Konzept noch einmal ganz genau zu Gemüte zu führen, weil es scheinbar noch Restbestände gibt, die deine Aufmerksamkeit einfordern. Denkbar ist darüber hinaus, dass ein Teilaspekt einer Thematik zum Vorschein kommt, der zuvor noch nicht in Erscheinung trat, weil andere Konzepte ihn überdeckt haben. Wie du siehst, ist es sehr spannend, aber auch komplex, an dieser Stelle abschließend darauf einzugehen, welche Eventualitäten im Einzelfall bei deiner Entwicklungsreise eintreffen können. Das A und O ist, dich aufmerksam zu beobachten, dein astrologisches Wissen heranzuziehen, um dir mit Verständnis und Wohlwollen zu begegnen und deine individuellen Anlagen als das anzusehen, was sie sind: kosmische Geschenke, die von dir ausgepackt und genutzt werden möchten.

Das Verständnis für deine kosmischen Anlagen navigiert dich verlässlich durch alle Phasen deiner Entwicklung.

Abschließend lässt sich also sagen, dass das Wissen um deine Betonungen dir die Möglichkeit eröffnet, deinen ganz individuellen Entwicklungsweg aufzudecken. Dieser Weg ist phasenweise holprig und steinig, dann aber wieder gleichmäßig asphaltiert und dreispurig ausgebaut. Das Verständnis für deine kosmischen Anlagen navigiert dich verlässlich durch alle Phasen deiner Entwicklung und garantiert, dass du nicht von der Straße abkommst oder die falsche Abfahrt nimmst. Durch die drei Bewusstseinsstufen deckst du auf der einen Seite ungesunde, blockierende Muster sowie Selbstkonzepte auf, und auf der anderen Seite entdeckst du deine phänomenalen Stärken, Fähigkeiten und Potenziale. Keine Anlage und kein Tierkreiszeichen sind per se gut oder schlecht. Alles hängt davon ab, wie die Merkmale ausgelebt werden, und hierfür ist die Bewusstheit der jeweiligen Person der entscheidende Faktor.

Nach all den einleitenden und erklärenden Gedanken tauchen wir nun gemeinsam in die zwölf Tierkreiszeichen, die astrologischen Archetypen, ein. Ich wünsche dir nicht nur ganz viel Freude beim Lesen der nachfolgenden Kapitel, sondern auch unzählige intergalaktische Aha-Momente.

♈

DAS FEUERZEICHEN

WIDDER

21. März bis 20. April

Zeichen ♈

Element Feuer

Herrscher Mars

Kreuz Kardinal

Stärken

- Idealismus
- Ideenreichtum
- Begeisterungsfähigkeit
- Entschlusskraft

Schwächen

- Naivität
- Ungeduld
- Impulsivität
- Rücksichtslosigkeit

In diesen Berufsfeldern findet man den Widder

- Extremsportler:in
- Personaltrainer:in
- Reisejournalist:in
- Gründer:in eines Start-ups
- Produktentwickler:in
- Marketing Berater:in
- Motivationscoach:in

»Stärke wächst nicht aus körperlicher Kraft – vielmehr aus unbeugsamem Willen.«

MAHATMA GANDHI

Wenn jemand einen unbeugsamen Willen besitzt, dann der Widder! Und den braucht er auch, schließlich eröffnet er als Erstes der zwölf Zeichen den Tierkreis. Für diese Aufgabe benötigt er Mut, Pioniergeist und natürlich auch einen unermüdlichen Glauben an sich selbst. Würde sich der Widder damit aufhalten, sich zu fragen, ob er dieser Aufgabe gewachsen ist oder ob er bereit dazu ist, wäre dieses Buch seines Inhalts beraubt, weil es keinen Tierkreis und folglich auch keine Tierkreiszeichen gäbe, über die ich dir etwas erzählen könnte.

Der Widder hat als erste, initiale Kraft jede Menge Dynamik, Schwung und Power. Er ist ein Pionier, Kämpfer und Wegbereiter, und weißt du was?

Der Widder stellt nicht nur den Beginn des Tierkreises dar, sondern er verkörpert jede Art des Beginns, die du dir vorstellen kannst. Wir können das Zitat von Hermann Hesse

»Jedem Anfang wohnt ein Zauber inne«
also um folgenden Zusatz ergänzen:
»Jedem Anfang wohnt ein Zauber
und ein Funken Widder-Energie inne.«

Der Widder handelt spontan, ohne lange zu fackeln, und liebt es, in Situationen zu landen, in denen er von seinem bemerkenswerten Improvisationstalent Gebrauch machen kann. Immerzu ist er auf der Suche nach neuen Herausforderungen, denen er sich unerschrocken entgegenstellen kann. Und so tritt er seine große Heldenreise an: die Reise zu sich selbst! Der feurige Widder darf seine angeborenen Talente zunächst entdecken, sie sich zunutze machen und mit anderen teilen. Zugleich ist er aufgefordert, ganz neue Fähigkeiten und Eigenschaften zu entwickeln, um inneres Wachstum anzustoßen und über sich hinauszuwachsen. Die Haupttugenden, die der Widder erlernen darf, sind Mitgefühl, Selbstdisziplin und innere Balance. So wie der Widder anderen ein fabelhafter Lehrmeister in Sachen Mut ist, kann er diese Haupttugenden am besten von den Zeichen lernen, die sie auf ganz natürliche Weise in sich angelegt haben, und das sind der Krebs, die Waage und der Steinbock. Genau die Zeichen, mit denen der Widder das kardinale Kreuz bildet.

KARDINALES KREUZ: WIDDER, KREBS, WAAGE UND STEINBOCK

Seine Entwicklungsreise führt den Widder über die Qualitäten des Krebses, des Steinbocks und der Waage. Diese drei Zeichen bilden mit ihm gemeinsam das kardinale Kreuz. Der feurige, dynamische und initiale Widder darf bei seiner Bewusstseinsentwicklung Mitgefühl (Krebs), Selbstdisziplin (Steinbock) und innere Balance (Waage) entwickeln. Hierdurch gleicht er seine Schwächen aus und erwächst mit der Zeit in seine volle Größe. Durch die Qualitäten des Krebses, des Steinbocks und der Waage drosselt er sein Temperament, bezieht die Gefühle seiner Mitmenschen mit ein und wird sich bewusst darüber, dass es sich mit einem inneren Gleichgewicht viel leichter leben lässt.

Die untere Bewusstseinsstufe
Der unbewusste Widder

Der unbewusste Widder zeichnet sich durch eine hedonistische Lebensführung aus. Er ist den Sonnenseiten des Lebens zugewandt und jagt allem nach, was Spaß verspricht. Er zeigt wenig Interesse daran, sich tiefgehender mit sich selbst zu beschäftigen oder spirituelle Fragen zu ergründen. Viel lieber möchte er seiner inneren Ruhelosigkeit entkommen, unnötige Anstrengungen vermeiden und etwas erleben – immerhin ist das Leben zu kurz, um sich zu langweilen. Unerschrocken folgt der Widder seinen blitzartigen Einfällen, behauptet sich gegen alle aufkeimenden Widerstände und verwirklicht kompromisslos seine Vorhaben. Wer braucht schon diplomatisches Geschick, abstrakte Theorien oder langatmige Vorbereitungen, wenn er alternativ auch einfach loslegen kann! Auftretende Probleme werden durch tatkräftiges, häufig auch konfrontatives Handeln aus dem Weg geräumt, schließlich sind Widerstände dafür da, um beseitigt zu werden. Er stürmt also ohne lange zu fackeln oder gar Pro- und Kontra-Listen durchzugehen einfach los. Wird der Funke der Begeisterung in ihm geweckt, gibt es für ihn kein Halten mehr. Kein Einwand vermag seinen Enthusiasmus zu bremsen, und alle Gegenargumente werden entschieden zurückgewiesen. Die Bedürfnisse seiner Mitmenschen oder die Konsequenzen, die aus seinem Handeln für sie erwachsen, blendet er vollkommen aus. Er ist schließlich schon längst dabei, mit dem Kopf durch die Wand zu stürmen!

Wird der Funke der Begeisterung in ihm geweckt, gibt es für ihn kein Halten mehr.

Darüber hinaus ist der Widder schonungslos direkt. Für den Geschmack seiner Mitmenschen häufig zu direkt. Man sollte nicht alles persönlich nehmen, was er in seinem Übermut herausposaunt. Denn sein Mund ist meist schneller als sein Kopf und seine Unüberlegtheit erinnert an den allseits bekannten Elefanten im Porzellanladen: Eine unüberlegte Drehung genügt, und das Porzellan zerschlägt auf dem Boden. Und der Widder? Der steht überrascht vor dem Scherbenhaufen und wundert sich, wie all das passieren konnte.

Der Auslöser und zugleich auch seine Universalausrede ist in solchen Momenten sein starkes Bedürfnis nach klaren Verhältnissen, das jede seiner Äußerungen zu legitimieren scheint. Dabei übersieht er jedoch, dass gerade empfindliche Gemüter (wie die Wasserzeichen) an seiner schonungslosen Direktheit zu knabbern haben und der Ton die Musik macht.

Der Widder reagiert sehr empfindlich auf die Begrenzung seiner Bewegungsfreiheit und seines Handlungsspielraums. Schließlich ist er ein Freigeist, der seinen spontanen Impulsen folgen will, sich flexibel auf das Leben einlassen möchte und jede Gelegenheit, die sich ihm bietet, beim Schopfe packt. Er entscheidet lieber selbst, bevor er sich von anderen sagen lässt, was er zu tun hat. Der Widder ist ein Hitzkopf – ungestüm und draufgängerisch. Er kann sehr ungemütlich werden, wenn man sich in seine Angelegenheiten einmischt und dem Irrglauben unterliegt, ihm Vorschriften machen zu können. Kein Wunder also, dass er sich als Einzelkämpfer betrachtet, der sich unerschrocken und kämpferisch der Welt entgegenstellt.

Diesem Archetyp ist das Leben in vielen Fällen zu langsam, träge und unflexibel. Wenn er könnte, würde er sich nicht nur Sprachnachrichten und Podcasts in doppelter Geschwindigkeit anhören, sondern auch sein Leben vorspulen, um nicht unnötig Zeit zu vergeuden. Seine Ungeduld lässt ihn genervt auf jede Form des Wartens reagieren. Im Stau schimpft er auf sein Navi ein, das ihn nicht frühzeitig auf eine alternative Route aufmerksam gemacht hat. Im Wartezimmer seines Hausarztes gerät er nach wenigen Minuten in Rage und lässt die Sprechstundenhilfe lautstark wissen, wie kostbar seine Zeit sei. Und ist die Wartezeit im Restaurant zu lang, können sich die Kellner:innen auf etwas gefasst machen. Kurzum: Geduld sucht man bei diesem Archetyp auf der unbewussten Ebene vergebens. Alles, was er tut, geschieht mit Geschwindigkeit. Beobachte gerne einmal einen Widder, und du wirst sehen, dass er ein enormes Tempo vorgibt, ganz gleich, ob beim Essen, Laufen oder Sprechen. Auf der untersten Entwicklungsstufe wirkt der Widder regelrecht gehetzt und würde glatt seinen Kopf vergessen, wenn er nicht angewachsen wäre. Dass dem Widder das Leben zu langsam erscheint, äußert sich auch darin, dass ihm während der Umsetzung seiner Ideen die Lust vergeht, wenn sie ins Stocken geraten oder die Erfolge sich nicht in der gewünschten Geschwindigkeit einstellen. Seine Ausdauer ist daher nicht besonders ausgeprägt, er agiert kurzatmig und wirft das Handtuch, wenn es bei der Verwirklichung seiner Projekte unerwartet viele Hürden zu nehmen gilt. Zwar stellt er sich mit seinem kämpferischen Gemüt zunächst allen Problemen siegessicher entgegen, scharrt mit den Hufen und richtet sich imposant auf, doch im Fall, dass das Leben neue Probleme und Hindernisse nachliefert, wird es dem Widder zu mühevoll und er stürzt sich kurzerhand in ein neues Vorhaben.

Ein weiteres wichtiges Merkmal des unbewussten Widders ist seine Impulsivität, die im Extremfall in Aggressivität umschlagen kann – in Form von Wutanfällen oder cholerischen Ausbrüchen. Derlei Ausbrüche kommen für die Menschen im Umfeld eines unbewussten Widders oft völlig aus dem Nichts. Denn die Zündschnur des Widders ist sehr kurz, und einmal entzündet, lässt der große Knall nicht lange auf sich warten.

Größte Angst

Die größte Angst des Widders ist die Angst davor, der Schwächere zu sein. Das leuchtet auch ein, immerhin liebt es der Widder, den Taktstock zu schwingen, das Tempo vorzugeben und sich durchzusetzen. Er definiert sich über seine persönliche Stärke, seine Durchsetzungskraft und Unerschrockenheit – da scheint Schwäche einfach nicht ins Bild zu passen. Kein Wunder also, dass allein der Gedanke, andere könnten ihm die Leitung aus der Hand nehmen, große Widerstände in ihm auslöst.

Schwäche ist für den Widder gleichbedeutend mit Machtlosigkeit, und so liegt es nahe, dass er um jeden Preis stark sein und respektiert werden möchte. Eine Kompensation seiner Angst vor Machtlosigkeit ist es, alles daran zu setzen, stärker zu sein als andere. Die Folge ist, dass unbewusste Widder ihr Umfeld dominieren, andere Menschen kleinhalten und versuchen, Macht über sie auszuüben.

Die mittlere Bewusstseinsstufe Der reflektierte Widder

Die Erfahrungswerte, die der unbewusste Widder sammelt, lassen ihn einen kritischen Blick auf seine Schwächen werfen. Die dadurch in Gang gesetzte Reflexion bewirkt, dass er in die nächste Bewusstseinsebene eintritt. Auf dieser mittleren Bewusstseinsstufe lernt der Widder, den Fokus auf seine wundervollen Fähigkeiten zu richten. Es gelingt ihm zunehmend, ein Gefühl für sich selbst zu entwickeln, und ihm wird deutlich, wie leicht er Erfolge verbuchen kann, wenn er seine individuellen Anlagen zum Ausdruck bringt. Er genießt es, seine Talente vollumfänglich auszukosten und von seinen Stärken zu profitieren. Zudem ist er bemüht, seine Ungeduld zu drosseln, seine Impulsivität zu mäßigen und mehr Fingerspitzengefühl im Umgang mit seinen Mitmenschen zu entwickeln. Er konzentriert sich nun darauf, Mitgefühl (Krebs) und Selbstdisziplin (Steinbock) auszubilden sowie in eine innere Balance (Waage) zu finden.

Bewusstsein für Schwächen & Fokus auf Stärken

Die Weisheit des Nachgebens

Während sich der unbewusste Widder nahezu immer in Konflikten und Machtkämpfen wiederfindet, begreift der reflektierte Widder, dass an dem Sprichwort »Der Klügere gibt nach« etwas Wahres dran ist. Er beginnt, seinen inneren Widerstand gegen bestimmte Zustände, Situationen und Menschen abzubauen, weil ihm bewusst wird, dass diese Widerstände mehr mit ihm selbst zu tun haben als mit seiner Umwelt.

Anstatt ein Leben zu führen, in dem er ständig an irgendeiner Front gefordert ist, egal, ob in der Beziehung zu Arbeitskollegen, Familienmitgliedern, Freunden oder Ex-Partnern, übt er sich im Nachgeben. Denn ihm fällt auf, dass es ansonsten immer etwas oder jemanden zu geben scheint, der seinen Puls nach oben katapultiert. Entweder winken seine Mitmenschen partout nicht durch, was er sich in den Kopf gesetzt hat, oder er sieht sich damit konfrontiert, dass andere ebenso rabiat versuchen, ihren Willen durchzusetzen, wie er selbst. Während sich Auseinandersetzungen und Machtkämpfe im Leben eines unbewussten Widders die Klinke in die Hand zu geben scheinen, begibt sich der reflektierte Widder auf Ursachenforschung und deckt auf, was ihre tiefer liegende Bedeutung ist. Denn letztlich stellen all diese Konflikte eine Art Übungsplatz für den Widder dar, mit der Chance, Nachsichtigkeit zu erlernen und eben nicht immer der Stärkere, sondern der Klügere zu sein. Nachgeben statt Durchsetzen lautet der Lehrsatz, und das Universum ist sehr geduldig darin, auf die Einsicht des Widders zu warten.

Das Erlernen von Selbstbeherrschung

Eine bedeutsame Wachstumschance liegt für den Widder darin, Wege zu finden, mit seiner Impulsivität konstruktiv umzugehen und seine innere Spannung zu regulieren. Solange er nämlich keine Wege ausfindig gemacht hat, seine Kraft zu kontrollieren oder bewusst zu lenken, wird er von ihr hin- und hergeschleudert. Auf der unbewussten Entwicklungsstufe tendiert er zu Ausbrüchen, bei denen sich aufgestaute Energie schubhaft entlädt und mit denen er das Potenzial seiner enormen Power vergeudet. Wie ein Kind in der Supermarktschlange, das um jeden Preis etwas Süßes haben möchte, wirft sich der Widder sinnbildlich schreiend auf den Boden, sobald ihm etwas nicht in den Kram passt, strampelt, weint, tobt und blendet dabei völlig aus, welche Showeinlage er gerade den Passanten bietet. Ein Erwachensmoment setzt ein, wenn er realisiert, dass seine Tobsucht nichts (mehr) bewirkt. Mit der Zeit hat sich sein Umfeld nämlich an seine emotionalen Vulkanausbrüche gewöhnt und lässt sich davon nicht mehr beeindrucken. Vielleicht reden ihm seine Mitmenschen auch ins Gewissen und setzen seinen Ausbrüchen Grenzen.

Der Widder beginnt dadurch umzudenken und stößt eine intensive Reflexion seines Verhaltens an. Er ist gefordert, andere Methoden zu finden, um sich durchzusetzen. Außerdem bemüht er sich, seine Power frühzeitig auf konstruktive Weise zu kanalisieren, anstatt abzuwarten, bis diese sich in Wut umwandelt und aus ihm herausbricht. Mut und Wut liegen nämlich nah beieinander: Mangelt es dem Widder an Möglichkeiten, seinem Mut Ausdruck zu verleihen, ist er gelangweilt, unterfordert und frustriert. Es dauert nicht lange, bis er Wut gegenüber dem für ihn unbefriedigenden Status quo entwickelt. Alternativ sollte er sich daher Ziele setzen, deren Realisierung ihn fordert. Sein gesamter Mut und seine Ideenvielfalt fließen dann in diese Sache ein, die zum perfekten Ventil für seine Power wird.

Augen zu und durch

Während der unbewusste Widder seinen Mut darauf verwendet, anderen zu imponieren, indem er sich riskanten, waghalsigen und auch gefährlichen Situationen aussetzt, nutzt der reflektierte Widder seine Unerschrockenheit, um auch unter schwierigen Bedingungen ruhig zu bleiben. Während sich die meisten Menschen vor Handlungen drücken, die ihnen Unbehagen bereiten, sie nervös machen oder sie schlichtweg nerven, stürmt der Widder los und packt sie an. Er beißt die Zähne zusammen und unternimmt, was getan werden muss, um Projekte anzutreiben und voranzubringen. Konkret kann das bedeuten, dass er unbeeindruckt zum Hörer greift, um einen verärgerten Kunden einzufangen, beim schlimmsten Regenwetter die Laufschuhe schnappt oder der Chefin beichtet, dass ihm ein Fehler unterlaufen ist. Sein Mut hilft ihm dabei, sich gegen seinen inneren Schweinehund durchzusetzen und anderen ein Beispiel an Souveränität und Toughness zu sein.

Vom Funken der Begeisterung zur beständigen Kraft

Kaum ein Zeichen ist so spontan und begeisterungsfähig wie der Widder. Sein Enthusiasmus für eine Sache kühlt jedoch genauso schnell ab, wie er aufgelodert ist. Folglich ist ein weiteres Wachstumsfeld des Widders, seine Begeisterung konstant zu halten. Denn der mutige, starke und tonangebende Widder ist blitzschnell entmutigt, wenn ihm auf dem Weg zur Umsetzung seiner Vorhaben erste Stolpersteine begegnen oder ihm bewusst wird, dass er kein Naturtalent in einer bestimmten Disziplin ist. Somit können wir festhalten, dass der Widder vieles anfängt, aber nur wenig zu Ende bringt.

Jede Idee verliert ihre Kraft, wenn man ihr nicht die Chance gibt, zu reifen.

Konfuzius hat das sehr schön auf den Punkt gebracht: »Ist man in kleinen Dingen nicht geduldig, bringt man die großen Vorhaben zum Scheitern.« Der Widder ist somit gefordert, Durchhaltevermögen zu entwickeln, seine genialen Ideen mit dem dazugehörigen Biss in die Verwirklichung zu führen und zu beweisen, dass er an sich und seine Erfolge glaubt. Natürlich darf er sich feurig und spontan, wie er ist, ausprobieren. Wenn es jedoch beim reinen Ausprobieren bleibt, werden seine fantastischen Impulse niemals Früchte tragen. Wie sollen sie auch, wenn sie nie über das Anfangsstadium hinauskommen? Hilfreich kann es für den reflektierten Widder daher sein, trotz seiner enormen anfänglichen Begeisterung einen Moment innezuhalten und sich ernsthaft mit seinen Vorhaben auseinanderzusetzen. Er könnte sich vor Augen führen, welche Herausforderungen auf ihn zukommen könnten und ob er bereit ist, sie auf sich zu nehmen. Vielleicht kann er auch ein augenöffnendes Gespräch mit einer Jungfrau führen – einfach nur, um unerwartete Überraschungen zu vermeiden und sich direkt auf das konzentrieren zu können, was ihm wirklich am Herzen liegt.

Die Kunst des Maßhaltens

Des Weiteren führt die Begeisterungsfähigkeit des Widders sehr häufig dazu, dass er sich grenzenlos übernimmt. Der Wunsch, überall dabei zu sein und nichts zu verpassen, birgt die Gefahr, sich zu verselbstständigen. Die Folge ist, dass der Terminkalender des Widders aus allen Nähten platzt, er im Dickicht seiner Zusagen die Orientierung verliert und die Fülle an Projekten ihn jeder Spontaneität beraubt. Nach Luft schnappend und an seiner Belastungsgrenze angelangt, sieht er keine andere Möglichkeit mehr, als alle Vorhaben kurzerhand zu canceln. Mit einem energischen Schlag fegt er dann alle Aktenstapel von seinem Schreibtisch und ruft: »Ich will nicht mehr! Was hab' ich mir da nur eingebrockt!« Das Patentrezept an dieser Stelle ist, sich von vornherein auf wenige Dinge zu konzentrieren, eine Auswahl zu treffen und alles darüber Hinausgehende auf einen späteren Zeitpunkt zu vertagen. Essenziell für den Widder ist es, ein Bewusstsein für die eigene Begeisterungsfähigkeit zu entwickeln. In dem Moment, in dem man einem Widder einen vielversprechenden Vorschlag oder ein verlockendes Angebot macht, bekommt er sofort große Augen, und eine Welle der Euphorie überschwemmt seinen Körper. Doch trotz der sofortigen Begeisterung gilt es, sich Zeit zu verschaffen. Denn die Welle der Euphorie ebbt meist innerhalb von 24 Stunden ab. Hilfreich wäre es also, auf jeden noch so unwiderstehlichen Vorschlag Folgendes zu antworten: »Ich überlege mir das gerne in Ruhe – es klingt fantastisch, aber bevor ich zusage, schlafe ich eine Nacht darüber.« Auf Zeit zu spielen hilft dem Widder, die Wellen seiner Euphorie abklingen zu lassen. Dadurch wird es ihm möglich, noch einmal in Ruhe über alles nachzudenken und mit etwas Abstand zu überprüfen, ob sich der Vorschlag immer noch stimmig für ihn anfühlt.

Wie man die Wahrheit in Watte packt

Wenn wir uns nun ein weiteres wichtiges Wachstumsfeld des Widders anschauen, nämlich seine schonungslose Ehrlichkeit, möchte ich zunächst einmal betonen, wie kostbar es ist, wenn jemand aufrichtig und ehrlich sagt, was er denkt. Bei einem Widder weiß man immer, woran man ist. Denn er ist kein Freund von Spielchen, Intrigen oder Heimlichtuereien. Ärgert er sich, wird das auf direktem Wege angesprochen, und hat er erst mal Dampf abgelassen, ist die Sache für ihn vom Tisch. Mit ihm ist das Kriegsbeil also schnell begraben und Konflikte lassen sich in Windeseile ausräumen.

»Aufrichtigkeit ist höchstwahrscheinlich die verwegenste Form der Tapferkeit.«

WILLIAM SOMERSET MAUGHAM

Doch zugleich braucht man in der Gegenwart eines Widders ein ziemlich dickes Fell. Ohne groß darüber nachzudenken, posaunt er auf der untersten Entwicklungsstufe heraus, dass ihm deine neue Frisur nicht gefällt, dein Hund besser erzogen sein könnte und du seit eurem letzten Treffen zugenommen hast. Nicht selten würde man in der Gesellschaft eines unbewussten Widders nur zu gerne im Erdboden versinken, weil er mit Anlauf in jedes Fettnäpfchen springt, das er finden kann. Er kommentiert, was er sieht, ohne sich im Vorfeld zu überlegen, ob das, was er sagt, gerade passend, verletzend oder vertraulich sein könnte. Seine direkten Aussagen treffen nicht selten einen sensiblen Punkt bei seinem Gegenüber und hinterlassen verbrannte Erde. Die folgende Geschichte soll dich zum Kern der Thematik führen und dir aufzeigen, dass man sich nicht hinter dem Deckmantel der Wahrheit verstecken kann. Denn nur weil etwas wahr ist, muss es noch lange nicht erforderlich sein, es anzumerken.

Die Geschichte heißt »Die drei Siebe des Sokrates«:
Einst lief Sokrates durch die Straßen von Athen.
Plötzlich kam ein Mann aufgeregt auf ihn zu. »Sokrates, ich muss dir etwas über deinen Freund erzählen, der …«

»Warte einmal«, unterbrach ihn Sokrates. »Bevor du weitererzählst – hast du die Geschichte, die du mir erzählen möchtest, durch die drei Siebe gesiebt?«
»Die drei Siebe? Welche drei Siebe?«, fragte der Mann überrascht.
»Lass es uns ausprobieren«, schlug Sokrates vor.

»Das erste Sieb ist das Sieb der Wahrheit. Bist du dir sicher, dass das, was du mir erzählen möchtest, wahr ist?«

»Nein, ich habe gehört, wie es jemand erzählt hat.«

»Aha. Aber dann ist es doch sicher durch das zweite Sieb gegangen, das Sieb des Guten? Ist es etwas Gutes, das du über meinen Freund erzählen möchtest?«

Zögernd antwortete der Mann: »Nein, das nicht. Im Gegenteil ...«

»Hm«, sagte Sokrates, »jetzt bleibt uns nur noch das dritte Sieb. Ist es notwendig, dass du mir erzählst, was dich so aufregt?«

»Nein, nicht wirklich notwendig«, antwortete der Mann.

»Nun«, sagte Sokrates lächelnd, »wenn die Geschichte, die du mir erzählen willst, nicht wahr ist, nicht gut ist und nicht notwendig ist, dann vergiss sie besser und belaste mich nicht damit!«

Jeder mit einer Widder-Betonung sollte diese Geschichte kennen und die eigenen Äußerungen mithilfe der drei Siebe des Sokrates filtern. Merkt der Widder beispielsweise an, dass ihm das neue Outfit seines Gegenübers nicht gefällt, ist diese Aussage zwar wahr, weil der Widder es so empfindet, aber es ist weder notwendig noch liebevoll, es gegenüber der anderen Person anzumerken. Natürlich ist es nicht leicht, die Siebe des Sokrates in allen Lebenslagen zu beherzigen, aber es zumindest zu versuchen wird sich für den Widder auszahlen und ihn in eine ganz neue Ebene der bewussten Kommunikation führen.

Bewusstseinsentwicklung mithilfe des kardinalen Kreuzes

Entwicklung von Mitgefühl (Krebs)

Wie wir bereits gesehen haben, handelt der Widder gefühlsecht und authentisch! Er macht, wonach ihm ist, und segelt nicht selten über die Bedürfnisse anderer hinweg. Auch sein ausgeprägter Wettbewerbssinn, der davon lebt, andere zu übertrumpfen, treibt ihn weit weg von den Befindlichkeiten seiner Mitmenschen. Rücksichtnahme fühlt sich für ihn schnell nach Selbstbegrenzung an. Als unermüdliches Ideenwerk kommt ihm schließlich ein spontaner Impuls nach dem anderen. Kann er diesen aufgrund der gegenläufigen Interessen anderer nicht nachgehen, fühlt er sich seiner Freiheit beraubt.

Folgendes Beispiel veranschaulicht das sehr schön: Ein abenteuerlustiger Widder hat am Freitagabend den Einfall, am nächsten Tag ganz früh aufzustehen, seine Skier zu packen und für eine Skitour in die Berge zu fahren. Hellauf begeistert von seinem Plan, stürmt er voller Euphorie ins Wohnzimmer, um seiner/m Partner:in davon zu erzählen. Doch die Euphorie scheint nicht so recht auf sie/ihn überschwappen zu wollen. Ganz im Gegenteil, als Antwort erhält der Widder lediglich: »Das geht nicht! Wir haben abgemacht, dass du morgen auf die Kinder aufpasst.«. Das war es also mit der spontanen Skitour ...

Ein sanftmütiger Krebs würde in diesem Moment wie folgt reagieren: »Oh, du hast recht! Du hast ja bereits die letzten drei Wochenenden auf die Kinder aufgepasst und brauchst die Zeit für dich nötiger als ich. Ich verschiebe meine Skitour einfach auf nächstes Wochenende. Dann kannst du morgen etwas Schönes unternehmen.«

Was glaubst du, wie die Reaktion eines unbewussten Widders ausfällt? Ich verrate es dir: »Es muss doch möglich sein, dass ich spontan eine Skitour machen kann, ohne wie ein kleines Kind seine Eltern um Erlaubnis zu fragen?! Was hast du denn morgen vor? Wahrscheinlich unternimmst du ohnehin nichts, und am Ende passen wir zusammen auf die Kinder auf. Und dafür bin ich dann zu Hause geblieben!«

Der Grund, weshalb der Widder derart in Hochform auffährt, ist, dass die Antwort seiner/s Partner:in nicht nur seine Pläne zunichtemacht, sondern er sich von ihr/m auch übermachtet fühlt. Bevormundung stellt die Achillesferse des Widders dar. Du solltest wissen, dass das Wort »Nein« für den Widder einer Kampfansage gleichkommt. In Situationen wie diesen ist es ihm daher kaum möglich, sich in sein Gegenüber hineinzuversetzen und zu verstehen, was sie/ihn zu der jeweiligen Reaktion veranlasst hat. Viel zu beschäftigt ist er damit, sich über sie/ihn zu ärgern.

Wie kann der Widder lernen, seinen Blick auf die Empfindungen seiner Mitmenschen zu richten und damit das Geschehen nicht nur eindimensional zu betrachten?

Die Antwort lautet: indem er Mitgefühl entwickelt, eine essenzielle Tugend des Krebses. Die Lektion, die der Widder zu meistern hat, besteht darin, durch das Sich-in-andere-Hineinfühlen nachvollziehen zu können, was ihre Beweggründe sind, um letztlich nach einer gemeinsamen Lösung zu suchen.

Unterstützende Übung

Das Wichtigste in solchen Situationen ist also ein Perspektivenwechsel. Nimm dir einen Moment, um dich in dein Gegenüber hineinzuversetzen. Wie würdest du dich an seiner Stelle fühlen? Was sind seine Motive? Was ist ihm wichtig? Welche Bedürfnisse liegen hinter seinem Verhalten?

Entscheidend ist, den Fokus auf deine Mitmenschen zu richten, ihnen deine Aufmerksamkeit zu schenken und dich im Geben zu üben. Ein Zitat von George Washington Carver veranschaulicht das ganz wundervoll: »How far you go in life depends on your being tender with the young, compassionate with the aged, sympathetic with the striving and tolerant of the weak and strong. Because someday in your life you will have been all of these.« (Frei übersetzt: »Wie weit du im Leben kommst, hängt davon ab, inwieweit du sanft mit den Jungen, mitfühlend mit den Alten, verständnisvoll mit Eifrigen und geduldig gegenüber den Schwachen und den Starken bist. Denn irgendwann in seinem Leben wird jeder von uns diese Stadien durchlaufen.«)

Eine sehr effektive Übung ist es, dir in einer Konfliktsituation ins Bewusstsein zu rufen, was du an der Person, über die du dich gerade ärgerst, liebst. Lenke deine Aufmerksamkeit auf all die wundervollen Wesenszüge, für die du deine/n Partner:in liebst. Wenn du die Person, um die es geht, nicht liebst, weil du sie gar nicht so gut kennst, beispielsweise deinen Nachbarn, konzentriere dich darauf, was du an ihm magst, was er schon einmal für dich getan hat oder wie liebevoll er vielleicht mit seinen Kindern umgeht. Wenn dir partout nichts einfallen möchte, was positiv an deinem Gegenüber ist, stelle ihn dir ohne seine körperliche Gestalt als bloßes Licht vor. Erkenne, dass in diesem Menschen – selbst wenn er dich gerade auf die Palme bringt – eine Seele steckt. Wie du ist er ein spirituelles Wesen, das hier ist, um die Erfahrung Mensch zu machen. Seine bisher gesammelten Erfahrungswerte, seine inneren Überzeugungen, frühere Verletzungen oder tief sitzende Ängste veranlassen ihn, sich dir gegenüber auf diese Weise zu verhalten.

Du wirst sehen, dass du durch diese Übung in Windeseile tiefes Mitgefühl in dir kultivierst.

Betrachte dich im nächsten Schritt nicht mehr als Individuum, sondern als Teil einer Gemeinschaft. Wenn du dich dafür einsetzt, das Leben anderer durch dein Mitgefühl zu verbessern, verbesserst du im Laufe dieses wertvollen Prozesses auch dein eigenes Leben. Durch diese Fokusverlagerung öffnest du dich für die Erkenntnis, dass **auf andere Rücksicht zu nehmen deinen Handlungsradius nicht schmälert, sondern erweitert.**

Entwicklung von Selbstdisziplin (Steinbock)

Der Widder hat eine mentale Superpower, schließlich ist er ein feuriger Kanal für kühne Ideen. Sein lebensbejahender Tatendrang macht ihn zum Helden des Tierkreises, doch lässt er sich zu Beginn seiner Bewusstseinsreise noch sehr von seinen Gefühlen, insbesondere seinen negativen Empfindungen, umherwirbeln. Sehr vieles bringt ihn in Rage, stört sein inneres Gleichgewicht und kreiert explosive Ausbrüche, die ihn energielos zurücklassen. Wie kann der Widder nun diesen Teufelskreis durchbrechen?

Durch einen Sturz ins Erwachen! Dieser gelingt ihm ausschließlich durch die Kraft seines Geistes. Indem der Widder begreift, welche Stärke in seinem Geist verborgen liegt, kann er aus seinen bisherigen Denkgewohnheiten und aufwühlenden Emotionen ausbrechen und seinem Leben eine völlig neue Richtung geben. Dabei unterstützt ihn der Steinbock, der ein Meister in Konsequenz, Durchhaltevermögen und Klarheit ist.

Doch was bedeutet das in der Praxis? Wie kann der Widder sein Temperament zügeln? Eine wichtige Tugend des Steinbocks, die Selbstdisziplin, greift ihm dabei unter die Arme: Wenn der Widder das Gefühl hat, gleich an die Decke zu gehen, kann er sich durch Selbstkontrolle im Boden verankern.

Unterstützende Übung

Wenn du in einer Situation bist, die dich wütend macht oder Ärger in dir auslöst, verschaffe dir Distanz zum Geschehen. Zoome dich gedanklich heraus, indem du drei tiefe Atemzüge nimmst und deine Aufmerksamkeit auf dich statt auf die äußeren Umstände richtest. Konzentriere dich auf deinen Bauch, wie er sich bei jedem Atemzug hebt und senkt, überlege, welche konstruktiven Reaktionsmöglichkeiten du gerade hast, um die Situation zu entschärfen. Jedes Problem beinhaltet bereits seine Lösung. Fokussiere dich also nicht auf das Problem und erst recht nicht auf den Ärger über das Problem, sondern lenke deine mentale Kraft direkt auf das Ausfindigmachen der Lösung. Dieser Tipp kommt aus der Feder des vernünftigen und lösungsorientierten Steinbocks, der besser als jeder andere weiß, wie ineffizient und unsinnig es ist, sich mit Trübsal oder Ärger aufzuhalten.

Mahatma Gandhi hat etwas sehr Schlaues gesagt: »I will not let anyone walk through my mind with their dirty feet.« (Frei übersetzt: »Ich lasse niemanden mit seinen schmutzigen Füßen durch meinen Geist laufen.«) Wenn du dich über jemanden ärgerst und dich dieser Ärger beschäftigt, hat er sehr viel Macht über dich. Du richtest deinen Fokus auf ihn und es fließt ihm immer mehr deiner kostbaren Energie zu. Dadurch nimmt er einen immer größeren Raum in deinem Denken ein. Welche Energien uns im Inneren ausmachen, bestimmt, mit welchen Energien wir im Außen in Resonanz treten. Bringe daher die Selbstdisziplin auf, dich darin zu stoppen, Ärger zu empfinden und ihn zu nähren. Lass andere nicht mit ihren schmutzigen Füßen durch deinen Geist laufen – schmeiß sie raus! Engagiere am besten einen Türsteher, der den Einlass kontrolliert und übernimm die volle Verantwortung dafür, dass du ganz allein darüber entscheidest, was in deinen Geist eintreten darf.

Entwicklung von innerer Balance (Waage)

Der legendäre Handlungswille des Widders lässt ihn mit Vollgas durch das Leben rasen. Dabei bleibt kein Abenteuer auf der Strecke, alle verheißungsvollen Ziele werden angesteuert und die Pausen auf ein Minimum begrenzt. Er hat schließlich keine Zeit zu verlieren! Meist tritt er das Gaspedal durch und wirkt dabei nicht selten hektisch und gestresst. Dadurch, dass er innerlich immer unter Spannung steht, scheint er nie wirklich zur Ruhe zu kommen.

Auch seine inneren Widerstände halten den Widder auf Trab. Schließlich ist nicht nur Geschwindigkeit, sondern auch Ärger eine hervorragende Adrenalin-Quelle. Ein großer Durchbruch gelingt dem Widder, wenn er erkennt, dass es in seinem Leben weniger darum geht, äußere Widerstände zu brechen, sondern vielmehr darum, sich von inneren Widerständen zu befreien.

Alles, was dich trifft, betrifft dich!

Wenn du keine inneren Widerstände mehr aufweist, dich kaum noch etwas aus der Reserve lockt oder in Rage versetzt, bist du mit dir und der Welt im Reinen. Nichts im Außen vermag es, dein inneres Gleichgewicht zu stören oder deine Zufriedenheit zu schmälern.

Gelassenheit und innere Balance sind die Tugenden der Waage, dem Gegenzeichen des Widders. Wenn der Widder der Elefant im Porzellanladen ist, dann ist die Waage diejenige, die das Porzellan in liebevoller Detailarbeit gefertigt hat. Von der Waage lernt der Widder Sanftmut, Milde und Friedfertigkeit. Sie eröffnet ihm einen Blick für das Schöne und ein Gespür für das Verbindende. Sie schult ihn darin, nicht zu handeln, ohne zu denken, sondern zu denken, ohne zu handeln. Etwas, das dem Widder vollkommen widersinnig erscheint. »Ist die Welt nicht dazu da, damit wir sie erobern?«, fragt er die Waage verdutzt. »Nein«, sagt die Waage. »Wir sind hier, um sie zu verschönern und einfach nur zu sein!«

Wie lässt sich das aber nun praktisch umsetzen? Wie kann der Widder sich in Gelassenheit üben und erkennen, dass der Schlüssel nicht im Tun, sondern im Sein liegt?

Unterstützende Übung

So viele äußere Turbulenzen tragen das Potenzial in sich, uns aus dem Gleichgewicht zu bringen, wenn wir nicht darauf geschult sind, es zu bemerken und zu verhindern. Wie du das machst? Step by step! Erschaffe dir einen inneren Wohlfühlort der Ruhe und des Friedens, an den du dich jederzeit zurückziehen kannst. Diese Wohlfühloase ermöglicht es dir, dich aus aufreibenden Geschehnissen einfach auszuklinken, indem du dich innerlich an diesen Ort beamst. Du beamst dich aus der turbulenten Situation heraus und in deinen Safe Space hinein. Wenn du in dir erst einmal diesen stillen Raum erschaffen hast, vermag kein Lärm des Außens deine innere Gelassenheit zu stören.

Wie du dir diesen geschützten Raum in deinem Inneren kreierst? Alles beginnt damit, dass du dir Zeit für dich einplanst. Denn das Wertvollste, was du dir selbst schenken kannst, ist Zeit. Reserviere also jeden Tag ein bisschen Zeit für dich, in der du dich ganz bewusst von Stress und Hektik befreist. Lass die heilende Kraft des Schweigens auf dich wirken, indem du dir jeden Tag 10 bis 15 Minuten gönnst, in denen du dich zurückziehst und in Stille bist. In dieser Zeit verlangsamst du die Geschwindigkeit, in der deine Gedanken durch deinen Kopf jagen, und findest in eine tiefe innere Ruhe. Hülle dich in die warme, wohlige Decke des Schweigens und komme voll und ganz bei dir selbst an. Wenn du diese innere Ruhe erst einmal in dir gefunden und stabilisiert hast, kannst du sie auch bald im Außen anwenden.

♈

Wie du als Widder über dich hinauswächst

REFLEXIONSFRAGEN, DIE DEINE SELBSTWAHRNEHMUNG STÄRKEN

- Stelle ich mich mutig dem Leben entgegen?
- Wie drücke ich meine Begeisterungsfähigkeit aus?
- Darf der Abenteurer in mir sich in meinem Leben austoben?
- Gehe ich meinen genialen Impulsen nach?
- Wofür bin ich Feuer und Flamme?
- Wie gehe ich mit meiner Wut um?
- Wie verhalte ich mich, wenn jemand wütend auf mich ist?
- Was ruft meinen inneren Krieger auf die Bildfläche?
- Wie wurden Meinungsverschiedenheiten in meiner Familie ausgefochten?
- Wurde Wut in meiner Familie als etwas Negatives betrachtet?
- Erlaube ich mir, Wut zu empfinden?
- Hat sich meine Streitkultur seit meiner Kindheit verändert?
- Wie reagiert mein Körper auf Konfrontationen und Konflikte?
- Bin ich ehrlich zu mir selbst und anderen?
- In welchen Situationen fehlt mir das nötige Fingerspitzengefühl?
- Habe ich negative Erfahrungen mit meiner Direktheit gesammelt?
- Fällt es mir leicht, mich zu entschuldigen und auf andere zuzugehen?

Die oberste Bewusstseinsstufe Der bewusste Widder

Die oberste Bewusstseinsstufe betritt der Widder, wenn er Mitgefühl (Krebs), Selbstdisziplin (Steinbock) und innere Balance (Waage) entwickelt hat. In diesem Stadium hat er seine Impulsivität mit Selbstkontrolle und Willensstärke bezwungen. Er hat Sanftmut und Empfindsamkeit ausgebildet und gelernt, seine Gangart zu verlangsamen, um in ein friedvolles Tempo zu finden, das es ihm ermöglicht, aus der Ruhe Kraft zu schöpfen.

Kaum ein Zeichen kann durch einen bloßen Willensakt so viel Dynamik und Schwung entwickeln wie der Widder. Von einem Moment auf den anderen aktiviert er eine Art magnetisierende Kraft, die alles anzieht, was er benötigt, um seinen Lebenssinn zu verwirklichen. Einfach so?! Nein, keineswegs! Dahinter steckt viel mehr! Dem bewussten Widder wurde nämlich ein Geheimnis verraten, das einem erst offenbart wird, wenn man die nötige Reife dafür besitzt. Es lautet:

»Der Sinn deines Lebens ist ein sinnvolles Leben.«

Mache dir bei jeder deiner Handlungen bewusst, dass du durch sie deinem Lebenssinn entsprichst – ganz gleich, ob das, was du tust, gerade von Bedeutung ist oder nicht. Egal, ob du einen Vortrag vor Tausenden Menschen hältst, einen *Spiegel*-Bestseller schreibst, mit deinen Kindern Hausaufgaben machst, mit dem Hund durch den Wald spazierst oder den Müll rausbringst. Durch diesen gedanklichen Shift baust du die Widerstände ab, die du gegenüber dem empfindest, was du gerade tust. Statt genervt von einer Aufgabe zu sein, erledigst du sie mit Freude, und alles geht dir viel leichter und geschmeidiger von der Hand. Genau das ist es, was der bewusste Widder verinnerlicht hat – es ist sozusagen sein Patentrezept. Er erfüllt mit guter Laune und Euphorie seine Mission, und nichts kann ihn davon abhalten. Die ekstatische Freude, die ihn dabei durchströmt, gibt er an seine Mitmenschen weiter, die dazu inspiriert werden, es ihm gleichzutun. Er erfüllt den Sinn seines Lebens und verspürt dabei Frohsinn und Mühelosigkeit.

Darüber hinaus setzt sich der Widder unerschrocken und tapfer dafür ein, zu neuen Ufern aufzubrechen, und ist ein Vorreiter für selbstbestimmtes, souveränes Handeln. Mit seinem Überzeugungstalent gewinnt er seine Mitmenschen im Handumdrehen für seine Einfälle und verwandelt selbst Skeptiker in Euphoriker. Er trägt den Funken der Inspiration in die Welt und entfacht dadurch die Flammen der Weiterentwicklung bei allen Menschen, die mit ihm in Berührung kommen. Er ist ein Macher, Pionier und Superheld, der das Undenkbare möglich macht und das nicht nur für sich, sondern auch für die Menschen um ihn herum. Seine Spezialität ist es nämlich, in anderen den Glauben an sich selbst zu wecken. Er setzt sich für ihre Träume ein, indem er ihr Selbstbewusstsein stärkt und ihnen raffinierte Umsetzungsmöglichkeiten aufzeigt. Denn im Gegensatz zu den meisten nähert er sich einer Idee von der Seite ihrer Potenziale statt über Zweifel und Worst-Case-Szenarien an.

Unerschrocken äußert er, was andere denken, und macht damit auf Missstände aufmerksam, an denen nicht länger vorbeigesehen werden kann. Er wird zum Sprachrohr für die Gemeinschaft, weil er mutig sagt, was gesagt werden muss, um die Aufmerksamkeit auf das zu lenken, was reformbedürftig ist. Doch mit bloßen Worten gibt sich der bewusste Widder natürlich nicht zufrieden. Viel zu wichtig ist es ihm, dass auf Worte auch Taten folgen. In diesem Bewusstseinsstadium lebt der Widder ein absichtsvolles Leben und verfolgt das Ziel, seine Fähigkeit in den Dienst seiner Mitmenschen zu stellen. Extrovertiert und wortgewandt geht er auf andere zu, stellt Verbindungen her und kreiert neue Allianzen. Bei allem, was er tut, überlegt er nicht, was für ihn dabei herausspringt, sondern auf welche Weise und in welchem Maß andere davon profitieren. Er hat begriffen, dass er nichts mitnehmen kann, wenn seine Zeit gekommen ist. Wir alle betreten diese Welt ohne etwas, und wir verlassen sie auch wieder ohne das, was wir im Laufe unseres Lebens angehäuft haben. Das Einzige, was einen unbezifferbaren Wert besitzt, sind die Spuren, die unsere Taten im Leben anderer hinterlassen.

Zusammenfassend lässt sich sagen, dass sich der bewusste Widder von allen egoistischen Motiven losgesagt hat und der Gemeinschaft als mutiger Krieger dient, der sich für ein gerechteres und liebevolleres Miteinander einsetzt.

Wie du als Widder deinen Lebenssinn findest

Als Widder solltest du dich ausprobieren. Der effektivste Weg, herauszufinden, was dir Freude macht, ist aufzudecken, was dir keine Freude macht. Deine große Idee, die Mission, für die du hier auf der Erde bist, liegt in deinem Inneren. Sie ist seit deiner Geburt in dir und wartet nur darauf, dass du sie entdeckst und zum Leben erweckst.

Hauche deiner großen Idee Leben ein!

Wichtig hierfür ist, dass du nicht im Außen nach Anhaltspunkten für diese Idee suchst, auch nicht mittelbar. Lenke dich nicht ab und lass dich auf keinen Fall entmutigen! Der Prinz, der sich aufgemacht hat, um Dornröschen wachzuküssen, hat auch nicht bei der Hälfte der Dornenbüsche eine Pause eingelegt, sein Handy rausgeholt und bei Instagram gescrollt. Nur um am Ende frustriert das Handy wieder wegzupacken, kehrtzumachen und sich zu sagen: »Es gibt da draußen so viel mutigere Prinzen … Das Beste ist, wenn ein anderer Dornröschen wachküsst.«

Eine weitere Fallgrube bei der Realisierung deiner großen Idee ist, dass du dich in vorgegebenen Rahmen bewegst und davon ausgehst, dass du nur das schaffst, was andere schon vor dir erzielt haben. Du als Widder willst aber gerade die viel begangenen Pfade verlassen! Denke also größer, weiter und waghalsiger! Was ist das Abgefahrenste, was du dir vorstellen kannst? Hast du ein Bild vor Augen? Dann setze noch eine ordentliche Schippe drauf, und dann bist du in etwa bei dem angelangt, was für dich möglich ist. Du bist wie Christoph Kolumbus oder Neil Armstrong: Du tust etwas, das vor dir noch niemand getan hat. Du weitest den Rahmen dessen, was möglich ist, und machst nicht nach, was andere vormachen. Wenn du dich also immer wieder selbst herausforderst und dich zum Wachstum anspornst, beschenkst du dich mit großen Glücksmomenten und flößt deinem Leben Sinn ein. Dein Lebenssinn besteht also darin, dich lebendig zu fühlen, neue Dinge auszuprobieren und das geniale Gefühl zu erfahren, dass du eine abstrakte Idee in die Realität führst und zum Schöpfer deines Lebens wirst.

DAS ERDZEICHEN

STIER

21. April bis 21. Mai

Zeichen	♉
Element	Erde
Herrscher	Venus
Kreuz	Fix
Stärken	· Geduld · Beständigkeit · Loyalität · Ausgeglichenheit
Schwächen	· Bequemlichkeit · Sturheit · Unbeweglichkeit · Mangeldenken
In diesen Berufsfeldern findet man den Stier	· Gärtner:in · Food Art Fotograf:in · Konditor:in · Innenarchitekt:in · Holistic Wellness Coach:in · Kochbuchautor:in · Grafikdesigner:in

»Stürze dich kühn in die Fülle des Lebens.«

JOHANN WOLFGANG VON GOETHE

Einfachheit, Naturverbundenheit und Genügsamkeit sind die zentralen Werte des Zeichens Stier. Der Stier erkennt in den kleinen, auf den ersten Blick unscheinbaren Dingen wahre Wunder. Er nimmt ihre Schönheit wahr, ehrt sie mit seiner Aufmerksamkeit und empfindet Demut für alles, was die Natur hervorbringt. Eine stille Waldlichtung, ein Feld voller Frühlingsblumen oder ein sanfter Bachlauf verankern ihn im gegenwärtigen Moment und lösen tiefe Demut und Dankbarkeit in ihm aus.

Dem Archetyp Stier wird der Themenkomplex des Geldes und der Werte zugeschrieben. Darunter fällt natürlich auch der Selbstwert und unser gesamtes Wertegefüge. Es ist daher wenig überraschend, dass sich im Leben eines Stiers alles um die Dinge dreht, die ihm lieb und teuer sind. Was hierunter fällt, hängt mit dem Grad seiner Bewusstheit zusammen. Während die Wünsche des unbewussten Stiers allein auf die materielle Welt ausgerichtet sind, hat der bewusste Stier verstanden, dass das, was im Leben wirklich zählt, in den kleinen Momenten verborgen liegt.

Güte und Friedfertigkeit machen dieses Erdzeichen aus. Der Stier ist ein waschechter Genießer. Egal, ob es um gutes Essen, himmlisch weiche Bettwäsche oder eine harmonische Farbwahl geht – er nimmt die feinen Nuancen wahr, die den Unterschied machen. Er lässt Feinheiten und Stimmungen auf sich wirken und weiß, dass die Liebe im Detail steckt. Deshalb entdeckt er Kleinigkeiten, wie eine hübsch arrangierte Blumenvase oder ein liebevoll bemaltes Schild. Diese Dinge lassen sein Herz höherschlagen, weil er es honoriert, dass sich jemand die Zeit genommen hat, sie mit Liebe zu fertigen. Sein Sinn für Ästhetik erschöpft sich nicht in Mode, Fotografie oder Kunst. Es ist ihm ein Leichtes, auch seine Gedanken in wundervolle Worte zu kleiden und poetische Zeilen zu verfassen. Darüber hinaus kennzeichnet den Stier ein gepflegtes Äußeres, ein gemütliches Zuhause und ein Gespür für stimmungsvolle Musik.

Der Stier ist außerdem sehr vernünftig. Geduldig und bedacht in seiner Handlungsweise, arbeitet er besonnen auf seine Ziele hin. Friedvolle Strategien und überlegtes Handeln sind seine Spezialität. Drängler jedweder Art sind ihm ein Dorn im Auge, und geben sie Lichthupe, wird er nur noch langsamer. »Nur keine Hektik!« lautet die Maxime des Stiers, schließlich weiß er, dass in der Ruhe die Kraft liegt. Sein Leben richtet er nach konventionellen Werten aus, seine Vorhaben plant er mit jeder Menge Realitätssinn und seine Projekte weisen nachvollziehbare Strukturen auf. Obwohl der Stier ein ambitioniertes Zeichen ist, muss sein Ehrgeiz im Einklang mit einem angenehmen Lebensstil, ausgiebigen Erholungsphasen und himmlischen Genussmomenten stehen.

Hat jemand etwas von Genussmomenten gesagt? Wenn einer weiß, wie man das Leben in vollen Zügen auskostet, dann der Stier. Ganz egal, ob es um ein leckeres Stück Kuchen, ein Spa-Wochenende in den Bergen oder einen gemütlichen Brunch mit Freunden geht – der Stier liebt es einfach, die Seele baumeln zu lassen, das Handy in den Flugmodus zu schalten und in ungestörter Seelenruhe zu entspannen.

FIXES KREUZ: STIER, LÖWE, SKORPION UND WASSERMANN

Seine Entwicklungsreise führt den Stier über die Qualitäten des Löwen, Wassermanns und Skorpions. Gemeinsam bilden diese Zeichen das fixe Kreuz. Der ausgeglichene, friedvolle und beharrliche Stier darf bei seiner Bewusstseinsentwicklung Optimismus (Löwe), geistige Flexibilität (Wassermann) und Wandlungsbereitschaft (Skorpion) ausbilden. Durch diese Eigenschaften gleicht er seine Schwächen aus und erwächst mit der Zeit in seine volle Größe. Der Löwe lehrt ihn souveräne Ich-Stärke, der Wassermann verleiht ihm mentale Beweglichkeit, und durch den Skorpion entwickelt er die Bereitschaft, innerlich zu wachsen und sich den natürlichen Zyklen des Lebens hinzugeben.

Die untere Bewusstseinsstufe
Der unbewusste Stier

Finanzielle Sicherheit und physische Behaglichkeit nehmen im Leben des unbewussten Stiers den höchsten Stellenwert ein. Nur unter mürrischem Protest stellt er sich auf Neues ein und empfindet andere, die nach Veränderung streben, als unangenehme Störenfriede, die seine behaglichen Routinen durcheinanderwirbeln. Seine Unbeweglichkeit lässt ihn im Leben oft stagnieren. Hat er sich erst einmal eingerichtet und es sich in seiner Komfortzone bequem gemacht, wird nichts mehr verändert: »Ist doch alles gut so, wie es ist!«, sagt er sich und weist alle Verbesserungsvorschläge vehement zurück.

Auf der unbewussten Ebene spielen Ansehen und Status eine zentrale Rolle im Leben des Stiers, sowohl in Bezug auf seine eigene Person als auch auf die Menschen in seinem Umfeld. Für ihn verdient nur derjenige Respekt und Achtung, der es auf klassische Weise zu etwas gebracht hat. Er ist bemüht, Traditionen fortzuführen, Bräuche zu pflegen und all das zu verteidigen, was sich seit Jahrzehnten bewährt hat.

Sein Denken und Handeln sind auf der unbewussten Ebene vollkommen auf die Materie ausgerichtet. Auch seine physische Erscheinung nimmt viel Raum in seinem Leben ein, da er sich noch vollständig über seinen Körper definiert. Folglich legt er übermäßig viel Wert auf ein vorzeigbares Äußeres und ein makelloses Auftreten. Vergänglichkeit ist die größte Erzfeindin des Stiers, und so strebt er nach ewiger Jugend, bereit, erhebliche Anstrengungen zu unternehmen, um den natürlichen Alterungsprozess zu verlangsamen. Er investiert viel Zeit in die Pflege, Optimierung und Perfektionierung seines äußeren Erscheinungsbildes und urteilt scharf über diejenigen, die diesem Aspekt keinen besonderen Wert beimessen.

Von Natur aus konfliktscheu, spricht der Stier nur selten an, was ihn stört. Seine Strategie lautet: »Einfach aussitzen!« Und so ärgert er sich lieber im Stillen und frisst seinen Kummer buchstäblich in sich hinein. Verhält sich eine Person ihm gegenüber illoyal oder nutzt seine Gutmütigkeit aus, trifft das einen besonders empfindlichen Punkt. Denn eine große, nahezu unüberwindbare Hürde für den Stier ist es, zu vergeben. Hat man ihn einmal gegen sich aufgebracht, kann er sich nur schwer davon erholen. »Schwamm drüber!« ist ein Satz, der dem unbewussten Stier nicht über die Lippen kommt. Er vergisst und verzeiht nicht, sondern hält an seinem Ärger fest, grämt sich und kreist gedanklich um alte Kamellen. Dies führt dazu, dass er mit der Zeit pessimistisch, misstrauisch und verbittert wird und unzählige negative Glaubenssätze über die Menschen und das Leben ansammelt.

Kaum ein Zeichen hat so eine starke Anlage für Missgunst und Eifersucht wie der Stier, und auf unbewusster Ebene tritt diese Anlage ungehindert zutage. In seinen Augen scheint es anderen immer besser zu gehen als ihm selbst. Unerklärlich ist es ihm, weshalb sie so reich vom Leben beschenkt werden und ihnen der Erfolg einfach so zufliegt. »Diesem Glückspilz wird einfach alles in den Schoß gelegt … Und ich?! Ich muss mir alles so hart erarbeiten und erkämpfen!«, denkt sich der Stier, verschränkt mürrisch die Arme vor der Brust und meint: »Das Leben ist ungerecht!«

Wenn es nach ihm ginge, würde er am liebsten an all seine Besitztümer einen unübersehbaren Hinweis mit der Aufschrift »MEINS!« anbringen. Denn alles, was ihm gefällt oder ihm etwas bedeutet, möchte er besitzen. Nur leider folgt das Leben einer anderen Dynamik und zeigt dem Stier immer wieder auf, dass sich rein gar nichts festhalten lässt. Doch der unbewusste Stier versucht es trotzdem! Er bewahrt, beschützt und verteidigt. Sein Wunsch, das Leben in seiner vertrauten Form zu konservieren, wird von einer hartnäckigen, oft unerklärlichen Angst begleitet, etwas Liebgewonnenes zu verlieren. Er klammert sich an Gewohnheiten, Routinen und das Altbewährte, weshalb er Neuem und Neuanfängen kaum etwas Positives abgewinnen kann. Wenn er könnte, würde er einfach alles so belassen, wie es ist – für immer! Darüber hinaus ist dieser Archetyp der festen inneren Überzeugung, dass nicht genug für alle da ist. Ob es darum geht, ein Schnäppchen zu ergattern, die Aufmerksamkeit einer bestimmten Person zu gewinnen oder den besten Tisch im Restaurant zu bekommen – der Stier trägt stets die Mangel-Brille und hätte das Leben gerne anders, als es ist. Das Konzept des Mangels ist also sehr tief in seinem Glaubenssystem verankert. Unabhängig davon, wie viel er besitzt, erreicht oder erlangt, es erscheint ihm nie genug. Irgendjemand hat immer noch mehr und hängt die Messlatte höher. Da sich dieser Archetyp auf der unbewussten Ebene fast ausschließlich über seinen Besitz definiert, befindet sich sein Selbstwertgefühl in einem ständigen Defizit. Überzeugungen wie: »Wenn ich das hätte, wäre ich glücklich« oder »Hätte ich nur auch so viel Glück, würde ich ein erfüllteres Leben führen« bestimmen sein Denken. Dabei übersieht er allerdings, dass selbst wenn er den gewünschten Geldbetrag auf dem Konto hätte oder das ersehnte Haus am Meer sein Eigen nennen könnte, er trotzdem nicht zufrieden wäre. Denn seine gesamte innere Einstellung ist einzig und allein auf das Streben nach mehr gerichtet. Die Folge ist, dass der Stier, sobald er ein bestimmtes Ziel erreicht hat, sofort ein noch höheres anstrebt und so niemals wirklich glücklich und zufrieden wird.

Wenn er könnte, würde er einfach alles so belassen, wie es ist – für immer!

Größte Angst

Die tiefste Angst des Stiers entspringt der Sorge, nicht genug zu haben, um das eigene Überleben zu sichern. Diese Existenzängste prägen ihn stark, ebenso wie die Furcht, das zu verlieren, was ihm am Herzen liegt. Das Loslassen von Liebgewonnenem stellt für ihn eine der größten Herausforderungen dar. Bei Entscheidungen, die Veränderungen nach sich ziehen, reagiert er mit Vorsicht und betrachtet jede Form des Wandels zunächst einmal als Bedrohung. Um das Leben in geordneten Bahnen zu halten, neigt der Stier dazu, sich übermäßig abzusichern.

Er ist überzeugt, dass sein persönliches Glück von bestimmten Dingen oder Menschen abhängt, und glaubt, ohne sie nicht überleben zu können. Doch in dieser Verlustangst liegt zugleich ein enormes Potenzial für inneres Wachstum. Denn in dem Moment, in dem der Stier erkennt, dass das Leben einem ständigen Kommen und Gehen gleicht, verliert auch jeder Abschied seinen Schrecken.

Die mittlere Bewusstseinsstufe
Der reflektierte Stier

Auf dieser Entwicklungsstufe wendet der Stier seinen Blick nach innen und beginnt sich zu fragen, welche alten Verletzungen er loslassen darf, um seine Einstellung zum Leben aufzulockern. Er lernt, sich auf seine wundervollen Fähigkeiten zu besinnen und sich in tiefer Dankbarkeit zu üben. Es ist ihm nun möglich, einen Perspektivenwechsel zu vollziehen, der ihn vom Mangel weg und hin zur Fülle führt. Er genießt es, seine Talente vollumfänglich auszukosten und von seinen Stärken zu profitieren. In diesem Stadium beginnt der Stier, über die engen Grenzen seiner traditionellen Werte hinauszublicken, mutig seine Komfortzone zu verlassen und für sich ganz autark zu bestimmen, was den höchsten Stellenwert in seinem Leben einnehmen soll.

Gleichzeitig richtet er seine Aufmerksamkeit darauf, Selbstvertrauen und Optimismus (Löwe) zu entwickeln, geistige Flexibilität (Wassermann) zu fördern und die Vergangenheit friedvoll hinter sich zu lassen (Skorpion).

Bewusstsein für Schwächen & Fokus auf Stärken

Das Leuchten der eigenen Seele

Für den unbewussten Stier sind äußere Errungenschaften, insbesondere Schönheit und Jugend, ein Garant dafür, gesellschaftlich anerkannt und respektiert zu werden. Diese Attribute schenken ihm das Gefühl von Wertschätzung und Begehren, was sein Selbstwertgefühl nährt. Der Alterungsprozess erweist dem Stier letztlich einen bedeutenden Dienst: Er führt ihn sanft weg von seiner Fixierung auf Äußerlichkeiten und lädt ihn ein, nach innen zu schauen. In diesem Prozess entdeckt der Stier das Leuchten seiner Seele, das eine weitaus größere Strahlkraft besitzt als jede physische Schönheit. Diese Erkenntnis bringt ihm eine tiefe Wertschätzung für sich selbst.

Er erkennt sukzessive, dass es im Leben um weitaus mehr geht als den äußeren Schein. Er empfindet eine tiefe Dankbarkeit dafür, dass er durch seinen Körper die menschliche Erfahrung machen darf. Mehr und mehr erkennt er ihn als Tempel seiner Seele – ein Tempel, der nicht perfekt sein muss, sondern in seiner Einzigartigkeit bereits ein absolutes Meisterwerk darstellt. Diese Erkenntnis befähigt den Stier, über die Grenzen des Materiellen hinauszuwachsen und in den inneren Frieden zu finden, der aus dem Bewusstsein für die eigene Unsterblichkeit erwächst.

Die Heilkraft der Vergebung

Der Stier ist sehr loyal, aufopferungsvoll und treu. Im Laufe seines Lebens trifft er jedoch immer wieder auf Personen, die die gewünschte Loyalität und Rücksichtnahme vermissen lassen und ihn nicht so wohlwollend behandeln wie er sie. Seine Gutmütigkeit wird ausgenutzt, und so sehr er sich auch um seine Freundschaften, das Arbeitsklima oder seine Liebesbeziehungen bemüht, stellen sich immer wieder Enttäuschungen ein. Seine Treue wird mit Füßen getreten und seine Nachsicht als selbstverständlich betrachtet. Auch wenn der Stier eine lange Geduldsschnur hat, irgendwann reicht es auch ihm – und wenn es ihm einmal reicht, dann endgültig! Der unbewusste Stier trägt anderen ihre Fehltritte, Gemeinheiten und Unachtsamkeiten lange nach und öffnet sich nur selten für zweite Chancen. Daher ist es für ihn ein wichtiges Übungsfeld, Fehlverhalten zu verzeihen und die Vergangenheit auf sich beruhen zu lassen.

Ein entscheidender Durchbruch gelingt dem Stier, wenn er sich eingesteht, dass er sich in Wahrheit nicht über die Fehltritte anderer ärgert, sondern darüber, dass er selbst nicht imstande ist, über seinen Schatten zu springen, um die Entschuldigung anzunehmen oder das Gespräch zu suchen. Mit der Zeit wird ihm bewusst, dass das Abschiednehmen von Menschen in seinem Leben immer dann erforderlich wird, wenn die gemeinsamen Lektionen gelernt wurden und sich die Themen, die einen verbanden, erfüllt haben. Der Stier erkennt an, dass jeder Mensch nach bestem Wissen und Gewissen handelt – auch dann, wenn er sich ungerecht oder verletzend verhält. Häufig wissen es diese Menschen nicht besser, weil auch sie auf ähnliche Weise behandelt und verletzt wurden. In dem Moment, in dem der Stier bereit ist, die Vergangenheit auf sich beruhen zu lassen, öffnet sich ihm die Möglichkeit, inneren Frieden zu finden. Die Heilkraft der Vergebung befreit ihn von der Last der Vergangenheit und schenkt ihm neue Lebensenergie.

Das Geschenk, mit sich im Reinen zu sein

Der Stier sollte im Laufe seiner Bewusstseinsentwicklung lernen, ein solides Selbstwertgefühl zu entwickeln und Gefühle der Unzufriedenheit sowie nagende Zweifel an der eigenen Person abzulegen. Diese negativen Gefühle führen oft dazu, dass er sich mit anderen vergleicht – entweder indem er auf sie herabschaut, um sich besser zu fühlen, oder indem er neidisch zu ihnen aufblickt. Es ist wichtig, dass der Stier Neidgefühle in sich selbst bewusst wahrnimmt und auflöst. Denn wahre Zufriedenheit kann nur entstehen, wenn Neid keinen Raum mehr im eigenen Mindset besetzt. Es ist schlichtweg unmöglich, Neid und Zufriedenheit gleichzeitig zu empfinden.

Neid und Zufriedenheit schließen sich aus!

Was kann der Stier also tun, um seine Neidgefühle abzulegen und gemeinsam mit seiner inneren Zufriedenheit über die Ziellinie zu laufen? Zunächst einmal sollte er tief in sich hineinhorchen und genau ergründen, welche Gefühle er gegenüber den Menschen hegt, die es in ihrem Leben scheinbar leichter haben oder schon mehr erzielt haben als er selbst. Anstatt vergebens darauf zu warten, dass sich im Außen etwas ändert, darf der Stier lernen, seine innere Haltung anzupassen.

Denn erst, wenn er glücklich ist, kann er glücklich werden!

Solange der Stier der Überzeugung ist, dass es in der Außenwelt etwas gibt, das ihn glücklich macht, ist sein Glück von äußeren Faktoren abhängig. Doch selbst wenn diese ersehnten Bedingungen schließlich eintreten, wird er feststellen, dass es immer noch Aspekte gibt, die sein Glück schmälern. Hat er endlich seine Märchenprinzessin gefunden, stellt er schockiert fest, dass diese ihre Klamotten überall liegen lässt und die Straße, die hinter seinem Traumhaus vorbeiführt, so befahren ist, dass er nachts nur schwer in den Schlaf findet.

Für ihn besteht die Aufgabe darin, Zufriedenheit in seinem Inneren zu finden und zu kultivieren. Nur auf diese Weise wird er zum Schöpfer seines Glücks. Er kann sein Glück selbst steuern, es intensivieren und damit sein ganzes Leben in jede beliebige Richtung lenken. Ein weiterer positiver Effekt vom Glücklichsein ist, dass es ihm gar nicht mehr in den Sinn kommt, Neid zu empfinden oder sich mit anderen zu vergleichen. Ganz im Gegenteil, der reflektierte Stier freut sich aufrichtig mit seinen Mitmenschen, weil er weiß, dass sie all die wundervollen Dinge in ihrem Leben verdient haben. Er ist stolz auf sie und darauf, was sie geschafft haben. Ihre Erfolge sind für ihn nun eine Quelle der Inspiration, weil er dank ihnen erkennt, was alles möglich ist, wenn man nur fest an sich und die eigenen Fähigkeiten glaubt.

Es wert zu sein, geliebt zu werden

Der Stier hegt und pflegt seine sozialen Kontakte meist mit jeder Menge Sorgfalt. Es verwundert daher nicht, dass er vor allem langjährige Freundschaften besitzt und bemüht ist, ein strapazierfähiges »soziales Netz« um sich zu knüpfen, das ihm Sicherheit und Stabilität bietet. Die zahlreichen helfenden Hände, die sofort zur Stelle sind, wenn er Hilfe benötigt, stellen für ihn eine wertvolle Basis dar. Doch gerade weil der Stier so stark auf Beständigkeit und Kontinuität setzt, löst die Vorstellung, Menschen zu verlieren, Abschied nehmen zu müssen oder Weggefährten ziehen zu lassen, großes Unbehagen aus.

Verlustängste können sich in Beziehungen auf unterschiedliche Weise manifestieren – sei es durch Besitzansprüche, Misstrauen oder Eifersucht, die die Verbindung zunehmend belasten. All diese Erscheinungsformen haben jedoch eines gemeinsam: Sie spiegeln ein mangelndes Vertrauen wider – sowohl in die Beziehung selbst als auch in die Gefühle des anderen. Die zentrale Frage lautet daher, wie der Stier das Vertrauen in sich selbst, seine Partnerschaft und das Leben im Allgemeinen erweitern kann. Der Schlüssel dazu liegt in der Stärkung seines Selbstwertgefühls. Indem der Stier sich seiner wundervollen Eigenschaften bewusst wird, erkennt, was er in eine Beziehung einbringt, und sich vor Augen führt, was ihn einzigartig macht und von anderen abhebt, gewinnt er an innerer Sicherheit. Ein weiterer entscheidender Schritt besteht darin, zu erforschen, was in seinem bisherigen Leben seinen Selbstwert verletzt hat, und diese Wunden bewusst in die Heilung zu bringen. Mit einem gefestigten Selbstwertgefühl zweifelt er nicht länger daran, liebenswert zu sein, sondern weiß, dass er es wert ist, geliebt zu werden. Auch wenn es eine lange Reise ist, diese Erkenntnis zu verinnerlichen, beginnt sie in ihm selbst – und gerade nicht bei äußeren Faktoren.

Der Genuss von Fülle

Eine bedeutende Wachstumschance für den Stier liegt in dem Shift vom Mangel- in das Fülle-Bewusstsein. Eine seiner größten Lernaufgaben besteht darin, das Mangeldenken zu durchbrechen und die Fülle des Lebens zu erkennen und anzunehmen. Während der unbewusste Stier dazu neigt, das Glas als halb leer zu betrachten, lernt der reflektierte Stier es als halb voll zu sehen und die darin verborgenen Möglichkeiten zu schätzen. Auf einer mittleren Bewusstseinsstufe richtet der Stier zunehmend seinen Fokus auf das, was bereits in seinem Leben vorhanden ist und ihm Freude bereitet, anstatt sich auf das zu konzentrieren, was ihm vermeintlich noch fehlt. Indem er diese Perspektive einnimmt, öffnet er sich für die unendlichen Möglichkeiten und den Reichtum, den das Leben ihm bietet.

Mangel ist eine Entscheidung, die wir treffen und nach der wir unser Leben gestalten, ebenso wie Fülle eine Entscheidung ist.

Und wie genau entscheidet sich der reflektierte Stier nun für Fülle? Zunächst einmal gilt es, ganz bewusst wahrzunehmen, wie reich das Leben ihn bereits beschenkt hat. Im nächsten Schritt geht es darum, ehrliche Dankbarkeit zu empfinden – für all die wundervollen, beglückenden Dinge, die sein Leben ausmachen. Jeder Sonnenaufgang, jedes freundliche Lächeln und jede liebevolle Nachricht auf dem Handy sind Geschenke des Himmels. Das Talent, die kleinen, unscheinbaren Aspekte des Lebens wahrzunehmen und ihnen Bedeutung zu schenken, wurde dem Stier schon in die Wiege gelegt. Daher darf er sich immer wieder ins Bewusstsein rufen, wie kostbar diese vermeintlichen Kleinigkeiten sind und wie viel Zufriedenheit sie schenken können. Der reflektierte Stier zelebriert die Kostbarkeiten seines Lebens und öffnet seine Augen für die Wunder, die täglich ihren Weg zu ihm finden.

Bewusstseinsentwicklung mithilfe des fixen Kreuzes

Entwicklung von Selbstbewusstsein und Optimismus

Das Zeichen Stier ist bescheiden und geduldig. In seinem Leben hat alles seine Ordnung und auch seine Zeit. Erst einmal möchte er gründlich überlegen, bevor er eine Zusage macht, und meist ist er auch der Überzeugung, dass andere bestimmte Dinge ohnehin viel besser können als er, weshalb er ihnen bereitwillig den Vortritt lässt. Aus der zweiten Reihe beobachtet er mit stiller Bewunderung diejenigen, die den Mut hatten, einfach loszugehen und sich selbst einen kräftigen Schubs gegeben haben, um auf die Bühne zu steigen. Er sieht ihnen dabei zu, wie sie leichtfüßig über die Lebensbühne tänzeln, Frohsinn und Mühelosigkeit ausstrahlen und wünscht sich, er könnte seine Zurückhaltung gegen unerschütterlichen Optimismus eintauschen und sich selbst mehr zutrauen. »Doch wie genau soll ich das nur machen?«, fragt sich der Stier. Ein Glück, dass der Löwe den Stier ganz zufällig gehört hat und ihm seine Hilfe anbietet. Immerhin ist Selbstvertrauen die Königsdisziplin des Löwen. Er ist das fröhlichste, tapferste und selbstsicherste Zeichen des Tierkreises. Voller Enthusiasmus und Selbstbewusstsein stürmt er auf die Bühne und wird am Ende mit Applaus und jubelnden Pfiffen für seinen Auftritt belohnt. Wer könnte den Stier in Sachen Selbstvertrauen also besser unter seine Fittiche nehmen als der Löwe?

»Sei einfach positiv, egal, was um dich herum passiert!«, sagt der Löwe. Dieser Zauberformel liegt folgender Gedanke zugrunde: Alles, worauf wir unseren Fokus richten und in das wir unsere Energie investieren, nimmt in unserem Leben zu. Wenn der Stier seine kostbare Energie darauf verwendet, über Probleme zu grübeln oder sich Sorgen zu machen, zieht er nur noch mehr Probleme und Sorgen an. Wenn er jedoch den Spieß umdreht und seine Energie auf Dinge lenkt, die ihm Freude bereiten, gewinnen auch diese positiven Aspekte mehr Raum in seinem Leben und werden schließlich zu einem festen Bestandteil seines Daseins.

Unterstützende Übung

Nimm dir einen Moment für dich, suche dir einen ruhigen Ort, an dem du ungestört bist und schenke dir 15 Minuten Zeit. Schließe die Augen und atme einige Male tief ein und aus, um dich zu entspannen. Gehe dann gedanklich die letzten Stunden oder auch den gesamten hinter dir liegenden Tag durch.

Beginne damit, die positiven Erlebnisse des Tages zu betrachten: Welche Momente haben dein Herz zum Strahlen gebracht? Welche Begegnungen haben dich bereichert? Welche deiner Handlungen haben anderen Freude bereitet oder ihnen einen Dienst erwiesen? Lass diese Momente in deinem Inneren noch einmal aufleben und spüre die Freude, die sie in dir ausgelöst haben.

Im nächsten Schritt betrachte die Herausforderungen des Tages: Überlege, in welchen Augenblicken du gestresst oder angespannt warst und dich überfordert gefühlt hast. Ziehe ganz neutral eine Art Bilanz – ohne Wertung oder Vorwurf. Was ist gut gelaufen, und in welchen Situationen hättest du anders reagieren wollen? Beleuchte dein eigenes Verhalten und frage dich, in welchen Momenten du bewusst und achtsam gehandelt hast und welche Handlungen du vielleicht lieber ungeschehen machen würdest.

Jetzt stelle dir vor, wie du diese Herausforderungen beim nächsten Mal anders angehen könntest: Visualisiere, wie du in stressigen Momenten ruhig und freundlich bleibst, wie du bei unerwarteten Ereignissen offen und unvoreingenommen reagierst. Stelle dir vor, wie du dich in solchen Situationen entspannst und eine innere Gelassenheit bewahrst, die es dir ermöglicht, die Dinge leichter zu nehmen. Erlaube dir selbst, die Vorstellung loszulassen, dass alles perfekt sein muss.

Zum Abschluss nimm dir einen Moment, um dir selbst Mitgefühl zu schenken: Egal, wie der Tag verlaufen ist, erkenne an, dass du dein Bestes gegeben hast. Sprich dir selbst freundlich zu und erinnere dich daran, dass jeder Tag eine neue Gelegenheit bietet, dich weiterzuentwickeln und mit dir selbst und anderen liebevoller umzugehen.

Schließe die Übung ab, indem du dir ein kleines Versprechen gibst: Vielleicht entscheidest du dich, am nächsten Tag ganz bewusst Leichtigkeit und Heiterkeit zu kultivieren, dich nicht von Kleinigkeiten aus der Ruhe bringen zu lassen oder mehr Freude und Wohlwollen in deine Begegnungen einzubringen. Lass diese Absicht sanft in deinem Herzen ruhen und erinnere dich daran, dass Leichtigkeit und Freude oft das Ergebnis von bewusster innerer Arbeit sind.

Kern dieser Übung ist es, dir dabei zu helfen, ein Bewusstsein dafür zu entwickeln,wie stark deine innere Haltung deinen Tagesablauf beeinflusst. Leichtigkeit, Heiterkeit und Gelassenheit sind keine Geschenke, die dir das Leben einfach so überreicht – sie sind vielmehr das Ergebnis einer bewussten Entscheidung, sich nicht von den Kleinigkeiten aus der Fassung bringen zu lassen. Indem du anderen mit Wohlwollen und Freude begegnest, selbst wenn sie mürrisch oder distanziert sind, setzt du eine positive Energie frei, die sich in deinem Leben multipliziert. Diese Übung ist ein liebevoller Weg, den Tag ausklingen zu lassen und dein Herz für die Schönheit des Lebens zu öffnen. Probiere es aus, und entdecke, wie sich dein Alltag in einen Tanz der Leichtigkeit verwandeln kann!

Entwicklung von geistiger Flexibilität (Wassermann)

Bei einem Stier ist eine euphorische Reaktion auf eine spontane Idee oder einen innovativen Verbesserungsvorschlag eher Mangelware. Er kann es nämlich gar nicht leiden, wenn man ihn ohne Vorankündigung aus der Ruhe oder seinem gewohnten Rhythmus bringt. Sein reflexartiges »Nein« ist sein Patentrezept, um sich Zeit zu verschaffen und die Möglichkeit zu haben, sich gründlich mit einer neuen Idee auseinanderzusetzen oder mit einer ungewohnten Situation warm zu werden.

Doch das Leben fragt vorab nur in den seltensten Fällen nach, ob bestimmte Entwicklungen d'accord für uns sind. Ohne jegliche Vorankündigung flattert die Eigenbedarfskündigung in unseren Briefkasten, und Menschen, die lange Zeit eine Hauptrolle in unserem Leben hatten, wechseln zu einer Nebenrolle oder verlassen unsere Lebensbühne für immer. Genau diese spontanen Veränderungen gehören zum Leben dazu, und es ist absolut zwecklos, sich davor zu verschließen. Der Wassermann, das Zeichen der Neuerung und des Fortschritts, ist ein Meister darin, das Leben des Stiers kräftig durchzuwirbeln. Er reißt die Fenster sperrangelweit auf, fegt die Spinnweben weg und schiebt ihn an, sich mal wieder aus seiner muffigen Komfortzone zu wagen. Durch diese wassermännischen Manöver ist der Stier aufgefordert, seinen Radius zu erweitern und den Bereich zu verlassen, in dem er sich so heimisch eingerichtet hat.

Diese Übung soll dir helfen, Vertrauen zu entwickeln und zu verinnerlichen, dass jede Veränderung, mag sie noch so unerwartet sein, neue Türen öffnet und dein Wachstum fördert.

Unterstützende Übung

Um Veränderungen als Tor zum Wachstum zu nutzen, beginne diese Übung, indem du dir einen ruhigen Ort suchst, an dem du ungestört bist. Setze dich bequem hin, schließe die Augen und atme tief ein und aus. Mit jedem Atemzug lässt du die Anspannung des Tages los und findest in deine innere Ruhe. Nimm dir nun einen Moment, um über deine Einstellung zu Veränderungen nachzudenken. Erinnere dich daran, dass jede Veränderung die Möglichkeit zum Wachstum in sich trägt. Oft neigen wir dazu, uns auf das zu konzentrieren, was wir durch eine Veränderung verlieren könnten, anstatt auf das, was wir dadurch gewinnen können. Halte dir das Zitat von André Gide vor Augen: »Wenn sich eine Tür schließt, öffnet sich eine andere.« Lass diesen Gedanken in dir wirken und spüre, wie er deine Perspektive auf Veränderungen erweitert.

Stelle dir vor, dass du vor zwei Türen stehst. Eine Tür hat sich gerade geschlossen, und vielleicht spürst du einen Anflug von Verlust oder Unsicherheit. Erlaube dir, dieses Gefühl zuzulassen, doch dann richte deinen Blick auf die andere Tür, die sich vor dir geöffnet hat. Visualisiere, wie du neugierig und mutig auf diese offene Tür zugehst. Spüre die innere Bereitschaft, durch diese Tür zu schreiten und die Chancen zu entdecken, die dahinter auf dich warten. Erlaube dir, diesen neuen Raum mit Bedacht zu betreten. Denke daran, dass jede Veränderung ein Lernprozess ist und du dich in deinem eigenen Tempo vorwärts bewegen darfst. Stelle dir vor, du wärst ein Kind, das gerade das Laufen lernt. Trotz anfänglicher Unsicherheit richtest du dich neugierig auf, setzt einen Fuß vor den anderen und fühlst, wie mit jedem Schritt Aufregung und Stolz in dir wachsen. Verankere das Gefühl von Vertrauen und Entschlossenheit tief in deinem Inneren.

Solltest du mit einer bevorstehenden Veränderung oder einer unerwarteten Herausforderung konfrontiert sein, wie etwa einer plötzlichen Kündigung, stelle dir vor, wie du diese Herausforderung ruhig und besonnen betrachtest. Visualisiere, wie ein tiefes, unerschütterliches Vertrauen in dir aufsteigt, das dich daran erinnert, dass das Universum immer »hinter den Kulissen« für dich arbeitet. Lass dieses Vertrauen mit jedem Atemzug in jede Zelle deines Körpers fließen und befreie dich von allen Sorgen.

Stelle dir schließlich vor, dass das Leben dir ein weißes Blatt Papier reicht, das darauf wartet, von dir beschrieben zu werden. Was möchtest du darauf schreiben? Visualisiere, wie du mit Freude und positiver Energie eine neue Realität erschaffst – vielleicht eine Arbeitsstelle, die besser zu dir passt, oder neue Möglichkeiten, die in dein Leben treten. Spüre, wie du diese neuen Chancen mit jeder Faser deines Seins willkommen heißt.

Beende die Übung, indem du tief ein- und ausatmest und die Ruhe und das Vertrauen in dir spürst, die sich ausbreiten. Lass alle Bilder los, kehre langsam in das Hier und Jetzt zurück, öffne deine Augen und bleibe noch einen Moment sitzen. Fühle, wie du gestärkt und bereit bist, die Veränderungen in deinem Leben mit offenem Herzen anzunehmen.

Entwicklung von Wandlungskräften (Skorpion)

Die Stier-Energie verkörpert Resilienz, Besonnenheit und Standfestigkeit – sie ist der Fels in der Brandung, unerschütterlich gegenüber den peitschenden Wellen des Lebens. Doch diese solide Kraft des Stiers wird von seinem Gegenzeichen, dem Skorpion, herausgefordert. Der Skorpion bringt das Prinzip des »Panta rhei« in das Leben des Stiers und lehrt ihn, die Vergänglichkeit als einen integralen Teil unserer menschlichen Existenz anzunehmen.

Wir alle haben die Erfahrung des Menschseins gewählt, mit all ihren Höhen und Tiefen, Schatten und Licht, Leid und Freude. Der Ausspruch »Panta rhei« des griechischen Philosophen Heraklit bedeutet: »Kein Mensch steigt zweimal in denselben Fluss.« Denn das Wasser fließt unaufhörlich, und auch wir selbst verändern uns ständig. Was heute ist, wird morgen anders sein. Alles ist in Bewegung, alles unterliegt dem Wandel, und nichts bleibt für immer. Aussteigen ausgeschlossen! Das Einzige, was wir tun können, ist, mit der Vergänglichkeit Frieden zu schließen und uns dem Zyklus von Werden und Vergehen hinzugeben. Hingabe ist dabei von größter Bedeutung! Und wenn es ein Zeichen gibt, das die Kunst der Hingabe, des Loslassens und der Wandlung beherrscht, dann ist es der Skorpion.

In dem Moment, in dem er jede Form von Widerstand, Ärger und Erwartungen loslässt, erfährt er wahre Freiheit. Wenn er anderen Menschen und dem Leben selbst vergibt – unabhängig davon, was ihm widerfahren ist –, befreit er sich von einer schweren Last. Genau diese Lebensweisheit ist es, in die der Skorpion den Stier einweiht.

Unterstützende Übung

Die kraftvollste Art des Loslassens erfolgt durch Vergebung. Vergebung ist wie eine energetische Reinigung, ein geistiges Detox, das dich befähigt, dich vollständig von der Vergangenheit zu lösen. Sie befreit dich von bedrückenden Gefühlen und zermürbenden Gedankenspiralen, sodass du deine Gegenwart und Zukunft neu und unbelastet gestalten kannst.

Beginne damit, dich selbst in den Prozess der Vergebung einzubeziehen. Oft richten sich die schwersten Vorwürfe gegen dich selbst. Du blickst auf vergangene Erlebnisse zurück und machst dir Vorwürfe: Vielleicht glaubst du, dich falsch verhalten, nicht genug gegeben oder eine Fehlentscheidung getroffen zu haben. Dieser Blick zurück bringt dich aber nicht voran, ganz im Gegenteil – er ist einer der größten Bremsklötze überhaupt! Jeder Tag bietet die Chance auf einen Neuanfang. So wie das Wasser des Flusses heute nicht mehr dasselbe ist wie gestern, bist auch du heute ein anderer Mensch. Traue dir zu, dass du neue, förderliche und wohlüberlegte Entscheidungen fällen kannst, die nicht mehr deckungsgleich mit deinen früheren Entschlüssen sind. Immerhin hast du dazugelernt und bist durch all deine gesammelten Erfahrungswerte gereift.

Eine kraftvolle Unterstützung, um die Vergangenheit loszulassen, ist das hawaiianische Vergebungsritual mit dem Namen »Ho'oponopono«, was so viel bedeutet wie »in Ordnung bringen«. Dieses Ritual hilft dir, Frieden mit dir selbst, mit anderen und sogar mit dem Leben im Allgemeinen zu schließen. Ziehe dich hierfür an einen ruhigen Ort zurück und nimm dir Zeit, dich zu zentrieren. Atme tief ein und aus, um zur inneren Ruhe zu finden. Rufe dir dann die Situation oder Person ins Gedächtnis, der du vergeben möchtest. Um Ho'oponopono anzuwenden, visualisiere dich selbst, die Situation oder die Person, der du vergeben möchtest, vor dir.

Ho'oponopono besteht aus einem Mantra mit vier Sätzen:

»Es tut mir leid. Bitte verzeih mir. Ich liebe dich. Danke.«

Beginne das Mantra zu sprechen und erlaube der Heilung, sich in dir auszubreiten. Mit jedem Atemzug lass die Last, die Schuldgefühle und den Schmerz los, die du so lange mit dir getragen hast. Wiederhole das Mantra so lange, bis es sich in deinem Inneren leichter anfühlt und du wahrnimmst, dass sich alle negativen Gefühle aufgelöst haben.

Schließe die Übung mit einem Moment der Stille ab. Spüre, wie sich Leichtigkeit in dir ausbreitet, während du die Vergangenheit loslässt und dich für die heilende Kraft der Vergebung öffnest. Fühle den Frieden, der in dein Herz einzieht, und die Freiheit, die daraus entsteht. Je nachdem, wie schwerwiegend der Vorwurf ist, den du dir, dem Leben oder einer anderen Person machst, kann es erforderlich sein, das Ritual über einen längeren Zeitraum zu wiederholen.

♉

Wie du als Stier über dich hinauswächst

REFLEXIONSFRAGEN, DIE DEINE SELBSTWAHRNEHMUNG STÄRKEN

- An welchen Dingen halte ich fest, obwohl ich weiß, dass sie mir nicht mehr guttun?
- Von was mache ich meinen Selbstwert abhängig?
- In welchen Lebensbereichen kenne ich meinen Wert?
- In welchen Lebensbereichen bin ich mir hinsichtlich meines Wertes noch unsicher?
- Was löst das Wort Fülle in mir aus?
- Was erfüllt mich von ganzem Herzen?
- Welche Widerstände spüre ich im Hinblick auf Fülle in mir?
- Wo spüre ich ein Gefühl von Mangel (materiell/immateriell)?
- Welche Beziehung habe ich zu Geld?
- Wie wurde in meinem Elternhaus über Geld gedacht?
- Welche Empfindungen verknüpfe ich mit Geld?
- Fällt es mir leicht, voller Dankbarkeit auf das zu blicken, was ich habe, oder richte ich meinen Fokus verstärkt auf das, was ich nicht habe?
- Bin ich bereit, für meine Werte einzustehen?
- Steht mir mein Bedürfnis nach Sicherheit im Weg?
- Gebe ich von Herzen? Oder ist daran die Erwartung geknüpft, Dankbarkeit oder Wertschätzung zu erhalten?
- Wann verhalte ich mich neuen Vorschlägen gegenüber zu defensiv?
- In welchen Lebensbereich würde ich gerne frischen Wind einladen?
- Welche Veränderung ruft mich?

Die oberste Bewusstseinsstufe Der bewusste Stier

Der bewusste Stier ist vollständig in seiner inneren wie auch äußeren Fülle erblüht. Er hat ein starkes Gefühl dafür, welche besonderen Qualitäten, Fähigkeiten und Talente ihn auszeichnen, er nimmt wahr, welche Kostbarkeiten ihn umgeben und bringt seine Dankbarkeit dafür in vollen Zügen zum Ausdruck.

Er erkennt nicht mehr einfach nur, dass etwas schön, stimmig oder symmetrisch ist, sondern er empfindet Schönheit als tiefes Berührtsein im eigenen Inneren. Ein Gedicht reichert seine Fantasie an, klassische Musik wärmt sein Herz, und der Blick auf einen leeren Sandstrand, an dem sich die Wellen des Ozeans brechen und die Sonne sich tausendfach auf der Wasseroberfläche spiegelt, rührt ihn in solch einer Intensität, dass sein gesamter Körper auf dieses unbegreifliche Kunstwerk der Schöpfung reagiert.

Der Stier hat nun verinnerlicht, dass er mit einzigartigen Gaben ausgestattet ist, die ihn befähigen, ein unverwechselbares Lebenswerk zu erschaffen. Für ihn zählen nicht mehr nur äußere Errungenschaften, sondern die tiefe Freude, die daher rührt, dass er tut, was er aus ganzem Herzen liebt, und dabei das Wohl anderer für ihn im Fokus steht. Da er sich davon gelöst hat, einzig der Resultate wegen zu handeln und sich nun ausschließlich darauf konzentriert, was er gerne macht, schöpft er aus den Tiefen der Fülle heraus. Seine Handlungen allein lösen tiefe Passion in ihm aus, was zur Folge hat, dass er mit so viel Freude und Begeisterung am Werk ist, dass er Fülle verkörpert und diese sich überall in seinem Leben ausbreitet. Sein Leben gleicht einem Garten, der über und über bestückt ist, mit dem saftigsten Obst, dem knackigsten Gemüse, summenden Bienen und wunderschönen Sonnenplätzen, an denen er die Seele baumeln lassen kann. Seine Mission erschöpft sich nicht mehr in Erfolg, Anerkennung und Status, sondern darin, jeden Augenblick voll und ganz auszukosten und mit einem offenen, liebenden Herzen durch das Leben zu gehen.

Der bewusste Stier hat erkannt, dass wahre Freude dadurch entsteht, etwas an andere weiterzugeben, ohne sich eine Gegenleistung zu erhoffen.

Auf der bewussten Ebene tritt der Stier also in die Alchemie des Lebens ein. Er wandelt seine Begierden um und richtet seinen Blick auf die Schönheit der Schöpfung, die allem, was ist, innewohnt. Er hat sich vollständig von seiner ausgeprägten Wunschnatur gelöst und bringt seinen Sinn für Ästhetik in die Gemeinschaft ein. Er kreiert, formt und schöpft Dinge von solch Anmut, dass sie die Herzen der Menschen, die sie betrachten, tief berühren. Hierdurch inspiriert er sie, ebenfalls schöpferisch tätig zu werden. Der Stier verschönert auf dieser Ebene also mit seinem Auge für das Besondere die Welt und regt dadurch die Fantasie und Kreativität seiner Mitmenschen an.

Zudem hat er tiefe Resilienz entwickelt, ohne dabei seine Gefühle zu negieren. Er stellt sich ihnen, und auch wenn ihre Wellen wild und schonungslos auf ihn einpeitschen, bleibt er in eine unerschütterliche innere Gelassenheit eingehüllt. In diesem zen-ähnlichen Zustand voller Präsenz, Besonnenheit und Demut bewahrt er im größten Sturm geduldig Ruhe und gibt diese Stabilität an andere weiter, die ihren inneren Halt verloren haben und aus ihrem Gleichgewicht geraten sind.

Wahre Freude entsteht dadurch, etwas an andere weiterzugeben, ohne sich eine Gegenleistung zu erhoffen.

Außerdem stellt der bewusste Stier die Brücke zwischen Mensch und Natur dar. Er weiß, dass wir aus der Natur hervorgingen, in ihre Zyklen eingebunden sind und sehr vieles von ihr – durch aufmerksames Beobachten – lernen können. Sie hört uns aufmerksam zu, fängt uns auf, wenn die Dinge aus dem Lot geraten sind, macht das Offensichtliche für uns sichtbar und zeigt uns, wie wir uns mit unserer inneren Kraft rückverbinden können. Ihre Zyklen sind uns ein Beispiel für unsere eigenen, inneren Prozesse. Durch die tiefe Verbundenheit mit der Natur wird dem Stier bewusst, dass er einen einfachen, aber qualitativ hochwertigen Lebensstil führen möchte, der auf seine Werte abgestimmt ist. Ihm ist es wichtig, Dinge zu konsumieren, die seinen Überzeugungen entsprechen, weshalb er nachhaltige, umweltschonende und ökologische Produkte wählt. Für ihn zählt Qualität statt Quantität! Daher besitzt er nur wenig, aber dafür erlesene, seltene und hochwertige Gegenstände. Er inspiriert auch seine Mitmenschen dazu, alle Lebewesen zu ehren, ihnen Respekt zu zollen und im Bewusstsein zu leben, dass wir nur Gast auf dieser Erde sind, sie uns aber nicht gehört. Mit seinem grünen Daumen hegt und pflegt er alles, was Mutter Natur in seine Obhut gegeben hat. Dieser Archetyp ist imstande, sich und anderen ein Paradies auf Erden zu erschaffen, und zwar deshalb, weil er durch sein geruhsames Tempo wahrnehmen kann, dass wir uns bereits in einem Paradies befinden.

Wie du als Stier deinen Lebenssinn findest

Als Stier ist es wichtig, dir bewusst zu machen, dass du einen anderen Rhythmus hast als andere. Du weißt, dass in der Ruhe die Kraft liegt, und du kannst unter entschleunigten Rahmenbedingungen, in einer schönen Umgebung und bei sanfter Musik deine ganze Kreativität entfalten. Du arbeitest gerne mit deinen Händen, formst, malst, sägst oder bastelst.

Du liebst es, dir Zeit zu nehmen und etwas Hochwertiges zu fertigen. Als Stier machst du die wundervollsten Geschenke! Du drückst deine Liebe dadurch aus, dass du in sorgfältiger Handarbeit und mit Bedacht ausgewählte Gegenstände einpackst, wertschätzende Kärtchen schreibst und unter Beweis stellst, wie viele Gedanken du dir gemacht hast. Wenn wir uns das einmal bildlich vorstellen, wie du minutiös, detailverliebt und völlig versunken in deinem Tun für einen geliebten Menschen etwas fertigst, das ihn tief berühren soll, dann weißt du, wie deine Berufung aussieht. Finde etwas, bei dem du in ebendieser Hingabe kreativ sein kannst. Du möchtest Schönes erschaffen, und zwar in einer Atmosphäre der Ruhe und des Friedens. In einem Atelier zu malen, in einer wohligen Backstube Teig in Förmchen zu gießen oder in einer Blumenwerkstatt den Tischschmuck für eine Hochzeit zu drapieren ist genau das, was dich zutiefst erfüllt.

Zudem hast du ein Händchen dafür, einen Ort in ein Zuhause zu verwandeln und eine echte Wohlfühloase zu gestalten. Wie diese aussehen könnte? Beispielsweise in Gestalt eines Hauses mit wildem Garten, der eine nostalgische Geschichte erzählt. In einer Ecke dieses Gartens befindet sich eine romantische Ecke direkt neben farbenfrohen Wildblumen. Genau dort trinkst du morgens deinen Matcha Latte, während du dem Vogelgezwitscher zuhörst und die verschiedenen Düfte deines kleinen Kräutergarten einatmest. Du betrachtest, wie das Licht durch die Bäume scheint, dabei streifst du deine Gartenschuhe ab, um deine Füße auf das frische Gras zu stellen. Du hörst den Bach neben dir plätschern und überlegst, wie du die Vollkommenheit dieser Oase durch deine Kreativität, Sanftheit sowie deinen grünen Daumen noch wohliger und friedvoller gestalten könntest. In einer solchen Umgebung ist es dir ein Leichtes, deinen ganzen Zauber zu verbreiten und Großes hervorzubringen.

DAS LUFTZEICHEN

ZWILLINGE

22. Mai bis 21. Juni

Zeichen	♊
Element	Luft
Herrscher	Merkur
Kreuz	Veränderlich
Stärken	· Wissbegierde · Interessenvielfalt · Toleranz · Flexibilität
Schwächen	· Oberflächlichkeit · Zerstreutheit · Wankelmut · Unzuverlässigkeit
In diesen Berufsfeldern findet man die Zwillinge	· Lehrer:in · Journalist:in · Autor:in · Podcaster:in · Event Manager:in · Social Media Expert:in · Account Manager:in

*»Gestern war ich klug
und wollte die Welt verändern.
Heute bin ich weise
und möchte mich verändern.«*

RUMI

Zwillinge sind reaktionsschnell, originell und schlagfertig. Ihre Synapsen zünden in Lichtgeschwindigkeit und ihr Denkapparat weist eine enorme Beweglichkeit auf. Sie sind Rhetorikgranaten und in Sachen Wortgewandtheit nicht zu übertreffen. Dieser Archetyp weiß, wie man mit Worten spielt, schlagfertig kontert und andere mit einem eloquenten Auftreten in den Bann zieht. Er brilliert durch sein umfassendes Sprachgefühl und sein Talent, schlichtweg alles verargumentieren zu können. Niemals bleibt er eine Antwort schuldig und versteht es, sich geschickt mit einer fantasievollen Notlüge aus der Affäre zu ziehen, wenn es darum geht, eine Zusage zu revidieren.

Die Spontaneität und Vielseitigkeit der Zwillinge lassen sie niemals in Situationen, Gewohnheiten oder Routinen verharren. Sie kreieren sich gerne und häufig neue Rahmenbedingungen und Lebensumstände, indem sie umziehen, den Freundeskreis wechseln, sich ein neues Hobby suchen oder eine neue berufliche Herausforderung annehmen. Für sie ist es essenziell, die Gegensätze des Lebens auszukosten und sich dabei stets selbst zu überholen. So viele unterschiedliche Persönlichkeiten scheinen in diesem Archetyp verborgen zu liegen, und von außen betrachtet kann es sehr verwirrend sein, den Lebensstil der Zwillinge zu beobachten. »Heute so, morgen so!« lautet ihre Devise, und daher verhalten sie sich in den Augen ihres Umfelds häufig unkalkulierbar und widersprüchlich.

Angetrieben von ihrer Neugier und Sensationslust, lassen sich die Zwillinge immer wieder von Neuem inspirieren, aktuelle Trends aufzugreifen oder verheißungsvolle Methoden in ihren Alltag zu integrieren. So kann sich eine Langschläferin plötzlich in eine ambitionierte Frühaufsteherin verwandeln, ein Fleischliebhaber zum überzeugten Vegetarier werden oder ein Stadtmensch zu einem naturverbundenen Landei mutieren. Ein weiteres Merkmal dieses Archetyps ist seine jugendliche Frische, die sich meist bis ins hohe Alter bewahrt, sowie seine vorurteilsfreie Offenheit gegenüber allem Modernen.

Darüber hinaus erfreuen sich die Zwillinge meist großer Beliebtheit. Mit ihrem sprühenden Witz, ihrer Albernheit und ihrem unterhaltsamen Wesen können sie nahezu jede Gesellschaft auflockern. Es fällt ihnen leicht, angeregte Gespräche zu führen und Kontakte zu knüpfen. Als wahre Tausendsassa des Tierkreises besitzen sie unzählige Interessen, Begabungen und Hobbys – alles muss selbst erlebt, ausprobiert und getestet werden.

Doch diese Vielseitigkeit hat auch ihre Kehrseite: Die Zwillinge werden vom Fluch der Langeweile verfolgt. Das Leben erscheint ihnen oft zu langsam, farblos und unflexibel. Sie erfassen neue Dinge so schnell, dass ihnen das Tempo ihres Umfelds wie das eines Faultiers vorkommt. Vergeblich suchen sie nach der Taste für die doppelte Geschwindigkeit, um dem Leben mehr Dynamik und Schwung zu verleihen.

Zudem zeichnet sich das Zeichen Zwillinge durch einen ausgeprägten Sinn für Toleranz aus. Kaum ein anderes Zeichen im Tierkreis ist geistig so elastisch und offen für neue Ideen. Die Zwillinge können nahezu jeder Theorie etwas abgewinnen und geraten regelrecht ins Schwärmen, wenn sie von dem berichten, was sie gerade erfahren, gelernt oder erkundet haben. Doch diese Fähigkeit, beide Seiten der Medaille zu schätzen, birgt auch eine Schwäche: die Schwierigkeit, sich für eine Seite zu entscheiden und klar Stellung zu beziehen. Es besteht die Gefahr, dass die Zwillinge zwischen gegensätzlichen Theorien hin- und herspringen und auf andere dadurch unglaubwürdig und naiv wirken.

Zusammenfassend lässt sich sagen, dass die Zwillinge im Tierkreis die Rolle eines Boten und Vermittlers einnehmen, der Brücken zwischen verschiedenen Parteien schlägt und dafür sorgt, dass der Dialog zwischen ihnen lebendig bleibt. Durch ihre Informationsweitergabe schaffen sie Verbindungen und fördern ein besonderes Maß an Verständnis.

VERÄNDERLICHES KREUZ: ZWILLINGE, JUNGFRAU, SCHÜTZE UND FISCHE

Ihre Entwicklungsreise führt die Zwillinge über die Qualitäten der Jungfrau, der Fische und des Schützen. Diese drei Zeichen bilden mit den Zwillingen das veränderliche Kreuz. Die wendigen, agitierten und toleranten Zwillinge dürfen bei ihrer Bewusstseinsentwicklung Ernsthaftigkeit (Jungfrau), Vertrauen (Fische) und Bestimmtheit (Schütze) erlernen. Hierdurch gleichen sie zunehmend ihre Schwächen aus und erwachsen mit der Zeit in ihre volle Größe. Das Zeichen Jungfrau leitet die Zwillinge an, ihr Wissen zu vertiefen, und vermittelt ihnen durch Erdung mehr Bodenhaftung. Der Schütze hilft den Zwillingen dabei, Unentschlossenheit zu überwinden und die Qualität von Wissen höher zu gewichten als seine Quantität. Die Fische schulen den Blick der Zwillinge für das große Ganze und lassen das Vertrauen in ihnen entstehen, dass Weisheit nur im eigenen Inneren entdeckt werden kann.

Die untere Bewusstseinsstufe
Die unbewussten Zwillinge

Die unbewussten Zwillinge agieren sprunghaft, launisch und unberechenbar. Während sie heute euphorisch beschließen, bei einem Projekt mitzuwirken, wird morgen die Zusage unter einem Vorwand revidiert. Kaum etwas hat Bestand bei diesem Zeichen. Menschen, die die Worte ihres Gegenübers für verlässlich halten, sind oft irritiert und vor den Kopf gestoßen angesichts des Wankelmuts der Zwillinge. Entschlüsse, Lebensverhältnisse, Vorlieben oder Gewohnheiten unterliegen bei den Zwillingen einem steten Wandel. Sie erfinden sich nach Lust und Laune vollkommen neu und kümmern sich nicht darum, was ihre Kursänderungen für andere bedeuten. Beobachtet man die unbewussten Zwillinge, stellt man fest, dass sie je nach Umfeld die dort vorherrschende Meinung adaptieren und man ihre Aussagen nicht für bare Münze nehmen kann.

Die ausgeprägte Neutralität dieses Archetyps bewirkt, dass er sich nicht eindeutig für eine Seite, einen Standpunkt oder eine Meinung entscheiden kann. Anders als bei der Waage – wie wir später noch sehen werden – resultiert die Entscheidungsschwäche der Zwillinge jedoch nicht aus der Angst, andere mit ihren Entschlüssen gegen sich aufzubringen, sondern vielmehr aus der mangelnden Fähigkeit, zu spüren, was sich für sie wirklich stimmig anfühlt. Das bedeutet, den Zwillingen fällt es deutlich leichter, sich mit beiden Seiten der Medaille zu identifizieren, statt sich auf eine Seite zu schlagen. Hieraus erwachsen oft Lebenssituationen, in denen sie das Gefühl haben, weder vorwärts noch rückwärts gehen zu können, und so in einer Art Übergangsphase stecken bleiben. Dabei hoffen sie nicht selten, dass sich ihre Probleme von selbst lösen, indem das Leben die Entscheidung für sie trifft.

Die Zwillinge ändern so schnell ihre Meinung, dass man nur schwer Schritt halten kann. Auf unbewusster Ebene lassen sie sich so rasant für etwas begeistern, dass sie ohne lange zu überlegen auf den vorbeifahrenden Zug aufspringen – nur um kurze Zeit später wieder abzuspringen, weil sie realisiert haben, dass er gar nicht in die gewünschte Richtung fährt. Ihr Wankelmut nimmt jedoch so richtig Fahrt auf, wenn sie mit den negativen Folgen von Entscheidungen konfrontiert werden. Es scheint für sie geradezu unmöglich, zu ihrer Meinung zu stehen, wenn sie mit den nachteiligen Aspekten dieser Entscheidung in Berührung kommen. Genau genommen mangelt es ihnen an der Fähigkeit, die Folgen ihrer Entschlüsse zu tragen. Begegnen ihnen unangenehme Konsequenzen, bewerten sie ihre Entscheidung sofort als Fehler und möchten sie auf direktem Weg ungeschehen machen. Hieraus resultiert der allseits bekannte Zickzackkurs der Zwillinge.

Darüber hinaus begleitet die unbewussten Zwillinge nicht selten ein starkes Gefühl der Ruhelosigkeit. Innerlich fühlen sie sich immer, als seien sie auf dem Sprung. Sie beziehen beispielsweise eine neue Wohnung mit dem Gefühl »Wer weiß, ob ich in einem Jahr noch hier wohne!« Die Möglichkeit, jederzeit die Zelte abbrechen zu können, neue Menschen kennenzulernen und das Unbekannte zu entdecken, erscheint ihnen weit verlockender als die Vorstellung, für mehrere Jahre oder gar für immer an bestimmte Rahmenbedingungen, Menschen oder Orte gebunden zu sein.

Fixe Rahmenbedingungen vermitteln diesem Luftzeichen also keine Entspannung oder emotionale Sicherheit, sondern vielmehr ein Gefühl von Enge und Unflexibilität. Dieses Empfinden kann so weit gehen, dass in den Zwillingen ein Fluchtmechanismus ausgelöst wird. Es ist daher wenig verwunderlich, dass sie nur zu gerne einen Fuß in der Tür behalten, stets bereit, sich zu entziehen, wenn es ihnen zu eng wird. Doch wie es für die Zwillinge typisch ist, existiert in ihnen auch eine andere Seite – eine, die sich danach sehnt, Wurzeln zu schlagen und endlich anzukommen. Diese beiden gegensätzlichen Strömungen zerren an den Zwillingen, sodass sie sich oft wie das Tau bei einem Tauziehen fühlen, hin- und hergerissen zwischen dem Wunsch nach Freiheit und der Sehnsucht nach Beständigkeit.

Fixe Rahmenbedingungen vermitteln ein Gefühl von Enge und Unflexibilität.

Auf unbewusster Ebene sind die Zwillinge unehrlich, oberflächlich und sensationsgeil. Das in Erfahrung Gebrachte weiterzutratschen, mit ihren Neuigkeiten Aufsehen zu erregen oder Geschichten auszuschmücken, um sie noch sensationeller erscheinen zu lassen, sind typisch für sie. Ihre doppelte Natur – symbolisiert durch die zwei Gesichter – macht sie unberechenbar, weshalb man vorsichtig sein sollte, wie sehr man sie ins Vertrauen zieht. Ihre Launenhaftigkeit kann dazu führen, dass sie heute noch versichern, einen Sachverhalt genauso zu sehen wie ihr Gegenüber, nur um am nächsten Tag eine völlig andere Haltung einzunehmen und ihm in den Rücken zu fallen.

Größte Angst

Die Zwillinge tragen, wie es für ein Zwillingspaar typisch ist, gleich zwei Ur-Ängste in sich: die Angst, nicht verstanden zu werden, und die Angst vor emotionaler Tiefe.

Die erste Angst, nicht verstanden zu werden, entspringt ihrem starken Bedürfnis, sich anderen mitzuteilen und sich mit ihnen auszutauschen. Sie möchten ihre unzähligen Gedanken in elegante, präzise Worte kleiden und als sprachgewandt wahrgenommen werden. Wenn ihre Mitmenschen sie trotz ihrer Bemühungen nicht verstehen (wollen), ihnen nicht zuhören (wollen) oder ihnen gar das Wort verbieten, fühlen sie sich völlig verloren und isoliert.

Die zweite Angst, die Angst vor emotionaler Tiefe, resultiert aus der Oberflächlichkeit, die den Zwillingen auf unbewusster Ebene innewohnt. Dieser Archetyp bewegt sich lieber in den luftigen Höhen des Intellekts, anstatt in die eigenen tiefen emotionalen Schichten hinabzutauchen. Da die Zwillinge äußerst geistreich sind, neigen sie dazu, ihre eigenen Gefühle zu intellektualisieren, sie bis ins Detail zu analysieren und letztlich zu zerdenken. Ein zentrales Learning für sie besteht darin, im Leben einen tief sitzenden Anker zu finden, der ihnen Halt gibt, ihre Empfindungen ernst zu nehmen und vor allem auch zu durchfühlen, anstatt sie nur rational zu erfassen.

Die mittlere Bewusstseinsstufe Die reflektierten Zwillinge

Die Erfahrungswerte der unbewussten Zwillinge führen dazu, dass sie beginnen, ihr Verhalten zu reflektieren. Sie begreifen, was sie innerlich motiviert, sich auf eine bestimmte Art und Weise zu verhalten, und sie fragen sich, wie sie ihre Stärken und Fähigkeiten mehr zum Ausdruck bringen können. Sie begreifen, dass sie Verlässlichkeit und Ernsthaftigkeit entwickeln dürfen, um ihre Sprunghaftigkeit zu dämpfen (Jungfrau), ihre Intuition sie bei all ihren Entscheidungen führt (Fische) und es sicher ist, bestimmt zu ihren Überzeugungen zu stehen (Schütze).

Bewusstsein für Schwächen & Fokus auf Stärken

Intuitives Entscheiden leicht gemacht

Für die unbewussten Zwillinge gleicht das Treffen einer Entscheidung dem Lösen eines gordischen Knotens. Nicht nur, dass sie den Prozess der Entscheidungsfindung als äußerst quälend empfinden, beim ersten Hauch eines Gegenwinds fühlen sie sich verunsichert und bewerten ihren Entschluss als großen Fehler. Auf einer mittleren Bewusstseinsstufe beginnen die reflektierten Zwillinge jedoch, ihre Angst vor dem falschen Weg genauer zu hinterfragen. Sie erforschen, was in ihnen die hartnäckige Sorge auslöst, den falschen Weg einzuschlagen, und bemühen sich, ihr Vertrauen in sich selbst und ihre Entscheidungen zu stärken.

Um den Druck zu mindern, lernen sie, den Entscheidungsprozess in kleinere, überschaubare Schritte zu unterteilen, anstatt jede Entscheidung als endgültig und unumkehrbar zu betrachten. Dadurch nimmt die lähmende Angst, dass jeder Entscheidung etwas Absolutes innewohnt, ab, und sie beginnen, stärker auf ihre innere Stimme zu hören. Dabei erkennen sie, dass es viel belastender ist, in der Unentschlossenheit zu verharren, als eine klare Entscheidung zu treffen und Verantwortung für den eigenen Standpunkt zu übernehmen.

Geistige Wendigkeit und Flexibilität

Darüber hinaus dürfen die Zwillinge lernen, sich ein Leben zu erschaffen, das ihnen Freiräume, Beweglichkeit und Lebendigkeit bietet. Schließlich schenken ihnen wechselnde Standpunkte und lockere Vereinbarungen mehr innere Ruhe als beengende Strukturen. Mit einer Zwillinge-Betonung darf man sich die Universalerlaubnis erteilen, das eigene Leben fluide zu gestalten, sich treiben zu lassen und dem nachzugehen, was einen begeistert. Um diese Freiräume zu kreieren, ist es unerlässlich, sich selbst einzugestehen, dass konventionelle Strukturen oder konservative Lebenskonzepte nicht zu einem passen.

Wenn sich die Zwillinge erlauben, aus der Rolle zu tanzen und zu den eigenen Bedürfnissen zu stehen, können sie ihre Mitmenschen darauf sensibilisieren. Indem sie anderen verdeutlichen, dass sie sich gerne spontan umentscheiden, Dinge zunächst erproben möchten, bevor sie sich endgültig festlegen, und ihre Pläne gelegentlich unerwarteten Begebenheiten anpassen, wissen ihre Mitmenschen, woran sie sind. Sie können dann nachvollziehen, dass das Verhalten der Zwillinge nichts mit ihnen persönlich zu tun hat. Für ein harmonisches Miteinander ist es daher hilfreich, offen mit der eigenen Unberechenbarkeit umzugehen, damit andere wissen, dass sie kurzfristige Absagen, lange Wartezeiten auf Sprachnachrichten oder überraschende Planänderungen nicht persönlich nehmen müssen. Diese gesellschaftliche Norm lässt sich mit dem Naturell der Zwillinge einfach nicht vereinbaren.

Mentales Detox für mehr innere Ruhe

Die unbewussten Zwillinge scheinen nahezu immer auf dem Sprung zu sein, sie jagen von einer Sache zur nächsten und können nur schwer die Hände in den Schoß legen. Ihr Denken folgt derselben Dynamik und Geschwindigkeit. Daher scheinen sie gedanklich immer mit etwas beschäftigt zu sein. Oberflächliche Gespräche und der neueste Klatsch und Tratsch bilden das Zentrum ihres Interesses. Dabei entgeht ihnen allerdings, dass sie nicht vor Langeweile, sondern vor sich selbst flüchten. Ihr Verstand ist so laut, dass Ablenkung der einzige Weg zu sein scheint, der Stimme im eigenen Kopf zu entfliehen. Auf der mittleren Bewusstseinsstufe erwacht in den Zwillingen ein Gefühl dafür, dass sie die Macht haben, ihre Gedanken zu steuern. Sie erkennen, dass es in ihrer Hand liegt, bestimmten Gedanken Aufmerksamkeit zu schenken und andere einfach vorbeiziehen zu lassen. Diese

Erkenntnis offenbart den Zwillingen ihre mentale Superpower: die Fähigkeit, ihr Denken bewusst zu lenken. Schritt für Schritt entwickeln sie ein tieferes Verständnis für ihre Konzentrationsfähigkeit und lernen, ihr Denken gezielt zu beeinflussen, um innere Ruhe und Klarheit zu finden.

Sie erwecken ihren Geist und verdrängen ihren Verstand.

Die Zwillinge erkennen zunehmend, dass ihr Streben, immerzu beschäftigt zu sein, sie getrieben und ruhelos macht. Wie ein Luftballon, dessen Schnur sich vom Gewicht gelöst hat, heben sie in die Lüfte ab und verlieren jeglichen Bodenkontakt. Für die Zwillinge ist es essenziell, durch Ausflüge in die Natur, intuitiven Tanz, ausgiebige Journalen oder meditative Gartenarbeit ihren Fokus auf das Hier und Jetzt zu richten, anstatt mentale Abstecher in alle nur denkbaren Richtungen zu unternehmen. Alles, was sie im gegenwärtigen Moment verankert, Verwurzelung erzeugt und ihnen hilft, nach ihren geistigen Höhenflügen wieder Bodenhaftung zu erlangen, dient als wertvoller Ausgleich, um eine stabilisierende innere Balance zu finden.

Qualitativ hochwertiges geistiges Futter

Die Entwicklung der Zwillinge zeigt sich besonders in ihrem Umgang mit Wissen und Lernen. Auf unbewusster Ebene sind die Zwillinge von einem starken Drang gekennzeichnet, über alles Mögliche Bescheid zu wissen. Sie sammeln Informationen wahllos, ohne viel Tiefe oder Fokus, getrieben von der Angst, etwas zu verpassen. Im Rahmen ihrer Bewusstseinsentwicklung werden die Zwillinge immer wählerischer, was die Themen betrifft, die sie vertiefen möchten. Ihr Wissensdurst bleibt bestehen, doch er richtet sich zunehmend auf Inhalte, die sie wirklich inspirieren und weiterbringen.

Die reflektierten Zwillinge haben den Wert von qualitativ hochwertigem Wissen erkannt. Sie lesen inspirierende Bücher, nehmen an lehrreichen Onlinekursen teil und hören aufschlussreiche Podcasts, um ihr geistiges Spektrum gezielt zu erweitern. Ihr Lernprozess wird bewusster und tiefgründiger, und sie beginnen, das Gelernte auf kreative Weise weiterzuentwickeln. Anstatt wahllos Informationen anzuhäufen, konzentrieren sie sich darauf, ihr Wissen mit Bedacht auszuwählen und es auf sinnvolle Weise in ihr Leben zu integrieren. Außerdem sprechen sie über ihre Erfahrungswerte und inspirieren ihr Umfeld, sich ebenfalls mehr geistiges Futter zu beschaffen.

Gleichzeitig wird ihnen bewusst, dass Wissen nur potenzielle Macht ist. Denn solange das theoretische Wissen nicht angewendet wird, kann es keine Wirkmacht entfalten. Oft sagen die Zwillinge »Das weiß ich schon!« und wiegen sich in Sicherheit. Jedoch ist es kein

Merkmal von Qualität, vieles zu wissen oder alles schon einmal gehört zu haben. Wir kennen alle den Spruch: »Qualität vor Quantität«. Es geht gerade nicht darum, möglichst vieles zu wissen, sondern darum, das Wesentliche zu erkennen, es wahrhaftig in den Tiefen zu begreifen und durch konkrete Veränderungen im Alltag praktisch anzuwenden. Je bewusster die Zwillinge werden, desto besser gelingt es ihnen, ihre gewonnenen Erkenntnisse in ihre Lebensführung zu integrieren. Sie lernen, ihr Wissen in Macht zu verwandeln – in die Macht, ihr Leben durch die Kraft der Erkenntnis zu transformieren und in ganz neue Bahnen zu lenken.

Fantasie und Wahrnehmung

Die Zwillinge verfügen über eine bemerkenswert ausgeprägte Wahrnehmung, die es ihnen ermöglicht, viele Eindrücke gleichzeitig zu erfassen. Sie können einem Gespräch aufmerksam folgen, währenddessen auf die Hintergrundmusik achten, Personen am Nachbartisch beobachten und ihre To-do-Liste für den nächsten Tag im Kopf durchgehen. Diese vielschichtige Wahrnehmung führt jedoch oft dazu, dass sie in Gesprächen von einem Thema zum nächsten springen, was es ihrem Gegenüber schwer macht, gedanklich Schritt zu halten. Die Vielzahl an Eindrücken, die auf die Zwillinge einströmen, erschwert es ihnen, Prioritäten zu setzen und sich zu fokussieren. Ihr Geist ist ständig auf Highspeed, was auf Dauer kräftezehrend sein kann. Doch wenn die Zwillinge es schaffen, ihre außergewöhnliche Konzentrationsfähigkeit auf eine einzige Aufgabe zu richten, sind sie in der Lage, in kürzester Zeit ein Themengebiet tief zu durchdringen und beeindruckende Konzepte zu entwickeln.

Im Zuge ihrer Bewusstseinsentwicklung ist es für die Zwillinge daher von zentraler Bedeutung, zu lernen, einer Sache ihre volle Aufmerksamkeit zu schenken. »Eins nach dem anderen« sollte ihre Leitlinie werden, um zu vermeiden, sich in einer Vielzahl von Vorhaben und Ideen zu verzetteln, die am Ende nicht umgesetzt werden. Ein wesentlicher Schritt auf diesem Weg besteht darin, sich bewusst auf das Wesentliche zu konzentrieren und die Anzahl der parallel verfolgten Projekte zu reduzieren. Weniger Aufgaben gleichzeitig anzugehen steigert die Qualität und Effektivität ihrer Arbeit erheblich. Um Ablenkungen und Überkommunikation zu minimieren, sollten die Zwillinge sich feste Zeitfenster einrichten, in denen sie ungestört und fokussiert an einer Sache arbeiten können. Dabei hilft es, Ablenkungen im Umfeld gezielt auszuschalten und klar zwischen Arbeits- und Kommunikationszeiten zu unterscheiden. Das Üben von Monotasking, also das bewusste Fokussieren auf eine einzige Aufgabe, bevor zur nächsten übergegangen wird, ist ein weiterer Schlüssel, um ihre mentale Energie gezielt und nachhaltig einzusetzen.

Bewusstseinsentwicklung mithilfe des veränderlichen Kreuzes

Entwicklung von Ernsthaftigkeit (Jungfrau)

Die Zwillinge sammeln viel theoretisches Wissen an, überprüfen allerdings nur selten, ob es sich auch praktisch bewährt. Während sie in der Lebensschule auf Frontalunterricht setzen, sich berieseln lassen und neugierig zuhören, geht die Jungfrau einen anderen Weg: Sie stellt gezielt Fragen und legt großen Wert darauf, das Gehörte durch praktische Übungen zu vertiefen. Die Jungfrau weiß, dass Übung den Meister macht und dass wahres Verständnis erst durch konkrete Anwendung entsteht. Durch diese Herangehensweise lehrt die Jungfrau den Zwillingen, die Ebene der Theorie zu verlassen und sich durch praktisches Tun eine tiefere Wissensbasis zu erarbeiten.

Ein weiterer wichtiger Aspekt, den die Jungfrau den Zwillingen vermittelt, ist die Fähigkeit, Informationen kritisch zu hinterfragen. Statt alles, was sie durch den Austausch mit anderen erfahren, unreflektiert zu übernehmen, beginnen die Zwillinge, einen Faktencheck durchzuführen. Dieser prüfende Blick ermöglicht es ihnen, brauchbare Informationen von unnötigem Wissen zu trennen und ihren Fokus auf das zu richten, was wirklich relevant und valide ist.

Doch wie können die Zwillinge ihren Fokus von luftigen Theorien auf bodenständige Praxis verlagern? Indem sie sich bewusst Zeit nehmen, das Gelernte in kleinen, konkreten Schritten umzusetzen. Durch praktische Anwendungen und gezieltes Üben gewinnen sie nicht nur an Tiefe, sondern auch an Sicherheit und Erdung, die ihnen helfen, ihr Wissen in die Tat umzusetzen und so wahre Meisterschaft zu erlangen.

Unterstützende Übung

Finde einen ruhigen Ort, an dem du dich geborgen fühlst. Setze dich bequem hin, schließe deine Augen und atme tief ein und aus. Mit jedem Atemzug lässt du die Anspannung des Tages los und gleitest in eine tiefe, wohltuende innere Ruhe. Spüre, wie sich dein Geist klärt und dein Körper entspannt. Erlaube dir, alle Sorgen und Gedanken des Tages beiseitelegen, und sei bereit für eine intensive Reise zu deinem inneren Selbst, getragen von Klarheit und Frieden.

Während du in dich hineinhörst, frage dich, was in deinem Leben gerade besonders wichtig ist. Visualisiere einen inneren Raum, in dem all deine Gedanken und Ideen in einer liebevollen, unterstützenden Atmosphäre zusammengetragen sind. Nimm dir Zeit, jede Idee in Ruhe zu betrachten und spüre in sie hinein. Frage dich, welche davon dich besonders anspricht und welches Ziel sich in diesem Moment am bedeutsamsten für dich anfühlt. Erkenne diese Priorität bewusst und verankere sie in deinem Inneren.

Stelle dir nun ein weißes Blatt Papier vor, das vor dir ausgebreitet ist. In der Mitte dieses Blattes siehst du die Idee oder das Ziel, das du realisieren möchtest. Von diesem Mittelpunkt ausgehend breiten sich Äste aus, die weitere Gedanken und Aspekte repräsentieren. Lass diese Äste in deinem Geist wachsen und immer mehr Details und Schritte sichtbar werden. Spüre, wie diese Struktur zur konkreten Umsetzung deiner Ziele dir Sicherheit, Zuversicht und Orientierung gibt.

Richte deinen Fokus auf einen dieser Äste und forme daraus eine konkrete Aufgabe. Vor deinem inneren Auge entsteht nun ein klarer Weg, der dich zur Realisierung dieser Aufgabe führt. Dieser Weg ist in kleine, gut machbare Schritte unterteilt. Frage dich: Welche Schritte zeigen sich mir? Wie gehe ich diese Aufgabe an? Lass Freude und Erleichterung in dir aufsteigen, während du den klaren und erreichbaren Weg vor dir siehst. Nimm dir vor, diesen Weg mit Entschlossenheit zu gehen und Aufgabe für Aufgabe zu meistern. Nun nimm wahr, wie vor deinem inneren Auge eine vertraute Person erscheint, die dich auf deinem Weg begleitet. Diese Person erinnert dich wohlwollend an deine Ziele und ermutigt dich, auch in schwierigen Momenten weiterzugehen. Spüre die tiefe Sicherheit und Stärke, die es dir gibt, zu wissen, dass du Unterstützung hast. Erinnere dich daran, dass du nicht allein bist – du wirst von innerer Kraft und liebevollem Rückhalt getragen, um deinen Weg zu gehen.

Nimm schließlich einen tiefen, bewussten Atemzug und spüre, wie sich Klarheit, Ruhe und innere Kraft in dir ausbreiten. Du bist bereit, deine Ideen und Ziele in die Realität umzusetzen, mit einem klaren Plan und dem tiefen Vertrauen, dass du stark genug bist, jede Herausforderung zu meistern. Lass diese Kraft und Zuversicht dein ganzes System durchdringen und sich tief in dir verankern.

Entwicklung von Vertrauen (Fische)

Die Zwillinge verfügen über einen blitzschnellen Verstand und starke mentale Fähigkeiten. Doch gerade weil ihr Geist so dominant ist, schenken sie ihrer Gefühlswelt nur wenig Beachtung. Es fällt ihnen schwer, sich ihren Empfindungen anzunähern und sie gebührend in ihre Entschlüsse einzubeziehen. Daher ist es für die Zwillinge von besonderer Bedeutung, ihr Urvertrauen zu stärken, ihr intuitives Wissen zu entfalten und ihre innere Führung zu aktivieren.

Besonders in Momenten der Entscheidungsfindung profitieren sie von einem starken Vertrauen und der tiefen inneren Gewissheit, auf ihrem Weg geführt zu werden. Hier tritt eine besondere Fähigkeit der Fische in den Vordergrund: bedingungslose Akzeptanz. Die Fische haben verinnerlicht, was als Gelassenheitsgebet von Reinhold Niebuhr bekannt ist: »Gott gebe mir die Gelassenheit, Dinge hinzunehmen, die ich nicht ändern kann, den Mut, Dinge zu ändern, die ich ändern kann, und die Weisheit, das eine vom anderen zu unterscheiden.«

Somit lehren die Fische den luftigen Zwillingen, ihrer inneren Stimme zu lauschen, um auf vollkommen entspannte Weise Entscheidungen zu treffen und ihrer Intuition zu vertrauen. Diese Fähigkeit ermöglicht es den Zwillingen, das Leben und insbesondere ihre Entscheidungen mit mehr Gelassenheit und Gleichmut anzugehen.

Unterstützende Übung

Finde einen Ort, an dem du für dich bist, finde eine bequeme Position und schließe deine Augen. Mit jedem Atemzug gleitest du in eine sanfte innere Ruhe.

Zu Beginn dieser Übung möchte ich dich mit einem Zitat von Søren Kierkegaard begleiten: »Man kann das Leben nur rückwärts verstehen, aber leben muss man es vorwärts.« In der Rückschau mag vieles klarer erscheinen, und es ist leicht zu denken, dass bestimmte Umwege unnötig waren. Doch erinnere dich daran, dass der einzig relevante Zeitpunkt, der für die Bewertung des eigenen Handelns relevant ist, der Moment der Handlung selbst ist.

Schließlich handelst du in jedem Moment deines Lebens nach bestem Wissen und Gewissen. Wenn du es zum Zeitpunkt der Entscheidung nicht besser wusstest, nutzt es nichts, sich im Nachgang Selbstvorwürfe zu machen. Denn niemand begeht einen Fehler absichtlich.

Lass diese Gedanken in dir wirken und nimm dir selbst den Druck. Vertraue darauf, dass du keine Fehler machen kannst, solange du nach bestem Wissen und Gewissen handelst. Richte nun deine Aufmerksamkeit auf eine Entscheidung, die du vor dir hast oder die dich bereits beschäftigt. Beginne, in dich hineinzuhorchen und spüre, wie sich diese Entscheidung in deinem Körper anfühlt. Ist da ein Gefühl der Enge, oder spürst du Leichtigkeit und Wohlbehagen? Welche Signale sendet dir dein Körper? Lausche darauf, ob die Stimme der Angst mögliche Gegenargumente aufwirft, oder ob deine inneren Impulse aus einem ruhigen, friedlichen Gefühl erwachsen. Erinnere dich daran, dass wahre Intuition sich immer sanft und klar anfühlt, niemals drängend oder belastend.

Denke nun an vergangene Situationen, in denen du auf deine Intuition gehört hast. Lass die positiven Erfahrungen lebendig werden und spüre das Vertrauen, das daraus entstanden ist. Erinnere dich daran, wie sich dein Körper damals angefühlt hat, als du einer intuitiven Entscheidung gefolgt bist. Dieses Vertrauen kannst du auch jetzt in dir wecken. Visualisiere dich selbst, wie du deinem inneren Wissen vertraust und den Weg wählst, der sich für dich stimmig anfühlt.

Nun durchstreife gedanklich dein Leben nach einer Entscheidung, die du als Fehler betrachtest oder die du am liebsten rückgängig machen würdest. Überlege, welche Konsequenzen diese Entscheidung für dein Leben hatte. Wohin hat sie dich geführt? Welche unbeabsichtigten positiven Nebeneffekte hat sie hervorgebracht, und auf welche Weise hat sie dich reifen lassen? Welche Erkenntnisse waren damit verbunden? Du wirst bemerken, wie bedeutsam dieser vermeintliche Fehltritt für dein Leben war und dass du ohne ihn nicht der Mensch wärst, der du heute bist.

Konzentriere dich darauf, wie eng alle unsere Entscheidungen und Handlungen mit unserem Lebensweg verknüpft sind, und vertraue darauf, dass du genau dort, wo du jetzt bist, richtig bist. Nimm abschließend einen tiefen Atemzug und spüre, wie sich Klarheit, Ruhe und inneres Vertrauen in dir ausbreiten. Du bist bereit, deine Entscheidungen voller Vertrauen zu treffen, im Bewusstsein, dass jede Entscheidung zu deinem Wachstum und deiner Entwicklung beiträgt.

Entwicklung von Bestimmtheit (Schütze)

Die Zwillinge sind von Natur aus neugierig und streben danach, alles über das tägliche Leben und ihr unmittelbares Umfeld zu erfahren. Ihre Offenheit erlaubt es ihnen, jeder Betrachtungsweise etwas abzugewinnen und sich für nahezu jeden Standpunkt zu begeistern.

Doch diese Toleranz hat auch ihre Kehrseite: Sie führt dazu, dass die Zwillinge am Ende nicht mehr genau wissen, welche Überzeugung ihnen im Kern entspricht. So verlieren sie sich in der Vielfalt der Meinungen und finden nur schwer eine klare Linie, die ihrem innersten Wesen gerecht wird.

Hier kommt das Gegenzeichen der Zwillinge, der Schütze, ins Spiel. Der Schütze ist fest verankert in seinen Überzeugungen und hat den Mut, seine Meinung entschlossen und unbeirrt zu vertreten. Er weiß genau, wo er steht, und scheut sich nicht, dies auch nach außen hin klarzumachen. Mit dieser inneren Stärke und Klarheit ist er bestens dafür geeignet, den Zwillingen dabei zu helfen, ihre eigene Meinung zu finden und sie mit Überzeugung zu vertreten.

Unter der Anleitung des Schützen lernen die Zwillinge, ihre vielfältigen Eindrücke zu ordnen und eine eigene, gefestigte Meinung zu entwickeln. Sie werden darin geschult, nicht nur offen für verschiedene Ansichten zu sein, sondern auch eine klare Position zu beziehen und diese selbstbewusst zu äußern. Der Schütze zeigt ihnen, wie sie das große Ganze im Blick behalten und ihren Platz im Leben mit Entschlossenheit einnehmen können. So werden die Zwillinge befähigt, ihre Neugier und Offenheit in eine kraftvolle Bestimmtheit zu verwandeln und ihren Weg mit weiser innerer Überzeugung zu gehen.

Unterstützende Übung

Mache es dir an einem ruhigen Ort bequem und schließe deine Augen. Atme tief ein und aus und bringe deinen Geist zur Ruhe. Lass dich in diesen friedvollen Moment hineinfallen und sei vollkommen präsent.

Lenke nun deine Aufmerksamkeit sanft nach innen. Frage dich: Welche Werte geben mir Halt und leiten mein Handeln? Lass diese Werte in deinem Inneren aufleuchten, als würden sie in warmem, goldenem Licht erstrahlen. Spüre die Kraft, die in ihnen liegt, und wie sie dir den Weg weisen. Erkenne die Stärke, die aus der Klarheit deiner Werte erwächst, und spüre, wie sie dir ein tiefes Vertrauen in dich selbst schenkt.

Visualisiere dich nun als einen mächtigen, tief verwurzelten Baum, dessen Äste sich sanft im Wind wiegen. Die Wurzeln dieses Baumes graben sich tief in die Erde und verleihen ihm Standfestigkeit, während seine Äste sich flexibel und leicht bewegen. So wie dieser Baum bist auch du fest in deinen Werten und Überzeugungen verwurzelt, aber gleichzeitig offen für neue Perspektiven und Veränderungen. Spüre, wie diese innere Flexibilität es dir ermöglicht, Neues aufzunehmen, ohne deinen Kern zu verlieren. Lass diese

Vorstellung tief in dir verankert sein: Du bist standhaft und zugleich flexibel, verwurzelt in dir selbst und doch offen für die Welt um dich herum.

Zum Abschluss dieser Übung richte deine volle Aufmerksamkeit auf deinen Atem. Spüre, wie mit jedem Einatmen Klarheit und Entschlossenheit in deinen Geist strömen, wie ein sanfter Wind, der den Nebel der Unentschlossenheit vertreibt. Mit jedem Ausatmen lässt du Zweifel und Unsicherheiten los, die dich beschweren. Wiederhole in deinem Inneren die Affirmation: »Meine Gedanken sind klar, meine Überzeugungen stark und mein Handeln entschlossen.« Fühle, wie sich diese Worte in deinem Herzen verankern und dich mit einer tiefen, unerschütterlichen Zuversicht erfüllen.

♊

Wie die Zwillinge über sich hinauswachsen

REFLEXIONSFRAGEN, DIE DEINE SELBSTWAHRNEHMUNG STÄRKEN

- In welchen Situationen identifiziere ich mich zu sehr mit meinem Denken?
- Bei welchen Dingen fällt es mir leicht, meinen Fokus zu halten?
- Was kostet mich am meisten Konzentration und Zentriertheit?
- In welchen Situationen widerspreche ich mir selbst?
- Wie sehr beeinflusst mich mein Umfeld bei meiner Entscheidungsfindung?
- Von welchen Menschen lasse ich mich am meisten beeinflussen?
- Wann intellektualisiere ich meine Gefühle?
- Wovor habe ich Angst, wenn es darum geht, mein Herz zu befragen?
- Wie kann ich andere an meinen Gedanken teilhaben lassen?
- Auf welche Weise drücke ich meine mentale Kreativität aus?
- Vertraue ich dabei auf mein Gespür oder schwanke ich von einem Standpunkt zum nächsten?
- Habe ich Angst davor, eine falsche Entscheidung zu fällen?
- Wann habe ich in meinem Leben eine Entscheidung gefällt, die ich bereut habe?
- Wie habe ich diese »falsche Entscheidung« genutzt?
- Erlaube ich mir, ein spontanes, flexibles und aufregendes Leben zu führen?
- In welchem Lebensbereich wünsche ich mir mehr Beweglichkeit?
- Wie kann ich noch mehr meiner schillernden Facetten ausdrücken?
- Was löst aktuell die größte Neugier in mir aus?

Die oberste Bewusstseinsstufe Die bewussten Zwillinge

Auf der bewussten Ebene denken sich die Zwillinge mühelos in andere hinein und können durch ihre flexiblen Standpunkte eine Brücke zwischen gegenläufigen Interessen herstellen. Ihre tolerante, aufgeschlossene Art ist frei von Bewertung und somit erweichen sie selbst die härtesten Fronten. Die geistige Beweglichkeit der Zwillinge verhindert, dass sie in starren Weltanschauungen verharren oder andere für ihre Überzeugungen verurteilen. Sie haben immer ein offenes Ohr und lassen sich von neuartigen Trends, Theorien und Erkenntnissen inspirieren. Sie setzen sich dafür ein, dass jeder Einzelne gehört und respektiert wird. Ihre Mission ist es, dafür zu sorgen, dass jede Stimme gehört und respektiert wird. Sie streben danach, im Kollektiv ein Bewusstsein dafür zu schaffen, dass unterschiedliche Meinungen nebeneinander existieren können, ohne dass es einer Bewertung bedarf, welche davon die »richtige« ist. Seine Mitmenschen mit ihren Ansichten zu akzeptieren, auch wenn man sie selbst nicht teilt, ist die größte Stärke der Zwillinge, die sie in das Kollektiv einbringen. Sie zeigen, wie wichtig es ist, im Dialog zu bleiben, Gespräche zu führen und die Scheuklappen abzulegen.

Die Zwillinge sind in der Lage, eine Situation nüchtern und neutral zu beleuchten, losgelöst von persönlichen Gefühlen, was ihnen ermöglicht, einen klaren und umfassenden Überblick über das Geschehen zu gewinnen. Während das Gegenzeichen Schütze dazu neigt, aus der Vogelperspektive das große Ganze zu betrachten, tauchen die Zwillinge tief in die Details ein. Sie sammeln akribisch alle relevanten Informationen, beleuchten jede Facette eines Sachverhalts und teilen ihre Erkenntnisse großzügig mit anderen, damit auch diese von ihren Einsichten profitieren können. So tragen die Zwillinge maßgeblich dazu bei, ein tieferes Verständnis und eine größere Akzeptanz innerhalb des Kollektivs zu fördern.

Die bewussten Zwillinge folgen ihren bunten Impulsen, öffnen sich für das Unbekannte und signalisieren dem Universum dadurch, dass sie bereit sind. Diese Bereitschaft ist, wie wir weiter oben gesehen haben, eine wichtige Voraussetzung dafür, dass bestimmte Dinge den Weg in unser Leben finden können. Die Zwillinge haben die mentale Elastizität, an Dinge zu glauben, die andere für unmöglich halten. Ich selbst weise eine ausgeprägte Zwillinge-Betonung auf und erinnere mich an einen Moment vor ein paar Jahren, als ich in Costa Rica im Garten meiner Unterkunft saß und in den

Die Zwillinge haben die mentale Elastizität, an Dinge zu glauben, die andere für unmöglich halten.

Dschungel blickte. Plötzlich überkam mich ein tiefes Gefühl der Ehrfurcht vor der Komplexität und Genialität der Schöpfung. Die Farben, Geräusche und Lebewesen – alles schien seinen Platz und seine Rolle in der kosmischen Ordnung zu haben. In diesem Augenblick wurde mir klar: Wenn eine universelle Kraft in der Lage ist, all dies zu erschaffen, dann ist auch die Verwirklichung meiner tiefsten Wünsche im Rahmen ihrer Möglichkeiten. Die einzige Voraussetzung ist, dass ich meine Zweifel, Sorgen und Unsicherheiten loslasse und die innere Bereitschaft entwickle, die Wunder des Kosmos mit offenen Armen zu empfangen.

Das Universum prüft uns regelmäßig auf unsere Bereitschaft, die Fülle des Lebens in all ihren Facetten anzunehmen. Es sendet uns Zeichen, unterbreitet uns Vorschläge und eröffnet uns Möglichkeiten. In genau diesen Augenblicken beobachtet es, wie wir reagieren, und erkennt anhand unserer Reaktion, ob wir wirklich bereit sind, die Gelegenheiten, die sich uns bieten, zu ergreifen. Stell dir vor, du bist eine leidenschaftliche Fotografin und zeigst einem guten Freund die Bilder deiner letzten Asienreise. Er ist tief berührt und schlägt dir begeistert vor, diese Bilder auszustellen. Wenn du diese Chance aus Selbstzweifeln ablehnst, signalisierst du dem Universum, dass du noch nicht bereit bist, deine Werke mit der Welt zu teilen, durch deine Arbeit Bekanntheit zu erlangen und unzählige Menschen zu inspirieren. Wenn du jedoch in einer solchen Situation aufgeschlossen und neugierig reagierst – wie es die Zwillingen tun würden –, sendest du das klare Signal, dass du offen für die Vorschläge des Kosmos bist und bereit, Wunder in dein Leben einzuladen. Diese Offenheit gegenüber allem, was das Leben bietet, ist es, was die bewussten Zwillinge auszeichnet: die Fähigkeit, mit einem neugierigen Herzen die Möglichkeiten des Lebens zu umarmen.

Die bewussten Zwillinge bereichern die Gemeinschaft mit Offenheit, Spontaneität und geistiger Wendigkeit. Sie führen ein buntes, wenig geradliniges, dafür aber sehr fluides Leben und haben tief verinnerlicht, dass ihre Gedanken die Welt formen. Sie wissen, dass die Qualität ihres Lebens maßgeblich davon abhängt, wie reich die eigene Gedankenwelt ist. Ihre stimulierenden Impulse teilen sie nur zu gerne mit ihrem Umfeld, sodass sie nicht selten zur Muse für andere werden. Sie stoßen mit ihren geistreichen Kommentaren, lebhaften Erzählungen und originellen Ideen wertvolle Prozesse in ihren Mitmenschen an. Ihre Impulse treffen in anderen einen Nerv und landen auf fruchtbarem Boden.

Das übergeordnete Ziel, dem sich die bewussten Zwillinge verschrieben haben, ist es, anderen dabei zu helfen, ihre geistigen Fähigkeiten zu entdecken und das Denken neu zu erlernen. Sie unterstützen ihre Mitmenschen nicht nur dabei, ihr Wissen zu erweitern, sondern auch darin, ihre Gedanken bewusst zu lenken. Denn sie haben erkannt, wie man zum wahren Meister des eigenen Geistes wird, indem man die eigene Wahrnehmung schärft und die Konzentrationsfähigkeit steigert. Die Zwillinge machen deutlich, dass jeder Einzelne seine Gedanken selbst bestimmt. Diese tiefe Einsicht vermitteln sie auf eine Weise, die es anderen ermöglicht, neue Wege des Denkens zu erschließen, den menschlichen Verstand zu reformieren und ihre geistreichen Erkenntnisse für alle zugänglich zu machen.

Wie die Zwillinge ihren Lebenssinn finden

Du verspürst den Drang, dich immer wieder neu zu erfinden, unkonventionelle Wege zu gehen und interessante Menschen kennenzulernen. Das Unbekannte übt eine starke Anziehungskraft auf dich aus, weshalb du ungewöhnliche Herausforderungen, fremde Orte und bahnbrechende Trends liebst. Du hast ein intuitives Gespür für den aktuellen Zeitgeist und weißt stets, was gerade angesagt ist.

Die größte Inspiration findest du in Gesprächen, Büchern und Begegnungen. Worte beflügeln und stimulieren dich, sei es in geschriebener oder gesprochener Form. Erlaube dir immer wieder, dein Leben von Grund auf neu auszurichten und dich aus überholten Strukturen oder Lebensumständen zu lösen. Irgendwann stellst du fest, dass du viele Leben in einem Leben gelebt hast, da du dir immer wieder erlaubt hast, dich neu zu erfinden, all deine Facetten zum Ausdruck zu bringen oder in eine ganz neue Rolle zu schlüpfen. Um dein volles Potenzial auszuschöpfen, folge deinen spontanen Eingebungen und gestatte dir immer wieder aufs Neue, dich auszuprobieren.

Darüber hinaus bist du für andere ein Vorbild für Spontaneität, Leichtfüßigkeit und Beweglichkeit. Durch deine unkonventionelle Art, das Leben zu betrachten und zu gestalten, inspirierst du sie, die Vorstellung aufzugeben, dass alles immer nur quadratisch, praktisch, gut sein muss. Du zeigst ihnen, dass Ausreißer in jede beliebige Richtung zu einem erfüllten Leben dazugehören. Deine Weltsicht wird zur Quelle der Inspiration, die anderen vor Augen führt, dass nichts im Leben in Stein gemeißelt ist und dass sie die Universalerlaubnis haben, neue Wege einzuschlagen, wenn sie das Bedürfnis verspüren, sich auszuprobieren.

DAS WASSERZEICHEN

KREBS

22. Juni bis 22. Juli

Zeichen	♋
Element	Wasser
Herrscher	Mond
Kreuz	Kardinal
Stärken	· Feinfühligkeit · Familiensinn · Fürsorglichkeit · Intuition
Schwächen	· Launenhaftigkeit · Selbstmitleid · Passivität · Dünnhäutigkeit
In diesen Berufsfeldern findet man den Krebs	· Kindergärtner:in · Hebamme · Kinderarzt/ärztin · Familientherapeut:in · Mondritual-Leiter/-in · Community Manager:in · Female Empowerment Coach:in

»Hör mit den Ohren der Toleranz.
Sieh durch die Augen des Mitgefühls.
Sprich die Sprache der Liebe.«

RUMI

Das Zeichen Krebs ist eines der sensibelsten, empfindsamsten und empathischsten Zeichen des Tierkreises. Es besitzt die bemerkenswerte Fähigkeit, sich in andere hineinzuversetzen und selbst die kleinsten atmosphärischen Veränderungen wahrzunehmen. Ein starkes Gemeinschaftsgefühl ist für den Krebs typisch. Mit großer Achtsamkeit gegenüber den Gefühlen seiner Mitmenschen scheint er immer im richtigen Moment nachzufragen, wie es dem anderen geht. Noch dazu umschifft er vorausschauend jedes potenzielle Fettnäpfchen und ist sehr engagiert, die Sympathie seiner Mitmenschen zu gewinnen. Beliebt zu sein, dazuzugehören und akzeptiert zu werden bilden die Grundlage seines Handelns. Konfliktscheu, wie er ist, schweigt er lieber, als Probleme anzusprechen und anderen durch seine geäußerte Kritik ein schlechtes Gefühl zu vermitteln. Seine enorme Rücksichtnahme ist allerdings nicht umsonst. Vielmehr erwartet er, dass man mit ihm ebenso rücksichtsvoll, fürsorglich und liebevoll umgeht. Der Krebs ist sehr sensitiv und beobachtet zunächst einmal ganz genau, was in seinem Umfeld vor sich geht. Aus diesem Grund wirken Krebse häufig auf den ersten Blick eher introvertiert. Sie beleuchten im ersten Schritt, wer vertrauenswürdig wirkt, und erst im zweiten Schritt tauen sie auf.

Da Zugehörigkeit für den Krebs von großer Bedeutung ist, bemüht er sich schon von klein auf darum, von seinen Eltern, Großeltern und Geschwistern geliebt zu werden. Doch sein Bedürfnis nach Zugehörigkeit beschränkt sich nicht nur auf die Herkunftsfamilie. Auch in der selbst gegründeten Familie möchte er ein starkes Band knüpfen und sich wohlfühlen. Der Krebs sehnt sich ein Leben lang danach, an einem Ort oder bei einem anderen Menschen voll und ganz anzukommen. Da ihm das Gefühl von »zu Hause sein« so wichtig ist, möchte er dieses Gefühl gerne auch anderen vermitteln. Folglich kann der Krebs für einen anderen Menschen zu einem ganz besonderen Ort werden, einem Ort, an dem man sich wohlfühlt, die Außenwelt seine Bedeutung verliert und man eine unvergleichliche innere Ruhe empfindet. Er vermag es wie kein anderes Tierkreiszeichen, ein Zuhause zu erschaffen, eine echte Wohlfühloase, in der man die Seele baumeln lässt und sich vollumfänglich verstanden, akzeptiert und geborgen fühlen kann. Der Krebs weiß, dass ein Zuhause nicht nur ein Ort, sondern vielmehr ein Gefühl ist.

Ein weiteres Merkmal des Krebses ist seine tiefe emotionale Welt. Er steckt voller Empfindungen, Fantasien und Träumereien. Schon als Kind versetzt er seine Eltern mit seiner feinen Wahrnehmung und seiner reichen Gefühlswelt ins Staunen. Es ist daher wenig überraschend, dass die rational geordnete, fantasielose und raue Wirklichkeit mit all ihren Leistungsvorgaben ihn überfordert. Oft sind Krebse Spätzünder, die erst einmal begreifen müssen, dass ihre emotionalen Fähigkeiten in der getakteten Wirklichkeit nur wenig Zuspruch finden. Der Krebs ist außerdem der Schutzpatron der Kinder. Er macht sich für sie stark, beschützt sie und schenkt ihnen Raum, sich frei zu entfalten. Dabei mildert er konventionelle Erziehungsmethoden und das geltende Bildungssystem ab, um ihren ungetrübten Selbstausdruck und ein friedvolles Aufwachsen zu gewährleisten.

Das Leben eines Krebses verläuft alles andere als geradlinig. Sobald die erste Begeisterung für ein Projekt oder ein Vorhaben verflogen ist, verändert sich seine innere Haltung und er springt ohne Vorankündigung ab. Dies geschieht oft mit der einfachen Begründung, es einfach nicht mehr zu fühlen. Auch seine Leistungskurve verläuft nicht gleichmäßig, sondern weist zyklische Höhen und Tiefen auf. Sein Arbeitsrhythmus und seine Produktivität spiegeln diese Wellen wider, weshalb auch sie schwankend und von Extremen gekennzeichnet sind.

Zusammenfassend lässt sich sagen, dass der Krebs ein starkes Gemeinschaftsgefühl aufweist und sich durch ein hohes Maß an Rücksichtnahme auszeichnet. Er ist bemüht, Auseinandersetzungen zu vermeiden und nach Sympathie zu streben. Seine emotionale Welt kollidiert häufig mit der rauen Wirklichkeit, weshalb er immer wieder Rückzugsmöglichkeiten braucht, um die vielen, meist auch auf subtile Weise gewonnenen Eindrücke zu verarbeiten.

KARDINALES KREUZ: WIDDER, KREBS, WAAGE UND STEINBOCK

Auf seiner Entwicklungsreise darf der Krebs die Qualitäten des Widders, der Waage und des Steinbocks erlernen, da diese drei Zeichen mit ihm das kardinale Kreuz bilden. Der empfindsame Krebs ist somit aufgefordert, bei seiner Bewusstseinsentwicklung Authentizität (Widder), Neutralität (Waage) und Vernunft (Steinbock) auszubilden.

Vom Widder lernt der Krebs, seine Bedürfnisse offen anzusprechen und direkt darauf hinzuweisen, was ihn verletzt. Das Zeichen Waage hilft ihm dabei, Ereignisse neutral zu betrachten, emotionale Distanz zu wahren und sich nicht direkt mit ihnen zu identifizieren. Der Steinbock bringt Vernunft und Verantwortungssinn in das Leben des Krebses. Hierdurch wird es ihm möglich, souveräne Entscheidungen zu treffen, sich selbst einen Schubs zu geben und das eigene Leben in die gewünschten Bahnen zu lenken, anstatt sich als Opfer der Umstände zu betrachten.

Die untere Bewusstseinsstufe
Der unbewusste Krebs

Auf unbewusster Ebene ist der Krebs besonders empfindlich, dünnhäutig und verletzlich. Er nimmt sich nahezu alles zu Herzen – ganz gleich, ob es objektiv betrachtet etwas mit ihm zu tun hat. Er erlebt starke Gefühlsschwankungen und zieht sich lieber zurück, als sich der rauen Außenwelt mit ihren lieblosen Äußerungen, zwischenmenschlichen Tretminen und ständigen Vergleichsmöglichkeiten auszusetzen. Ein unbewusster Krebs neigt dazu, sich in Selbstmitleid zu suhlen, aus der Opferperspektive auf seine Umwelt zu blicken und anderen die Schuld dafür zu geben, dass es ihm schlecht geht.

Der unbewusste Krebs bevorzugt es, für sich zu sein, sich in sein Zuhause zurückzuziehen und die große weite Welt außen vor zu lassen. Das Bedürfnis, für sich zu sein, kann zur Isolation führen, weil er der Überzeugung ist, dass er in seinem schützenden Panzer vor allen Verletzungen der Außenwelt sicher ist. Der Krebs ist stark mit seiner Heimat verwurzelt und übernimmt meist unkritisch die Werte und Ansichten seiner Ausgangsfamilie. Seine Überidentifikation mit der Familie hindert ihn daran, seine eigenen Entscheidungen zu treffen oder entgegen den Bedürfnissen und Überzeugungen seiner Familienangehörigen zu handeln. Bei Problemen flüchtet er in den Schoß seiner Familie. Auf der unbewussten Ebene ist es dem Krebs noch nicht möglich, sich von seinem Elternhaus abzunabeln, zu sehr genießt er es, in der Rolle des Kindes zu verharren. Selbst im fortgeschrittenen Alter strebt er noch danach, sich die Liebe und den Zuspruch seiner Eltern zu verdienen.

Es fällt ihm insgesamt schwer, sich von seinem Umfeld abzugrenzen, und er nimmt jede noch so kleine Stimmungs- oder Sympathieänderung wahr. Die vielen Eindrücke, die auf ihn hereinprasseln, nehmen direkten Einfluss auf sein Gemüt, und so zieht er sich beim kleinsten Anzeichen für einen Konflikt zurück, ohne zu überprüfen, ob das, was er wahrgenommen hat, der Realität entspricht. Seine Mitmenschen werden hierdurch permanent vor die Frage gestellt, was sie denn nun schon wieder »falsch« gemacht haben, und meist erhalten sie hierauf nie eine Antwort. Klare, sachliche und lösungsorientierte Gespräche kann man mit einem unbewussten Krebs kaum führen. Denn er hat nur eine Konfliktbewältigungsstrategie: Rückzug! Hast du schon einmal am Strand einen Krebs beobachtet? Eine falsche Bewegung, und er verschwindet in einem seiner Sandlöcher. Genau dasselbe macht der Archetyp Krebs. Er verschwindet! Er zieht sich in Windeseile, ohne jegliche Vorankündigung, in seinen schützenden Panzer zurück. Das ist für seine Mitmenschen ziemlich problematisch, weil sie kaum noch an ihn herankommen, aber das ist insbesondere auch für ihn selbst problematisch. Denn er wird zum Opfer seiner eigenen Emotionalität.

Darüber hinaus kann der unbewusste Krebs sein Umfeld emotional unter Druck setzen oder sogar emotional erpressen. Statt direkt anzusprechen, was ihn gestört oder verletzt hat, straft er andere mit Distanziertheit, Unnahbarkeit und Lieblosigkeit. Seine Aggressionen äußert er indirekt in Form von Beleidigtsein, Desinteresse oder Liebesentzug. Auf subtile Weise bestraft er andere für ihr Fehlverhalten, indem er sich entzieht. Dies kann so weit gehen, dass er kommentarlos den Kontakt abbricht und versöhnliche Annäherungsversuche ignoriert. Dieses Verhalten, das die Ausweichtaktik des Krebses außerordentlich gut beschreibt, hat mittlerweile einen Namen, nämlich »Ghosting«. Sein Vorgehen gleicht dem eines bockigen Kindes, das mit mürrischer Miene durch die Blume signalisiert, dass etwas falsch gemacht wurde. Der unbewusste Krebs erzählt zwar seinen Vertrauenspersonen in aller Ausführlichkeit von den Gemeinheiten und Unachtsamkeiten, die er ertragen musste, schweigt aber gegenüber der Person, von der sie ausgingen. Sein Bedürfnis, über erlebte Verletzungen, Ungerechtigkeiten oder Zurückweisungen zu sprechen, kann in eine Art seelischen Exhibitionismus umschlagen, und so verzettelt sich der unbewusste Krebs sehr schnell in seinen eigenen Gefühlstiefen.

Er hat nur eine Konfliktbewältigungsstrategie: Rückzug!

Wechselnde Gemütszustände und Launenhaftigkeit sind kennzeichnend für den Krebs auf der untersten Entwicklungsebene. Selbst kleine, unbedeutende Unstimmigkeiten mit seinem Umfeld können sein Gemüt stark beeinflussen. Dies führt zu emotionaler Instabilität und Unzuverlässigkeit. Denn mit schlechter Laune reizen ihn Verabredungen plötzlich nicht mehr, und er fühlt sich nicht mehr danach, etwas zu unternehmen. Pläne werden gestrichen, Vorhaben über Bord geworfen, und das alles ohne Rücksicht auf seine Mitmenschen. Schließlich badet der unbewusste Krebs in solchen Momenten bereits in Selbstmitleid, suhlt sich in der Opferrolle oder betrübt sich mit Selbstvorwürfen. Seine emotionale Wankelmütigkeit zeigt sich darin, dass er an einem Tag unerwartet großzügig, charmant und fröhlich ist und am nächsten Tag mürrisch, lethargisch und gereizt. Niemand kann genau sagen, was seine Stimmungsschwankungen ausgelöst hat, da er nicht darüber spricht.

Die fluide Lebensführung des Krebses spiegelt sich auch in seinen sozialen Interaktionen wider. Da der unbewusste Krebs sehr schnell verletzt ist, aber nicht anspricht, was ihn gekränkt hat, bleiben Unstimmigkeiten oder Missverständnisse meist ungeklärt. Die Folge ist, dass sein soziales Umfeld enormen Schwankungen ausgesetzt ist und sich Bekanntschaften über Nacht erledigen. Obwohl der Krebs eine tiefe Sehnsucht nach Geborgenheit, Zugehörigkeit und Harmonie hat und den Wunsch verspürt, eine eigene Familie zu gründen, fällt es ihm schwer, dauerhafte Bindungen einzugehen – sei es in Freundschaften, Partnerschaften oder beruflichen Allianzen. Seine Gefühle sind wechselhaft, sodass er seine Einstellung zu Menschen, Vorhaben, Lebensmodellen oder Beziehungsformen immer wieder ändert. An einem Tag fühlt er sich geborgen, zufrieden, verstanden und angekommen, am nächsten Tag scheint ihm irgendetwas zu fehlen.

Größte Angst

Ebenso wie beim Zeichen Zwillinge lassen sich auch beim Krebs zwei gleichermaßen stark ausgeprägte Ur-Ängste finden: die Angst vor Sympathieverlust und die Angst vor dem Erwachsenenwerden.

Die Angst vor Sympathieverlust wurzelt in seinem tiefen Bedürfnis, geliebt zu werden. Die Mutter ist der erste Mensch, in dessen Gegenwart der Krebs Geborgenheit und Schutz erlebt. Diese symbiotische Verbindung zwischen Mutter und Kind markiert einen Zustand, nach dem der Krebs sein ganzes Leben lang sucht. Eingebunden zu sein in einen geschützten Raum ist ein fundamentales Bedürfnis dieses Archetyps. Er strebt nach Zugehörigkeit, Geborgenheit und Schutz, und so besteht seine größte Angst darin, Sympathie, Zuneigung und Liebe einzubüßen. Denn Ablehnung löst in ihm existenzielle Ängste aus.

Zudem wehrt sich der Krebs häufig bis ins hohe Alter dagegen, erwachsen zu werden. Dies resultiert aus seiner besonderen Verbindung zu seiner Heimat und seiner Familie, die er am liebsten unverändert erhalten möchte – unabhängig davon, wie alt er ist. Seine Familie bietet ihm Schutz vor der großen, weiten Welt, die ihm viel zu kalt, lieblos und bedrohlich erscheint. Erwachsenwerden und in die Eigenverantwortung und Eigenständigkeit hineinzutreten stehen für ihn im Widerspruch zu seinem Bedürfnis, in ein schützendes Familiengefüge eingebunden zu sein.

Die mittlere Bewusstseinsstufe Der reflektierte Krebs

Die Erfahrungswerte des unbewussten Krebses lösen eine tiefgreifende Reflexion in ihm aus. Dabei nimmt seine Verletzlichkeit ab und der Sturm seiner Emotionen legt sich allmählich. Seine Passivität und Lethargie schwinden, und er erkennt den Nutzen darin, Probleme und Verletzungen direkt anzusprechen (Widder). Darüber hinaus übt er sich auf der mittleren Ebene darin, äußere Erlebnisse aus der Distanz zu betrachten und sich nicht mehr uneingeschränkt mit den daraus erwachsenen Gefühlen zu identifizieren (Waage). Er erkennt, dass er viel zu oft durch die Brille seiner Emotionen auf das Geschehen blickt und ihm dadurch die nötige Objektivität verloren geht, um Lösungen zu finden und vernünftig zu reagieren (Steinbock).

Er lernt, sich zunehmend die Frage zu stellen: »Welche Gefühle dienen mir und welche führen mich in die Irre?« Dieser Prozess lehrt ihn vieles über seine Innenwelt. Seine Empfindsamkeit, die sich auf der unbewussten Ebene noch stark in Dünnhäutigkeit und Verletzlichkeit gezeigt hat, wird für ihn nun zur Quelle für Einfühlungsvermögen und Mitgefühl.

Bewusstsein für Schwächen & Fokus auf Stärken

Mitleid und Mitgefühl

Zu Beginn seiner Entwicklung leidet der Krebs mit all jenen mit, denen Schmerz zugefügt wurde oder die Unrecht erfahren haben. Unfähig, sich von den Empfindungen, Tragödien oder Schicksalsschlägen anderer abzugrenzen, belastet ihn der Kummer seiner Mitmenschen, und er wird von einem Gefühl der Traurigkeit und Melancholie begleitet, das durch die Unvollkommenheit und das Leid in der Welt hervorgerufen wird. Doch Mitleid mit anderen zu haben dient weder dem Krebs noch seinen Mitmenschen. Obwohl sowohl Mitleid als auch Mitgefühl das Wahrnehmen des Leids einer anderen Person gemeinsam haben, unterscheiden sie sich erheblich darin, wie sie mit dem Leid der anderen Person umgehen und welche Wirkung es auf das eigene Innere entfaltet.

Während der unbewusste Krebs Mitleid empfindet und beginnt, mit dem anderen mitzuleiden, und dadurch ebenfalls Traurigkeit oder Bedauern verspürt, empfindet der reflektierte Krebs Mitgefühl und hat den Wunsch, das Leid des anderen zu lindern. Anders als Mitleid, das sowohl auf den Leidenden als auch auf den Mitleidenden lähmend wirkt, führt Mitgefühl dazu, dass man aktiv etwas unternehmen möchte, um das Leid des anderen zu lindern und sich für dessen Wohl starkzumachen.

Zusammengefasst kann man sagen, dass Mitleid oft eine passive und distanzierte Reaktion ist, während Mitgefühl eine aktivere und engagiertere Form der emotionalen Reaktion darstellt. Mitgefühl ist von dem Wunsch nach echter Verbindung geprägt und zielt darauf ab, das Leid der anderen Person zu lindern. Der reflektierte Krebs leidet daher nicht mehr passiv mit anderen, sondern bemüht sich, ihnen zu helfen und neue Wege zu eröffnen, um ihre Leiden zu mindern. Dabei geht er behutsam und rücksichtsvoll vor, ohne sie zu drängen oder mit Ratschlägen zu überhäufen. Seine Unterstützung ist stets wohldosiert, da seine feinen Antennen ihm signalisieren, wann sein Gegenüber offen und dankbar für Anregungen ist.

Menschenkenntnis und Stimmungsradar

Der Krebs besitzt eine enorme Gefühlstiefe, eine große Bandbreite an Emotionen und eine unvergleichliche Empfindsamkeit. Er ist imstande, selbst kleinste atmosphärische Veränderungen wahrzunehmen, und bemerkt jeden noch so kleinen Stimmungsabfall seines Gegenübers. Er erkennt sofort, ob es jemandem wirklich gut geht oder ob er nur gute Miene zum bösen Spiel macht. Außerdem weiß er um das perfekte Timing, um nachzufragen, ob alles okay ist, und überrascht sein Gegenüber oft mit seinen feinen Antennen.

Die Schattenseite dieser Sensibilität ist, dass der Krebs die Stimmungsschwankungen anderer oft überinterpretiert und die atmosphärischen oder zwischenmenschlichen Wahrnehmungen grundlos auf sich bezieht. Dies führt dazu, dass er schnell ins Grübeln gerät und viel Zeit damit verbringt, darüber nachzudenken, was an seinem Verhalten dazu geführt haben könnte, dass sich die andere Person auf die eine oder andere Weise verhält. Dem Krebs fällt es schwer, sich gedanklich vom Erlebten zu lösen, und so verbringt er Stunden oder gar Tage damit, sich zu fragen, was er falsch gemacht hat.

Er wünscht sich nichts sehnlicher, als von seinem Umfeld geliebt und geschätzt zu werden. Wenn er das Gefühl hat, etwas falsch gemacht zu haben oder jemanden gegen sich aufgebracht zu haben, fürchtet er um seine Zugehörigkeit – eine der größten Ängste dieses Archetyps. Eine wichtige Wachstumschance liegt für den Krebs darin, sich in Gelassenheit zu üben, sich weniger emotionalen Stress zu machen und sich immer wieder bewusst zu werden, wo sein eigener Verantwortungsbereich endet und der des anderen beginnt. Schließlich ist jeder Mensch für seine Stimmungen verantwortlich und entscheidet selbst, wovon er sich die Laune vermiesen lassen möchte und wovon nicht.

Das Setzen von Grenzen und Rechtfertigungseifer

Die Angst des Krebses, andere vor den Kopf zu stoßen, ihre Gefühle zu verletzen oder sie gegen sich aufzubringen, führt dazu, dass er große Schwierigkeiten hat, Nein zu sagen oder Absagen zu erteilen. Oft windet er sich unbeholfen, sagt erst einmal zu und im Nachgang mit einer Nachricht aus sicherer Distanz wieder ab. Und das nur, weil er in der Situation nicht wusste, wie er Nein sagen sollte. Viel zu riskant erschien es ihm, auf direktem Weg für seine Bedürfnisse einzustehen und selbstbewusst Grenzen zu setzen.

Im Fall, dass er aus einer Situation einmal nicht herauskommt, weil ihm alle Fluchtmöglichkeiten versperrt sind und er mit dem Rücken zur Wand steht, verfällt er unmittelbar nach der Äußerung seines Neins in eine Erklärungsnot und in nicht enden wollende Rechtfertigungsschleifen. Er zählt die unterschiedlichsten Gründe chronologisch auf, formuliert sie mehrfach um und wiederholt sie unzählige Male. Das zeigt deutlich, wie unwohl er sich dabei fühlt, für sich einzustehen, jemanden zurückzuweisen und klare Grenzen zu setzen.

Ein bedeutender Wendepunkt tritt ein, wenn er erkennt, dass ein Nein bereits eine vollständige Antwort ist und keiner weiteren Erklärungen oder Rechtfertigungen bedarf.

Mitteilungsbedürfnis

Die Emotionalität dieses Archetyps kann dazu führen, dass er schnell in Sentimentalitäten abrutscht und ihn die Intensität seiner Gefühle überwältigt. Das, was ihm in diesem Fall am besten hilft, ist, seinen Herzschmerz, Ärger oder Kummer mit anderen zu teilen. Während der unbewusste Krebs sich in seinen Panzer zurückzieht und seinen Ärger in sich hineinfrisst, teilt der reflektierte Krebs sich mit und spricht über seine Gefühlseindrücke. Dabei ist er äußerst wählerisch bei der Auswahl seiner Vertrauten.

Während sich der Krebs im Allgemeinen den meisten Menschen gegenüber deutlich cooler und tougher gibt, als er in Wirklichkeit ist, hat er eine Handvoll Menschen, denen er seine verletzliche Seite zeigt. Diese Menschen lässt er in seinen Kopf und in sein Herz blicken. Er braucht sie, um seine Empfindungen auszudrücken und sein Gefühlsleben zu ordnen. In einem vertrauten Umfeld wird der Krebs keine Möglichkeit ungenutzt lassen, um über seine Gefühle und tiefsten Erfahrungen zu sprechen. Denn für ihn wird das Erlebte erst real, wenn er seine Gedanken und Emotionen verbalisiert. Durch das Ausdrücken seiner Gefühle kann er diese relativieren, besser verstehen und verarbeiten.

Der reflektierte Krebs bemüht sich, seine Gefühle klar zu erkennen und zu benennen. Dies schafft Klarheit und erleichtert den Umgang mit ihnen. Durch einen achtsamen und wertneutralen Umgang mit seinen Emotionen kann der Krebs seine emotionale Intelligenz weiterentwickeln, was ihm hilft, seine Gefühle besser zu verstehen und zu kommunizieren. Während der unbewusste Krebs seine Gefühle für sich behält und darauf hofft, dass andere von selbst erkennen, was er sich wünscht oder was ihn verletzt hat, pflegt der reflektierte Krebs enge und vertrauensvolle Beziehungen. Effektive Kommunikationstechniken wie aktives Zuhören und gewaltfreie Kommunikation können dem Krebs dabei helfen, seine Gefühle klar und ohne Missverständnisse auszudrücken.

Menschenflüsterer

Seine Empfindsamkeit bildet die Grundlage für seine seelische Entwicklung. Diese Eigenschaft ermöglicht es ihm, seine Mitmenschen tiefgehend zu verstehen, einfühlsam mit ihnen umzugehen und ein harmonisches Miteinander zu schaffen. Zu Beginn seiner Bewusstseinsentwicklung leidet er jedoch oft unter seiner eigenen Sensitivität und Feinfühligkeit, da diese von anderen oft als Überempfindlichkeit wahrgenommen wird.

Viel zu vieles nimmt er sich zu Herzen und sehr oft fühlt er sich von anderen im Stich gelassen. Doch seine Leidensfähigkeit ist es auch, die ihn durchlässig macht und aus der ein tiefes Verständnis für Menschen entsteht, die sich in schwierigen Situationen befinden. Seine eigenen Leidensprozesse motivieren ihn, anderen in Krisenzeiten zu helfen, sie zu unterstützen und für sie da zu sein.

Um nicht an seiner eigenen Empfindsamkeit zu leiden, sollte der Krebs regelmäßige Selbstfürsorge praktizieren. Dies kann durch Meditation, Tagebuchschreiben oder andere entspannende Aktivitäten geschehen.

Darüber hinaus hat der Krebs die Fähigkeit, mit seiner sensiblen, feinfühligen Art zu Menschen durchzudringen, die es ihrem Umfeld normalerweise nicht leicht machen, an sie heranzukommen. Er ist also ein echter Menschenflüsterer, der immer ein offenes, verständnisvolles Ohr hat und zur Stelle ist, wenn jemand reden oder in der Gegenwart eines anderen schweigen möchte.

Gefühlsechtes Handeln

Der unbewusste Krebs ist gekennzeichnet von hohen Ansprüchen, die er an sein Umfeld stellt. Aus seinem rücksichtsvollen, umsorgenden und behutsamen Verhalten erwächst die Erwartung, dass seine Mitmenschen ebenso nachsichtig mit ihm umgehen.

Statt sich in Enttäuschung und Selbstmitleid zu verlieren, wenn diese Erwartungen nicht erfüllt werden, bietet sich dem Krebs eine wertvolle Gelegenheit zum Wachstum. Er kann lernen, dass der Ärger über Probleme oder die Enttäuschung über bestimmte Begebenheiten reine Zeit- und Energieverschwendung sind und ihn nicht weiterbringen. Indem der Krebs einen solchen Perspektivwechsel vollzieht und sich in herausfordernden Situationen nicht mehr als Opfer, sondern als Handelnder begreift, wird ihm deutlich, dass er selbst die Macht hat, etwas zu verändern. Er macht aktiv den ersten Schritt, statt darauf zu warten, dass andere auf ihn zukommen.

Durch Selbstreflexion kann der Krebs wertvolle Einsichten gewinnen, indem er sich fragt: »Was hat dieses Verhalten mit mir zu tun? Warum trifft es mich so sehr? Welches Gefühl wird dadurch in mir ausgelöst und woher kenne ich dieses Gefühl?«

Inneres Wachstum setzt in dem Moment ein, wenn der Krebs akzeptiert, dass andere Menschen sind, wie sie sind, und ihn nicht absichtlich verletzen wollen. Eine große Entwicklungschance liegt für ihn darin, seine Gedanken und Gefühle nicht mehr von der Außenwelt abhängig zu machen. Anstatt darauf zu warten, dass andere Menschen ihr Verhalten ändern, kann der Krebs Verantwortung für seine eigenen Gefühle und Reaktionen übernehmen. Er kann Empathie und Verständnis für die Perspektiven anderer entwickeln, was ihm hilft, weniger enttäuscht zu sein, wenn seine Erwartungen nicht erfüllt werden.

Der reflektierte Krebs lässt sich nun nicht mehr von seiner Umwelt beherrschen, sondern erkennt, dass er proaktiv beeinflussen kann, wie er Situationen erlebt und mit ihnen umgeht. Sein Panzer bietet ihm nämlich noch viel mehr als Schutz: Er macht ihn stark und resilient.

Bewusstseinsentwicklung mithilfe des kardinalen Kreuzes

Entwicklung von Authentizität (Widder)

Die stark ausgeprägte Feinfühligkeit des Krebses bewirkt, dass er gelegentlich in Schwierigkeiten gerät. Er sehnt sich so sehr danach, zu gefallen und angenommen zu werden, dass er oft seine eigenen Bedürfnisse verschweigt. So isst er beispielsweise ein Stück Schwarzwälder Kirschtorte, obwohl er gar keine Kirschen mag, nur um die Person, die sie zubereitet hat, nicht zu verletzen. Seine Angst vor negativer Reaktion oder Zurückweisung ist so groß, dass er lieber in unsicheren Situationen verharrt, anstatt ein klärendes Gespräch zu führen. Diese Verletzlichkeit verbirgt er hinter einem gut getarnten, gefassten Auftreten. Seine Sensibilität wird von anderen oft als Distanziertheit wahrgenommen, sodass sie noch weniger Rücksicht auf ihn nehmen, weil sie glauben, ihm ginge es gut.

Indem er seine wahren Gefühle versteckt, nimmt er anderen die Möglichkeit, ihn wirklich kennenzulernen und auf seine Empfindungen Rücksicht zu nehmen.

Dadurch verhindert er letztlich das, wonach er sich am meisten sehnt: wirklich gesehen und geliebt zu werden. Doch geliebt werden kann man nur um seiner selbst willen, nicht für die Masken, die man trägt. Masken schützen zwar vor Verletzungen, aber sie nehmen einem auch die Chance, bedingungslos geliebt zu werden. Natürlich geht man ein Risiko ein, je mehr man von sich preisgibt. Doch sich authentisch und verletzlich zu zeigen ist die Grundvoraussetzung dafür, einem anderen Menschen wirklich zu begegnen und eine echte Verbindung zu ihm aufzubauen.

Authentisch sein ist an dieser Stelle das Stichwort! Eines der größten Entwicklungsziele für den Krebs ist es, authentisch zu sein, anderen einen Blick in seine Gefühlswelt zu gewähren und Verletzlichkeit als wahre Superpower zu begreifen. Wer könnte dem Krebs besser aufzeigen, wie man authentisch ist und für sich einsteht als der resolute und toughe Widder?

Unterstützende Übung

Mit der feurigen Widder-Energie lernst du, die Initiative zu ergreifen, dein Herz auf der Zunge zu tragen und deutlich zu machen, was du magst und was nicht. Praktiziere Ehrlichkeit und honoriere sie auch bei anderen. Verändere deine Beziehung zu Ehrlichkeit. Statt sie als rücksichtslos, unsensibel und verletzend zu empfinden, erkenne ihren Wert: Sie gibt dir einen echten Einblick in die Gedankenwelt eines anderen. Ehrlich zu sein erfordert Mut. Wenn dir also so ein mutiger Mensch begegnet, sei dankbar für seine Aufrichtigkeit und lass dich davon inspirieren.

Denke an die mutigste Person, die du kennst. Ist es nicht gerade ihre Ehrlichkeit, die es dir ermöglicht, auf ihre Bedürfnisse Rücksicht zu nehmen? Durch ihre klaren Aussagen weißt du genau, was sie mag und was nicht. Stell dir vor, diese Person hätte nicht offen über ihre Gefühle, Wünsche und Bedürfnisse gesprochen. Du würdest unwissentlich etwas tun, das ihr nicht gefällt oder sie gar verletzt. Ihre Offenheit hat dir die Chance gegeben, sie wirklich kennenzulernen. Wie wäre es, wenn du es ihr gleichtust und anderen die Möglichkeit gibst, dich wirklich zu verstehen und etwas zu tun, von dem sie wissen, dass es dir gefällt?

Sprich bei der nächsten Gelegenheit aus, was dich verletzt. Verkrieche dich nicht in deinem Panzer, sondern zeige dein wahres Ich. Deine Angst vor Verletzung oder Zurückweisung hat dich in der Vergangenheit bestimmt häufig blockiert, im zwischenmenschlichen Bereich Probleme erzeugt und letztlich dazu geführt, dass du dir große Selbstvorwürfe gemacht hast.

Versprich dir heute, dass du künftig ehrlich kommunizierst, was du brauchst oder dir wünschst. Alles beginnt bei dir! Selbst wenn du nicht von heute auf morgen ungefiltert alles sagst, was du denkst oder worüber du dich ärgerst, entwickle ein Bewusstsein dafür, wann du schweigst. Nimm wahr, was du zurückhältst oder dich nicht traust zu sagen. Nach und nach wirst du ehrlicher äußern, wie es in dir aussieht.

Entwicklung von Neutralität (Waage)

Wenn wir gemeinsam einen Blick in den Kopf eines Krebses werfen könnten, würden uns Gedanken wie diese begegnen: »Warum hat mich meine Nachbarin heute Morgen so unfreundlich gegrüßt? Es war doch eigentlich alles wie immer.« Oder: »Warum hat mich die Kassiererin gerade nicht angelächelt? Die Kundin vor mir wurde richtig freundlich von ihr angelacht.« Diese Selbstgespräche drehen sich immer um die gleiche Frage: »Lag es an mir, dass sich die andere Person so verhalten hat?«

Der Krebs lässt sich leicht vom Verhalten anderer aus dem Konzept bringen und nimmt es zum Anlass, sich selbst zu hinterfragen. Kleinigkeiten haben eine große Wirkung auf ihn, und seine Stimmung kann dadurch schnell in den Keller rasseln. Deshalb erscheint der Krebs oft launisch und wankelmütig. Die ausgeglichene, neutrale und weise Waage verhilft dem Krebs zu mehr Neutralität, wodurch es ihm gelingt, Erlebnisse mental abzufedern, statt emotional davon mitgerissen zu werden. Die Waage zeigt dem Krebs, wie er eine Distanz zwischen dem Geschehen im Außen und seiner inneren Welt erzeugen kann. So lernt er, das Geschehen neutral zu beobachten, ohne sich von seinen Gefühlen überwältigen zu lassen.

Unterstützende Übung

Übe dich in Neutralität und Objektivität, indem du lernst, Ereignisse unvoreingenommen zu betrachten und sie nicht vorschnell zu bewerten. Neutralität bedeutet, keine Seite zu ergreifen und beide Seiten als gleichwertig zu betrachten. Nimm Situationen an, wie sie sind, ohne sie sofort als gut oder schlecht zu beurteilen. Halte inne, bevor du die Reaktionen anderer immer zuerst zu deinen Ungunsten interpretierst und den Fehler bei dir suchst.

Übe dich darin, dir alternative Erklärungen für das Verhalten anderer auszudenken. Wenn deine Nachbarin zum Beispiel gehetzt an dir vorbeigeht und dich unfreundlich grüßt, gehe nicht direkt dazu über, dich zu fragen, ob du etwas falsch gemacht hast. Denke dir stattdessen eine alternative Geschichte aus: Vielleicht ist sie spät dran und findet ihren Autoschlüssel nicht. Sie ist genervt von ihrer eigenen Schusseligkeit und hatte deshalb nur ein mürrisches »Morgen« für mich übrig.

Erinnere dich daran, dass nicht alles, was passiert, etwas mit dir zu tun hat, weder unmittelbar noch mittelbar. Nimm wahr, wie die alternative Geschichte sich sofort beruhigend auf dein Nervensystem auswirkt, weil sie dich von der bohrenden Frage befreit, was du falsch gemacht haben könntest. Wende diese Technik in deinem Alltag an. Immer wenn du dich durch das Verhalten anderer verunsichert fühlst, halte inne und überlege dir eine alternative Erklärung. Übe diese Methode regelmäßig, bis sie zur Gewohnheit wird.

Wenn deine Nachbarin künftig wieder einmal gehetzt an dir vorbeigeht, ohne dich freudig zu begrüßen, stelle dir also direkt vor, dass sie spät dran ist und ihren Autoschlüssel nicht finden kann. Erkenne, dass ihr Verhalten nichts mit dir zu tun hat, sondern mit ihrer eigenen Situation. Durch diese Übung lernst du, neutral und objektiv zu bleiben und dir alternative Erklärungen für das Verhalten anderer auszudenken. Dies hilft dir, dich weniger von äußeren Umständen verunsichern zu lassen und ruhiger und ausgeglichener zu reagieren.

Entwicklung von Vernunft (Steinbock)

Da der Krebs meist sehr intensiv von seinen Empfindungen bestimmt wird, verhält er sich häufig irrational und handelt aus einem emotionalen Impuls heraus. Objektive und vernünftige Argumente überzeugen ihn wenig, da er in seinen subjektiven Blickwinkeln gefangen ist. Seine Sensitivität führt dazu, dass ihm die Konsequenz und das Kalkül fehlen, um seine Ziele durchzusetzen. Er agiert vorsichtig, rücksichtsvoll und zurückhaltend, da er mit seinem Handeln niemanden verletzen möchte. Das klingt selbstloser, als es eigentlich ist. Dies wirkt auch selbstloser, als es ist, da der Krebs Konflikte und Konfrontationen um jeden Preis vermeiden möchte – immerhin stellt eine Konfrontationssituation seinen absoluten Albtraum dar.

Durch die Öffnung für die Energie seines Gegenzeichens, des Steinbocks, lernt der Krebs, Distanz zwischen seinen emotionalen Reaktionen und seinen Handlungen zu schaffen. Er beginnt vernünftig abzuwägen, ob diese ihn wirklich weiterbringen, und lässt sich immer weniger von seinen Gefühlen leiten. Die Steinbock-Energie hilft ihm, sich aus dem Sog seiner Emotionen zu erheben und die Verantwortung für sich selbst und das eigene Vorankommen zu übernehmen. Er entwickelt die Fähigkeit, vernünftig zu handeln und nicht nur aus einem Gefühl heraus zu agieren.

Seine Angst vor Zurückweisung wandelt sich. An ihre Stelle tritt die Dankbarkeit für Zurückweisung. Ja, richtig gehört! Zurückweisung kann als wertvolles Korrekturelement dienen, das uns auf den richtigen Weg lenkt und zeigt, dass eine bestimmte Entscheidung vielleicht nicht wohlüberlegt genug war und eine objektivere Betrachtung erfordert.

Dank der Steinbock-Energie lernt der Krebs, lösungsorientiert zu handeln und nicht im Ärger über ein Problem festzustecken. Solange wir emotional an einem Problem anhaften, können wir keinen Lösungsansatz finden. Mit der stabilisierenden Denkkraft des Steinbocks wird der Krebs nicht mehr von seinen Gefühlen herumgerissen, sondern findet einen stabilen Stand, der es ihm ermöglicht, adäquate Handlungsstrategien zu entwickeln. Mit der Unterstützung des Steinbocks schafft es der Krebs, erwachsen zu werden und sich den Herausforderungen des Lebens mit Selbstsicherheit und vernünftigem Handeln zu stellen.

Unterstützende Übung

Da der Krebs ein kardinales Zeichen ist, schlummert in dir die Macher-Energie, auch wenn deine Emotionen dich meist sehr stark im Griff zu haben scheinen. Lerne, dir Vernunft anzueignen und dich nicht so schnell vom Leben aus der Bahn werfen zu lassen. Greife auf deine mentalen Kraftreserven zurück und stoppe dich selbst, wenn du anfängst, über Belanglosigkeiten zu grübeln.

Nimm dir jeden Abend vor dem Schlafengehen ein paar Minuten Zeit zur Reflexion. Überlege, welche Dinge dich tagsüber emotional stark beschäftigt haben. Was hat dich innerlich aufgewühlt oder geärgert? Wohin hast du deine Energie gelenkt? Frage dich nun ganz ernsthaft – so wie es der Steinbock tun würde –, ob das Nachdenken über diese Dinge wirklich sinnvoll war und ob es dich weitergebracht hat. War es notwendig, so intensiv darüber nachzudenken, oder hast du unnötig viel Energie darauf verwendet?

Mache dir bewusst, wie viel Zeit du in das Grübeln über Belanglosigkeiten investierst und stelle dir die Frage, wie du diese Energie produktiver nutzen kannst. Überlege, was du morgen mit dieser Energie gerne anfangen würdest. Wenn du dich am nächsten Tag dabei ertappst, wie du dich in belastenden Gedanken oder Gefühlen verlierst, erinnere dich daran, dass du diese Energie genauso gut in das lenken kannst, was du dir am Vorabend überlegt hast. Komme ins Tun, entfache deinen Ehrgeiz und widme dich den Dingen, die du liebst, anstatt gedanklich um Kleinigkeiten zu kreisen.

Wiederhole diese Übung 21 Tage lang. Beobachte, wie du mit der Zeit immer sensibler dafür wirst, wann du dich über Belanglosigkeiten ärgerst. Reflektiere dich augenblicklich und lenke deine Energie bewusst in positivere und sinnvollere Dinge. Du wirst schnell Ergebnisse sehen und erkennen, wie gut es dir gelingt, deine Emotionen besser zu kontrollieren, vernünftig zu handeln und innere Ruhe zu finden.

Wie du als Krebs über dich hinauswächst

REFLEXIONSFRAGEN, DIE DEINE SELBSTWAHRNEHMUNG STÄRKEN

- Spreche ich darüber, was mich innerlich bewegt?
- Hat das Äußern meiner Gefühle schon einmal einen Konflikt heraufbeschworen?
- Was habe ich in dieser Situation begonnen, über mich zu glauben?
- Gelingt es mir, meine fürsorgliche Seite auszuleben?
- Wen beschenke ich am liebsten mit meiner Liebe?
- Nehme ich auf meine Gefühle und Stimmungen Rücksicht?
- Erlaube ich mir, mal produktiver und mal weniger produktiv zu sein?
- Bin ich im Reinen damit, dass ich ein zyklisches Wesen bin, das nicht dafür gemacht ist, einfach nur zu funktionieren?
- Vertraue ich auf meine Intuition und lasse ich mich von ihr leiten?
- Fühle ich mich in meinen Beziehungen unterstützt und verstanden?
- Wie drücke ich meine Bedürfnisse und Gefühle gegenüber meinen Mitmenschen aus?
- Wo habe ich meine eigenen Bedürfnisse vernachlässigt, um anderen zu gefallen?
- Fühle ich mich in meiner Familie angenommen und verstanden?
- Zeige ich mich gegenüber meinen Familienmitgliedern authentisch?
- Wie kann ich den Zusammenhalt in meiner Familie stärken?
- Welche Strategien habe ich, um mit starken Emotionen umzugehen?
- Gibt es einen Ort oder Menschen, bei dem ich mich vollkommen zu Hause fühle?
- Welche Veränderungen in meinem Umfeld würden mein Wohlbefinden verbessern?

Die oberste Bewusstseinsstufe Der bewusste Krebs

Auf der obersten Bewusstseinsstufe begegnet der Krebs seinen Mitmenschen mit selbstloser Liebe, Warmherzigkeit und Fürsorge. Er bringt sich voller Tatkraft in die Gemeinschaft ein und kümmert sich um alle, die emotionalen Halt benötigen. Seinen ausgeprägten Mutterinstinkt und Familiensinn richtet er auf die Menschheit als Ganzes, die er als eine große Familie betrachtet. Er stärkt im Kollektiv die weibliche Energie, indem er andere dabei unterstützt, mehr ins Fühlen zu finden und die Verbindung zur eigenen Intuition zu stärken. Sein übergeordnetes Entwicklungsziel ist es, universelles Mitgefühl in das Kollektiv einzubringen und dafür zu sorgen, dass die Menschen sich respektvoll behandeln und liebevoll umsorgen.

Auf dieser Ebene gelingt es dem Krebs, sich selbst bedingungslos anzunehmen und zu lieben, was ihm ermöglicht, auch andere auf diese uneingeschränkte Weise zu lieben. Vollkommen unabhängig davon, wie seine Mitmenschen ihn behandeln, agiert er ihnen gegenüber mit größter Rücksichtnahme und Verständnis. Denn er hat verstanden, dass man nur das an andere weitergeben kann, was man in sich trägt. Wenn man keine Ablehnung mehr für sich selbst empfindet, kann man auch keinen anderen Menschen mehr ablehnen. Wenn man keinen Selbsthass mehr verspürt, kann man niemand anderen mehr hassen.

Unsere Gedanken bestimmen, was wir in uns tragen – sie sind der einzige Zugang zu unserer inneren Welt. Während der unbewusste Krebs leicht durch äußere Eindrücke aufgewühlt wird, versteht der bewusste Krebs, dass nichts im Außen sein inneres Gleichgewicht gefährden kann. Er gewährt negativen oder destruktiven Gedanken keinen Eintritt in sein Inneres, um ein sauberes, wohliges und gemütliches inneres Zuhause zu bewahren. Dieses friedvolle innere Zuhause ist die Quelle seiner Liebe und seines Mitgefühls.

Man kann nur das an andere weitertragen, was man in sich trägt.

Der bewusste Krebs hat das Bedürfnis überwunden, zu leiden, sich zum Opfer zu erklären und andere emotional unter Druck zu setzen. In seinen zwischenmenschlichen Beziehungen erwartet er nichts mehr im Gegenzug, sondern er ist vorbehaltlos für andere da und gibt ihnen, was immer sie brauchen. Er behandelt andere so, wie er selbst gerne behandelt werden würde, und geht mit gutem Beispiel voran. Er hat die Weisheit erlangt, dass je mehr er gibt, desto mehr bekommt er zurück, und je stärker er etwas erzwingen möchte, desto weniger Freude hat er daran.

Liebe ist Geben, und sie ist gerade nicht davon abhängig, was man zurückbekommt.

Genau diese wertvolle Erkenntnis bringt der bewusste Krebs in die Gemeinschaft ein. Das Tierkreiszeichen Krebs kann sinnbildlich als die Mutter begriffen werden, die ihr Kind aufopferungsvoll umsorgt, bedingungslos liebt und das alles, ohne etwas als Gegenleistung zu erhalten. Er zeigt uns auf, dass dieses Band, von dem wir denken, dass es nur innerhalb einer Familie wirkt, uns alle miteinander verbindet, da wir alle ein wichtiger Teil der Menschenfamilie sind.

Er lässt sich weder von Unfreundlichkeit, Missgunst noch Hass einschüchtern, sondern verbreitet unbeeindruckt seine friedlichen Überzeugungen und lässt sich von keiner noch so großen Herausforderung einschüchtern. Nelson Mandela, der bedeutende Freiheitskämpfer und Wegbereiter für das Ende der Apartheid in Südafrika, ist im Sonnenzeichen Krebs geboren worden. Tenzin Gyatso, der 14. Dalai Lama und Friedensnobelpreisträger von 1989, ist ebenfalls ein Sonnenzeichen Krebs. Auf der bewussten Ebene kann der Krebs als ein Diener des Friedens, des Mitgefühls und der Verbundenheit verstanden werden, der die Menschen näher zusammenführt und ihnen in Erinnerung ruft, dass wir alle eine Familie sind.

Wie du als Krebs deinen Lebenssinn findest

Mit einer Krebs-Betonung liegt dein Lebenssinn im Geben. Anderen zu helfen, für sie da zu sein, sie zu umsorgen und ein Zusammengehörigkeitsgefühl zu erzeugen, stellen die Grundpfeiler deiner Berufung dar. Auf welche Weise du konkret aktiv wirst, ist deiner Kreativität überlassen. Lass dich von der Idee leiten, anderen eine Stütze zu sein. Besonders erfüllend ist für dich die *Mutterrolle*. Das bedeutet jedoch nicht zwingend, im klassischen Sinne Kinder zu bekommen – auch wenn es dich als Krebs sehr glücklich macht, eigene Kinder fürsorglich und liebevoll auf ihrem Lebensweg zu begleiten. Vielmehr geht es darum, das umsorgende, nährende und schützende Prinzip, das dem Archetyp Mutter immanent ist, auszuleben. Fürsorge, Hilfsbereitschaft und Liebe dienen dir als Antrieb, die dich in die schwindelerregenden Höhen innerer Zufriedenheit abheben lassen.

Gestalte dein Leben so, dass du dich dem Fluss des Lebens hingeben kannst und nicht in getaktete Strukturen eingepfercht bist. Denn nur, wenn du selbst den Taktstock schwingst, kannst du deine wechselnden Stimmungen abfedern und deine Aufgaben nach Belieben umverteilen. Als Krebs zeichnet dich nämlich auch ein starkes Bewusstsein für die natürlichen Zyklen aus, wie beispielsweise der Mondzyklus und der Menstruationszyklus. Eine intuitive Lebensgestaltung schenkt dir mehr Produktivität und Zufriedenheit, weil du nicht gezwungen bist, etwas zu tun, obwohl du es im jeweiligen Moment gar nicht fühlst. Während es für viele ganz normal ist, dass sie manche Dinge Überwindung kosten und sie sogar Elan daraus schöpfen, ihren inneren Schweinehund zu besiegen, verhält es sich bei dir anders. Du besitzt ein zyklisches Naturell mit einer schwankenden Produktivitätskurve. Die Folge ist, dass du an manchen Tagen schon morgens voller Power in den Tag startest, während du an anderen Tagen partout keine Motivation findest.

Jeden Tag dasselbe Leistungspensum zu fordern macht dich langfristig unzufrieden, weil du gegen dich selbst arbeitest. Nutze stattdessen deine individuellen Zyklen zu deinem Vorteil. Schließlich schaffst du an deinen produktiven Tagen so viel, dass du es dir absolut leisten kannst, an anderen Tagen einfach mal durchzuhängen und genüsslich die Seele baumeln zu lassen. Wenn du diese Zyklen akzeptierst und schätzen lernst, wirst du sehen, wie gut es dir tut, an bestimmten Tagen deinen Akku ohne schlechtes Gewissen aufzuladen und an anderen Tagen in Rekordgeschwindigkeit all deine Aufgaben zu erledigen. Folge also deinem inneren Kompass und erlaube dir, deinen Alltag intuitiver auszugestalten. Das Ergebnis wird sein, dass du mit mehr Freude und Produktivität am Werk bist.

DAS FEUERZEICHEN

LÖWE

23. Juli bis 22. August

Zeichen	♌
Element	Feuer
Herrscher	Sonne
Kreuz	Fix
Stärken	· Selbstbestimmtheit · Lebenslust · Herzenswärme · Kreativität
Schwächen	· Eitelkeit · Kritikunfähigkeit · Bequemlichkeit · Selbstüberschätzung
In diesen Berufsfeldern findet man den Löwen	· Sänger:in · Influencer:in · Motivationsredner:in · Casting-Direktor:in · Tänzer:in · Dekorateur:in · Moderator:in

»Ich bin ein Lebenskünstler – mein Kunstwerk ist mein Leben.«

D. T. SUZUKI

Das Zeichen Löwe ist bekannt für seine heitere und gelassene Lebenseinstellung. Der Löwe ist lebensfroh, stimmungskonstant und warmherzig. Er besitzt viel Selbstbewusstsein, Kreativität und Schöpferkraft. Daher überrascht es nicht, dass er meist eine breite Palette an Talenten, Fähigkeiten und Begabungen an den Tag legt. Sobald ein Löwe den Raum betritt, hebt sich die Stimmung, alle Blicke richten sich auf ihn, und er wird sofort zum magnetisierenden Mittelpunkt der Gruppe. Dies gelingt ihm durch seine natürliche Ausstrahlung, die Menschen bereits bei der ersten Begegnung in seinen Bann zieht.

Der Löwe kennt keine Verlegenheit oder Allüren, die ihn beim Knüpfen neuer Kontakte behindern könnten. Ganz im Gegenteil, er bricht das Eis in Runden, in denen peinliches Schweigen herrscht, und sorgt immer für eine lockere, ausgelassene Atmosphäre. Darüber hinaus scheint er stets zum richtigen Zeitpunkt am richtigen Ort zu sein, wodurch sich ihm automatisch Türen öffnen und vielversprechende Gelegenheiten bieten.

Löwen begegnen dem Leben spielerisch und nehmen sich selbst nicht zu ernst. Ihre lebensbejahende Einstellung reißt andere mit und ermutigt sie darin, ihre Sorgen abzuschütteln und das Leben in vollen Zügen zu genießen. Mit kindlicher Begeisterung, unvoreingenommenen Betrachtungsweisen und einer einnehmenden Ausstrahlung erobert dieser Archetyp die Herzen seiner Mitmenschen. Entscheidungen trifft er aus dem Bauch heraus, ohne sich auf herkömmliche Taktiken, denen es an Einfallsreichtum und Individualitätssinn mangelt, zu verlassen. Mit Worst-Case-Szenarien kann er nur wenig anfangen und agiert, ähnlich wie der Widder, spontan und gefühlsecht. Seine Aufmerksamkeit richtet sich auf den gegenwärtigen Moment, aus dem er seine Energie und Lebenskraft schöpft.

Die Selbstverständlichkeit, Unbekümmertheit und Tapferkeit, mit der der Löwe handelt, führen dazu, dass er sowohl im privaten als auch im beruflichen Bereich sehr erfolgreich ist. Er liebt es, sein eigener Herr und selbstständig in seiner Lebensführung zu sein, daher überrascht es nicht, dass er sich an allem stößt, was versucht, ihn einzuschränken. Über allgemeine Prinzipien, konventionelle Betrachtungsweisen oder gesellschaftliche Spielregeln setzt er sich gekonnt hinweg. Der Löwe strebt danach, sich frei zu entfalten, seine Talente auszuleben und auf unkonventionelle Weise seinen Weg zu gehen. Bewundert werden möchte er für das, was er aus sich heraus erschafft oder kreiert hat, und weniger für das, was er sich durch stupides Lernen oder durch übermäßigen Ehrgeiz angeeignet hat.

Außerdem strotzt der Löwe nur so vor Optimismus und Lebenslust. Diese positive Ausstrahlung lassen ihn wie selbstverständlich zum strahlenden Zentrum einer Gruppe werden, was eine Win-win-Situation für alle Beteiligten schafft: Während die Gruppe vom Löwen bestens unterhalten wird, hat er das Publikum, nach dem er sich so sehr sehnt. Sichtbarkeit ist für ihn außerordentlich wichtig, da er seinen Selbstwert von der Aufmerksamkeit und Bewunderung anderer ableitet. Mit selbstsicherem Auftreten und natürlicher Autorität gelingt es ihm ohne großes Zutun, in den Mittelpunkt und damit sinnbildlich in das Scheinwerferlicht zu treten. Ganz selbstverständlich wird er zum Anführer einer Gruppe und erringt leitende Funktionen, ohne sich sonderlich dafür ins Zeug legen zu müssen.

Löwen motivieren andere, wie beispielsweise ihre Mitarbeiter oder Kollegen, durch ihr Vertrauen in ihre Kreativität und ihre Ideenvielfalt.

Nun schauen wir uns dieses majestätische Zeichen im Detail beziehungsweise auf allen Bewusstseinsebenen an. Am besten setzt du eine Sonnenbrille auf, denn die Strahlkraft des Löwen kann im ersten Moment ganz schön blenden.

FIXES KREUZ: STIER, LÖWE, SKORPION UND WASSERMANN

Im Rahmen seiner Entwicklungsreise wird der Löwe von den weiteren fixen Zeichen – Stier, Skorpion und Wassermann – inspiriert, über sich hinauszuwachsen und seine Stärken noch besser zur Geltung zu bringen. Gemeinsam bilden sie das fixe Kreuz. Der lebensfrohe, kreative und unbekümmerte Löwe darf bei seiner Bewusstseinsentwicklung Bescheidenheit (Stier), innere Reife (Skorpion) und Gemeinschaftssinn (Wassermann) erlangen.

Dabei lehrt der Stier den Löwen, Äußerlichkeiten weniger Wert beizumessen und durch Realitätssinn aufzudecken, was wirklich von Bedeutung ist. Der Skorpion hilft ihm, einen Reifeprozess zu durchlaufen und sich als spirituelles Wesen zu begreifen. Und der Wassermann öffnet dem Löwen die Augen für echtes Gruppenbewusstsein, mindert seine Ich-Bezogenheit und verwandelt ihn vom Einzelgänger in einen echten Teamplayer.

Die untere Bewusstseinsstufe
Der unbewusste Löwe

Auf der unteren Bewusstseinsebene ist der Löwe der unumstößlichen Auffassung, dass er den Platz auf der Sonnenseite des Lebens verdiene – schlichtweg, weil er ist, wie er ist. Eine weitere Begründung benötigt er hierfür nicht. Bescheidenheit und vornehme Zurückhaltung zählen nicht zu seinen Tugenden. Es fehlt ihm das Gespür, zu erkennen, wann ein gesundes Maß an Selbstbewusstsein erreicht ist und er in die Gefilde von Selbstverliebtheit und Arroganz abdriftet. Der unbewusste Löwe fühlt sich anderen überlegen, gibt gerne den Ton an und ist sehr nachtragend, wenn er in seinem Stolz verletzt wurde. Seine Egozentrik und Dominanz führen dazu, dass er die Rolle eines überheblichen Familienoberhauptes, narzisstischen Partners oder selbstsüchtigen Chefs einnimmt.

Der unbewusste Löwe lässt keine Gelegenheit aus, sich in der Bewunderung der anderen zu sonnen. Wie selbstverständlich bestimmt er das Tischgespräch, sichert sich den Platz mit der besten Aussicht und nimmt sich ungeniert die letzte Mousse au Chocolat vom Buffet. Selbstbejahung und der Drang, sich das Leben so angenehm wie möglich zu gestalten, sind für den unbewussten Löwen ebenso typisch wie Eitelkeit und Stolz. Er genießt das Leben in vollen Zügen, ohne die Konsequenzen seines Handelns für andere zu bedenken. Er begreift sich selbst als absoluten Mittelpunkt der Welt und ist von der Wichtigkeit seiner Person überzeugt. So wie der Löwe sinnbildlich über das Tierreich herrscht, so besitzt auch das Zeichen Löwe ein majestätisches Selbstbild, das sich über andere erhaben fühlt.

Er begreift sich selbst als absoluten Mittelpunkt der Welt.

Durch seinen pompösen Lebensstil versucht der Löwe, seine Einzigartigkeit zu betonen und eine führende Position zu erlangen, die ihn aus der Masse hervorstechen lässt. Für ihn kommt nur das Allerbeste infrage, mit Durchschnittlichem begnügt er sich nicht. Um jeden Preis möchte er sich von anderen abheben, auch wenn seine finanziellen Mittel das gar nicht erlauben. Dabei ist es ihm gleichgültig, ob er sich das Objekt seiner Begierde wirklich leisten kann – er lebt im Hier und Jetzt und hat Besseres zu tun, als gedanklich um Zukunftsängste zu kreisen.

Der unbewusste Löwe weiß genau, wie er sich präsentieren muss, um anderen zu imponieren, doch hält er nur sehr selten, was er verspricht. Seine Lobeshymnen auf die eigene Person, seine Fähigkeiten und gesammelten Erfahrungen sowie sein selbstbewusstes Auftreten ziehen Menschen schnell in seinen Bann. Hinzu kommt sein Charme, seine Lockerheit und Schlagfertigkeit, die ihm helfen, im Bewerbungsgespräch, beim ersten Date oder einer Wohnungsbesichtigung alle um den kleinen Finger zu wickeln. Doch die Erwartungen, die dieser vielversprechende erste Eindruck weckt, werden in der Regel schnell enttäuscht. Sein lautes Gebrüll dient nur dazu, Aufmerksamkeit zu erregen, doch letztlich steht ihm seine Bequemlichkeit im Weg. Fokussiertes Arbeiten, voller Körpereinsatz und entschlossene Problemlösung werden ihm schnell zu anstrengend. Da sein Stolz ihm nicht erlaubt, dies vor anderen einzugestehen, schiebt er fadenscheinige Gründe oder aus dem Nichts auftauchende Wehwehchen vor. Diese Strategie soll verhindern, dass man ihm einen Vorwurf machen kann, wenn er die gewünschte Leistung nicht erbringt oder sein Versprechen nicht hält. Wenn es also darum geht, die Ärmel hochzukrempeln und vollen Einsatz zu erbringen, entpuppt sich der unbewusste Löwe oft als Drückeberger. Er wälzt seine Aufgaben auf andere ab und nimmt billigend in Kauf, dass sich Menschen, die sich auf ihn verlassen haben, im Stich gelassen fühlen.

Zudem achtet der unbewusste Löwe darauf, dass seine Unabhängigkeit und Individualität gewahrt bleiben, weshalb er sehr empfindlich reagiert, wenn man sich in seine Angelegenheiten einmischt. Kritik trifft ihn schwer, weil sie sich nicht mit seinem makellosen Selbstbild in Einklang bringen lässt. Vielmehr betrachtet er die Kritik an seiner Person als eine Art »Majestätsbeleidigung«, für die er kein Fünkchen Verständnis, sondern höchstens theatralische Empörung übrighat. Wenn sein Stolz verletzt wird, zieht sich der unbewusste Löwe beleidigt zurück und bestraft die Person, die es gewagt hat, ihn zu kritisieren, mit dramatischer Verachtung und übertriebener Abweisung.

Die Führungsrolle, die der Löwe nur allzu gerne einnimmt, prägt auch seine Beziehungen und den Umgang mit seinen Mitmenschen. Für ihn ist es selbstverständlich, dass andere sich um sein Wohlbefinden kümmern und Rücksicht auf ihn nehmen. Seinem Empfinden nach nimmt er eine Sonderstellung ein. Ein unbewusster Löwe erweckt den Eindruck, man hätte es mit einem naiven, blauäugigen Kind zu tun, das sich konsequent vor dem Ernst des Lebens verschließt, alle vernünftigen Argumente an sich abprallen lässt und wie Pippi Langstrumpf verkündet, sich die Welt so zu gestalten, wie sie einem gefällt.

So viel Wärme und Liebe der Löwe auf höheren Bewusstseinsstufen ausstrahlt und an andere weitergeben kann, so viel trennende Distanziertheit und Unnahbarkeit umgibt ihn auf der unbewussten Ebene. Er strahlt eine majestätische Erhabenheit aus, die andere Menschen einschüchtert und auf Distanz hält. Schnell entsteht der Eindruck, er hielte sich für etwas Besseres und sei sich zu fein, sich mit ihnen abzugeben. Seine eingebildete Überlegenheit lässt ihn überheblich und arrogant erscheinen, was eine Kluft zwischen ihm und seinen Mitmenschen erzeugt.

Größte Angst

Die Ur-Angst dieses Archetyps besteht darin, sich zu blamieren, Achtung und Respekt einzubüßen oder nicht ernst genommen zu werden. Der Löwe zeichnet sich durch ein starkes Geltungsbedürfnis aus und möchte um jeden Preis gesehen, gefeiert und bejubelt werden. Der Wunsch, für die eigene Individualität Wertschätzung zu erfahren, steht im klaren Widerspruch zu allem, was ihn herabwürdigt: Blamage, Spott und Kritik lösen eine tiefe Kränkung in ihm aus und verletzen ihn zutiefst.

Diese Angst ist tief in seinem Wesen verankert und beeinflusst viele seiner Handlungen und Entscheidungen. Ohne diese Bestätigung seines Umfelds fühlt sich der Löwe schnell wertlos und unsicher. Diese Furcht vor Ablehnung und Lächerlichkeit treibt ihn oft dazu, sich als Everybody's Darling zu präsentieren und immer wieder aufs Neue zu glänzen. Ständig auf der Suche nach Bestätigung und Lob, umgibt sich der Löwe bevorzugt mit Menschen, die ihm diese Anerkennung geben, und meidet solche, die seine Unsicherheiten verstärken könnten.

Die mittlere Bewusstseinsstufe Der reflektierte Löwe

Auf der mittleren Bewusstseinsebene begreift der Löwe allmählich, dass er keine Sonderstellung einnimmt und Teil einer Gemeinschaft ist, in der alle auf derselben Stufe stehen. Diese Erkenntnis veranlasst ihn, die Interessen seiner Mitmenschen in seine Überlegungen und Handlungen mit einzubeziehen und sich in Rücksichtnahme zu üben. Der Löwe entwickelt dabei Bescheidenheit (Stier), innere Reife (Skorpion) und ein verbindendes Gruppenbewusstsein (Wassermann), sodass sich seine Betrachtungsweisen, Werte und Ziele verändern. Es geht ihm nicht mehr nur um seine eigene Person, Vergnügungssucht und Prestige, sondern darum, der Gemeinschaft zu dienen, anderen zu helfen, ins Scheinwerferlicht zu treten und mit ihnen zusammen gemeinsame Ideale zu verfolgen.

Bewusstsein für Schwächen & Fokus auf Stärken

Selbstbezogenheit vs. Selbstvertrauen

Eine bedeutende Wachstumschance für den Löwen liegt darin, seine Selbstzentriertheit zu reduzieren und den Fokus zunehmend auf die Bedürfnisse und Perspektiven seiner

Mitmenschen zu richten. Die Sonne, die als Planetenprinzip dem Löwen zugeordnet ist, bildet das Zentrum unseres Sonnensystems und ist zugleich die unverzichtbare Lebensspenderin, die mit ihrer Energie das Leben auf der Erde ermöglicht. Sie ist es, die unsere Lebenskraft erweckt. Gleiches gilt auch für den Löwen: Er kann sich entweder als Zentrum betrachten, um das sich alles dreht (unbewusster Löwe), oder als inspirierende, vitalisierende Kraft, die Faszination, Zuversicht und Lebensfreude in anderen entfacht.

Genau diese Überprüfung seines Selbstbilds darf der Löwe auf der mittleren Bewusstseinsebene vornehmen. Statt sich als Einzelkämpfer zu begreifen, der andere nur dann einbezieht, wenn er alleine nicht mehr weiterkommt, darf er lernen, sich als gleichwertigen Teil einer Gruppe wahrzunehmen, die von seinem starken Selbstvertrauen und seiner positiven Herangehensweise profitieren kann. Der tiefe Glaube des Löwen an seine eigenen Fähigkeiten und an die seiner Mitmenschen wirkt wie die Strahlen der Sonne: wärmend und vitalisierend.

Hang zum Exklusiven und Selbst-Bewusstsein

Ein weiteres Entwicklungsfeld für den Löwen ist sein Streben nach dem Superlativ und der Wunsch, von allem nur das Beste zu haben. Sein Hang zu Prunk, Luxus und Prestige ist sehr ausgeprägt, da er sich durch Reichtum und Exklusivität von anderen abheben möchte. Der unbewusste Löwe genießt die Vorstellung, als VIP an langen Warteschlangen vorbeizugehen und dank seines besonderen Status eine Sonderbehandlung zu genießen.

Doch warum ist es dem Löwen so wichtig, als etwas Besonderes wahrgenommen zu werden? Warum genügt es ihm nicht, dass er selbst um seine Einzigartigkeit weiß? Diese Fragen lenken den Blick auf ein zentrales Lernfeld des Löwen. Trotz seiner nach außen hin souveränen und selbstbewussten Fassade ist er innerlich möglicherweise unsicherer, als es den Anschein hat.

Denn nur weil der Löwe weiß, wie man im Rampenlicht steht, sich gut verkaufen kann und beeindruckende Social Skills zeigt, heißt das noch lange nicht, dass er tief im Inneren mit sich im Reinen ist.

Der Wunsch, Everybody's Darling zu sein, kann dazu führen, dass der Löwe sich so verhält, wie andere es von ihm erwarten, anstatt authentisch zu sein. Oft lernen Löwen schon in jungen Jahren, wie sie durch ihr Verhalten die Aufmerksamkeit und das Lob ihrer Eltern gewinnen können. Diese Fähigkeit perfektionieren sie im Laufe der Zeit, ohne ein echtes Selbst-Bewusstsein zu entwickeln. Das wahre Wachstumspotenzial für den Löwen liegt darin, innerlich die Selbstsicherheit zu erlangen, die er nach außen hin ausstrahlt, indem er lernt, sich unabhängig von der Bestätigung anderer zu machen und seine eigene Einzigartigkeit aufblühen zu lassen.

Die Gabe, Kind zu sein

Während der unbewusste Löwe konsequent dem Ernst des Lebens ausweicht und alles negiert, was seine Unbekümmertheit stört, beginnt der reflektierte Löwe ein Gleichgewicht zwischen seiner Sorglosigkeit und den Erfordernissen des Alltags zu erzeugen. Auf unbewusster Ebene erinnert der Löwe häufig an ein Kind, das in Ruhe all dem nachgehen möchte, was ihm spontan einfällt und ihm Freude bereitet. Doch alles, was darüber hinausgeht, stößt auf innere Widerstände. Seine Bequemlichkeit sorgt dafür, dass er Aufgaben aufschiebt, die ihm zu anstrengend, mühsam oder freudlos erscheinen. Solche Dinge werden kurzerhand auf morgen, nächste Woche oder auf unbestimmte Zeit vertagt, in der Hoffnung, sie würden sich von selbst erledigen.

Dies hat zur Folge, dass Probleme umschifft oder ignoriert und Konsequenzen einfach ausgeblendet werden. Gut gemeinte Ratschläge weist er oft lapidar mit dem optimistischen Hinweis zurück, dass schon alles gut gehen würde. Doch auf der reflektierten Ebene erkennt der Löwe, dass es wichtig ist, Verantwortung für sich selbst zu übernehmen. Er versteht nun, dass gesundes Haushalten, Realitätssinn und das Ernstnehmen bestimmter Pflichten unumgänglich sind, um mit Leichtigkeit durchs Leben zu schreiten.

Dabei bewahrt er sich jedoch die wertvolle Gabe, im Herzen Kind zu bleiben. Diese Fähigkeit, das Kindliche zu bewahren, erlaubt es ihm, andere mit seiner Begeisterungsfähigkeit und Lebenslust zu inspirieren. Er schafft Momente der Unbekümmertheit, die unvergessliche Erinnerungen hinterlassen. Spontaneität, Frohsinn und Albernheit zeichnen ihn aus, und er kann aus jeder noch so alltäglichen Situation ein unerwartetes Spektakel machen. Wie ihm das gelingt? Indem er seine gute Laune ausstrahlt und andere mit seiner heiteren Gelassenheit ansteckt. Der reflektierte Löwe stellt unter Beweis, dass man Verantwortung übernehmen und gleichzeitig die kindliche Freude am Leben bewahren kann.

Die Kunst, Kritik zu feiern

Ein zentrales Lernfeld für den Löwen liegt im Umgang mit Kritik. Obwohl der Löwe eine wahre Frohnatur ist und mit beeindruckendem Selbstbewusstsein auftritt, trifft ihn Kritik an einem äußerst sensiblen Punkt. Da er es gewohnt ist, von seinem Umfeld gefeiert und bejubelt zu werden, fällt er regelrecht aus allen Wolken, wenn jemand sein Verhalten kritisiert. Auf unbewusster Ebene empfindet der Löwe Kritik oft als Majestätsbeleidigung.

Der reflektierte Löwe hingegen bemüht sich zunehmend, konstruktiv mit Kritik umzugehen. Er hat erkannt, dass Kritik eine wertvolle Gelegenheit bietet, das eigene Verhalten aus einer anderen Perspektive zu betrachten und daran zu wachsen. Wenn er sich persönlich angegriffen oder in seinem Stolz verletzt fühlt, entscheidet er sich bewusst dafür, aufmerksam hinzuhören, was sein Gegenüber zu sagen hat. Anstatt defensiv, empört oder verletzt zu reagieren, reflektiert er die Situation aus verschiedenen Blickwinkeln.

Um konstruktiv mit Kritik umzugehen, nimmt der Löwe sich einige wichtige Prinzipien zu Herzen. Zunächst praktiziert er aktives Zuhören, ohne den Kritiker zu unterbrechen, und konzentriert sich darauf, die Botschaft hinter den Worten zu verstehen. Er bleibt ruhig und entspannt, zeigt durch seine Körperhaltung und Mimik, dass er offen für Feedback ist und bereit ist, daraus zu lernen. Der Löwe bemüht sich, die Kritik nicht persönlich zu nehmen, und sieht sie als wertvolle Hilfestellung, wie er sein Verhalten verbessern kann, nicht als Angriff auf seine Person.

Anstatt sofort zu reagieren, stellt der Löwe klärende Fragen, um sicherzustellen, dass er die Kritik richtig verstanden hat, beispielsweise: »Könntest du mir ein konkretes Beispiel dafür geben?« Er nimmt sich Zeit zur Selbstreflexion, um über die Kritik nachzudenken und zu überlegen, wie er sein Verhalten ändern kann, um die Situation in Zukunft zu verbessern. Dankbarkeit für das Feedback zu zeigen, selbst wenn es schwer anzunehmen ist, hilft ihm, derartige Anmerkungen zu schätzen und ernst zu nehmen.

Durch diese sachliche Auseinandersetzung erkennt der Löwe, wie er selbst die Situation erlebt hat und wie sein Verhalten auf andere wirkt. Diese zusätzliche Perspektive ermöglicht es ihm, sich selbst in einem neuen Licht wahrzunehmen und zu wachsen. Dabei besitzt der Löwe aber natürlich auch das Rückgrat, im Falle von unberechtigter oder destruktiver Kritik klar für sich einzustehen. Er entkräftet ungerechtfertigte Argumente und verteidigt sich gegen Ungerechtigkeiten.

Die Fähigkeit, Kritik nicht nur anzunehmen, sondern auch gekonnt zu nutzen, ist ein bedeutender Schritt in der Entwicklung des Löwen. Indem er lernt, Kritik als Chance zur Verbesserung zu sehen, stärkt er nicht nur seine Beziehungen, sondern auch seine innere Stärke und Selbstsicherheit. Der reflektierte Löwe zeigt, dass wahre Größe darin besteht, sich den Herausforderungen des Lebens zu stellen und aus ihnen zu lernen.

Vorbildfunktion und freudvolles Unternehmertum

Der unbewusste Löwe genießt es, im Chefsessel Platz zu nehmen, Aufgaben zu delegieren, die ihm nicht zusagen, und viel Anerkennung für wenig Einsatz zu erhalten. Obwohl der Löwe grundsätzlich ein großartiger Anführer ist, macht er auf der unbewussten Ebene die Erfahrung, dass Menschen regelrecht Reißaus nehmen und aus seinem Team flüchten. Der Grund hierfür liegt in seiner Selbstherrlichkeit, Kritikunfähigkeit und Bequemlichkeit. Der reflektierte Löwe führt demgegenüber mit seinem Herzen und seiner Intuition und arbeitet daran, eine Atmosphäre der Freude und Wärme zu erzeugen, die Menschen für die gemeinsame Sache begeistert und der Boden für innovatives und kreatives Arbeiten ist. Er nimmt die Bedürfnisse seiner Teammitglieder ernst, hilft ihnen dabei, sich selbst zu entfalten und entzündet in ihnen das Feuer der Begeisterung. Zudem macht er ihnen Mut und bestärkt sie in ihren Begabungen, was dazu führt, dass sie beginnen, an sich selbst zu glauben. Er belohnt ihre kreativen Impulse, geistreichen Ideen und intuitiven Handlungsweisen, lässt sie in Eigenverantwortung tätig werden und steht ihnen bei Bedarf zur Seite. Diese Führungsweise schafft eine Atmosphäre des Vertrauens und des freudigen Zusammenwirkens.

Wer sich selbst führen kann, ist bereit, auch andere zu führen.

Auf der mittleren Bewusstseinsebene hat der Löwe erkannt, dass die Rolle des Anführers mit besonderer Verantwortung einhergeht. Er trägt diese Verantwortung mit Freude und Passion, leitet andere an und bietet ihnen den Raum, ihre Talente auszuleben und sich selbst zu entfalten. Diese Form des Führens praktiziert der reflektierte Löwe auch im privaten Umfeld. Er ermutigt seine Freunde, ihre Leidenschaften zu verfolgen, indem er ihnen aufmerksam zuhört, wenn sie ihm von ihren geheimen Träumen erzählen, hilfreiche Fragen stellt und Vorschläge macht, wie sie ihre Visionen realisieren können. Er bestärkt sie in ihren Vorhaben, ohne sie mit Zweifeln, Destruktivität oder Sorgen zu belasten.

Auch gegenüber seinen Kindern verhält er sich wie ein euphorischer Cheerleader. Er unterstützt sie bei all ihren Interessen, ist zur Stelle, wenn sie ihre Gedanken teilen oder über ihre Unsicherheiten sprechen möchten. Er lässt sie sich ausprobieren, um herauszufinden, was ihnen Freude bereitet, und stärkt ihnen den Rücken, wenn es erforderlich ist. Dabei geht er ihnen mit gutem Beispiel voran, teilt seine Erfahrungen, lässt jedoch genügend Raum, damit sie ihre eigenen Erfahrungswerte sammeln können.

Bewusstseinsentwicklung mithilfe des fixen Kreuzes

Entwicklung von Bescheidenheit (Stier)

Der Löwe strebt danach, mit seiner feurigen, optimistischen und kühnen Lebenseinstellung alle Facetten des Lebens auszukosten. Er packt Gelegenheiten beim Schopf und möchte alles genießen, was das Leben zu bieten hat. Besonders anziehend sind für ihn Dinge, die funkeln und glitzern, Vergnügen versprechen und andere beeindrucken. Das Verlangen nach dem Ausgefallenen und Erlesenen führt dazu, dass der Löwe seine Umwelt auf der unbewussten Ebene sehr oberflächlich betrachtet und das Gewöhnliche herabwürdigt.

Wie gelingt es dem Löwen, Bescheidenheit zu erlangen, sich von oberflächlichen Verblendungen zu lösen und seinen Wert jenseits äußerer Errungenschaften zu definieren? Der Schlüssel liegt darin, eine tiefere Verbindung zu seinem Herzen herzustellen, seinen Platz in der Welt zu finden und echte Herzensverbindungen mit anderen einzugehen.

In der Praxis bedeutet dies, die Schönheit in einfachen Dingen zu erkennen. Hier kann das besonnene Zeichen Stier eine wertvolle Hilfe sein. Der Stier erkennt den Reichtum im bloßen Sein, ist genügsam und schätzt die unvergleichbaren Geschenke der Natur. Er hilft dem Löwen dabei, Freude und Erfüllung im gegenwärtigen Augenblick zu finden, Bescheidenheit zu erlangen und eine innere Stärke auszubilden, die vollkommen losgelöst von äußeren Rahmenbedingungen ist.

Unterstützende Übung

Um Bescheidenheit zu entwickeln und dich von oberflächlichen Verblendungen zu lösen, kannst du eine einfache Übung praktizieren. Beginne damit, dir bewusst zu machen, welche Gegenstände oder Statussymbole dir ein Gefühl von Wichtigkeit, Bedeutung oder Überlegenheit vermitteln. Frage dich, was die Vorstellung in dir auslöst, diese Dinge zu verlieren. Fühlst du dich anderen gegenüber unterlegen, die mehr besitzen als du? Erwähnst du häufig in Gesprächen, was du alles hast, um deinen Wert in den Augen anderer zu steigern?

Setze dich an einen ruhigen Ort und schließe die Augen. Atme tief durch und visualisiere, wie du von einem warmen, goldenen Licht umgeben bist, das von deinem Herzen ausgeht. Dieses Licht symbolisiert deine innere Fülle und Großartigkeit. Wiederhole in Gedanken: »Ich bin wertvoll und vollständig, unabhängig von meinen Besitztümern. Meine innere Stärke und Schönheit sind unerschütterlich.« Lass diese Affirmationen tief in dein Bewusstsein eindringen und spüre die Wahrheit in ihnen.

Erstelle außerdem eine Liste mit Dingen, für die du dankbar bist und die dich tief erfüllen. Diese Liste sollte immaterielle Aspekte wie Beziehungen, Erlebnisse und persönliche Stärken umfassen. Denke an die Menschen in deinem Leben, die dich unterstützen und bereichern, die Momente, die dein Herz erfüllt haben, und die Talente, die dich einzigartig machen. Konzentriere dich auf die wundervollen Charaktereigenschaften und Fähigkeiten, die dich zu etwas Besonderem machen, und verdeutliche dir, dass deine Großartigkeit nicht auf deinen Besitz reduziert werden kann.

Um diese Erkenntnisse weiter zu verinnerlichen, nimm dir regelmäßig Zeit, deine Dankbarkeitsliste zu ergänzen und zu überarbeiten. Finde täglich neue Dinge, für die du dankbar bist, und schreibe sie auf. Dies können kleine, alltägliche Freuden sein oder größere, bedeutsame Ereignisse. Durch diese Praxis stärkst du dein Bewusstsein für den inneren Reichtum, der dich umgibt und in dir wohnt.

Entwicklung von innerer Reife (Skorpion)

Der Löwe besitzt die Fähigkeit, sich leichtfüßig durch das Leben zu navigieren, mit der Sonne zu wandern und den Blick ganz gekonnt auf das Positive zu richten. In die Abgründe, die das Leben zu bieten hat, möchte er nur ungern vordringen, viel zu verlockend erscheint es ihm, sich den Höhen zuzuwenden und die Tiefen einfach auszulassen. Während sich der Löwe davon leiten lässt, was möglichst viel Freude, Genuss und Leichtigkeit bringt, lenkt der Skorpion seinen Blick auf die Kernfragen der menschlichen Existenz.

Der Skorpion blickt dem Löwen daher ganz tief in die Augen und sagt mit ernster, verheißungsvoller Stimme zu ihm: »Du glaubst, dass es im Leben nur um Spiel, Spaß und Freude geht? Hast du dich damit bisher wirklich zufriedengegeben?« Diese Konfrontation bringt den Löwen dazu, über sein Leben und seine Prioritäten nachzudenken. Der Skorpion rät ihm, nach seinem ganz eigenen Weg zu suchen und die Richtung einzuschlagen, die sich intuitiv stimmig anfühlt.

Dem Löwen wird dadurch bewusst, dass sein Herz die innere Instanz seiner Weisheit und der verlässlichste Kompass ist, den er besitzt. Sein Herz kennt die einzigartige Mission des Löwen sowie alle Schritte, die erforderlich sind, um ihr gerecht zu werden. Auf seiner Reise durch das Leben navigiert es ihn aus allen Sackgassen heraus, winkt ihn von Irrwegen zurück und hilft ihm auf, wenn ihn Stolpersteine zu Fall gebracht haben.

Der Skorpion erweist dem Löwen somit den wertvollen Dienst, seine Wahrnehmung der Welt zu erweitern und zu vertiefen. Er sensibilisiert ihn darauf, auf Zeichen zu achten und Synchronizitäten zu erkennen. Die Skorpion-Energie bringt die von Heiterkeit durchzogene Welt des Löwen für einen Moment zum Stillstand und fragt ihn in aller Ernsthaftigkeit, ob er mit dem Leben, das er führt, zufrieden ist und dem Weg folgt, der für ihn bestimmt ist. Wenn ja, wird alles, was seinem Herzen entspricht, durch das heilige Feuer der Transformation veredelt und alles andere, was ihm keinen Dienst mehr erweist, aus seinem Leben gespült.

Unterstützende Übung

Diese Übung unterstützt dich dabei, dich mit der Weisheit deines Herzens zu verbinden und deine innere Stärke zu kultivieren.

Beginne damit, einen ruhigen Ort aufzusuchen und dich bequem und aufrecht hinzusetzen. Berühre die Spitzen deiner Daumen mit den Spitzen deiner Zeigefinger, lege deine linke Hand auf dein linkes Knie und platziere deine rechte Hand auf der Höhe deines unteren Brustbeins über deinem Solarplexus. Schließe nun die Augen und richte deine Aufmerksamkeit auf dein Herz-Chakra, das sich entlang der Wirbelsäule auf Höhe deines Herzens befindet.

Sprich das Mantra »Yam« und wiederhole diese Silbe kontinuierlich, während du bewusst alles loslässt, was dich innerlich beschäftigt oder aufwühlt. Gib dich in tiefer Demut dem gegenwärtigen Moment hin, beobachte die Gefühle, die in dir aufsteigen, und öffne dich vollständig für das Hier und Jetzt.

Verbinde dich mit der inneren Kraft deines Herzens und spüre, wie sie mit jedem Herzschlag stärker wird. Folge den Wellen der Liebe, die sich mit jeder Wiederholung des Mantras durch deinen Körper bewegen. Tauche entschlossen und mutig in die heiligen Flammen deines inneren Feuers ein und lasse die Transformation zu. Erlaube dir, zu dem Menschen zu werden, der du in Wahrheit bist und der du schon immer warst.

Diese Übung hilft dir, dich mit deinem inneren Feuer zu verbinden und die Weisheit deines Herzens zu nutzen, um eine tiefere und authentischere Verbindung zu dir selbst und deiner Umwelt herzustellen. Erlaube dir, die Kraft deines Herzens zu entfalten und die Transformation zuzulassen, die dich zu deiner wahren Größe führt.

Entwicklung von Gemeinschaftssinn (Wassermann)

Der Löwe neigt dazu, als Einzelkämpfer aufzutreten, gerne im Mittelpunkt zu stehen und die Führung zu übernehmen. Oft dreht er sich nur um sich selbst, seine eigenen Bedürfnisse, Wünsche und Sehnsüchte. Dabei träumt er groß und versucht, es zu etwas zu bringen. Seine Kontaktfreude, sein Charisma und sein Charme erweisen sich als besonders hilfreich. Irgendjemand scheint immer in greifbarer Nähe zu sein, der dem Löwen von Nutzen sein kann, um über Verbindungen und Vitamin B zu besonderen Positionen zu gelangen.

Somit dient der Zusammenschluss mit anderen dem Löwen zunächst nur, um persönliche Vorteile zu gewinnen oder vom Einfluss anderer zu profitieren. Doch das Gruppenbewusstsein des Wassermanns erweitert den Horizont des Löwen und führt zu einer entscheidenden Erweiterung seines Eigenbewusstseins. Der Löwe erkennt, dass er selbst als Individuum in ein größeres Ganzes eingebunden ist, und er nimmt wahr, was er gemeinsam mit anderen erschaffen kann.

Somit führt ihm der Wassermann vor Augen, wie inspirierend und anregend es ist, zu netzwerken und sich mit Gleichgesinnten zusammenzuschließen. Statt sich selbst in den Mittelpunkt zu stellen, lernt der Löwe, die Gruppe in den Fokus zu rücken. Diese verbindende Kraft des Wassermanns weitet das Herz des Löwen und lässt ihn die wahre Bedeutung von Gemeinschaft und Verbundenheit erleben.

Wie lässt sich das aber nun praktisch umsetzen? Wie kann der Löwe sich als Teil der Gruppe erkennen und seinen Gemeinschaftssinn stärken, ohne das Gefühl zu haben, seine Einzigartigkeit einzubüßen und nur noch einer unter vielen zu sein?

Unterstützende Übung

Seinen Platz in einer Gruppe zu finden ist oft eine Herausforderung. Man möchte seine Vorstellungen vom Zusammenwirken und Zusammenleben verwirklichen und gleichzeitig ein harmonisches Miteinander schaffen. Als Löwe möchtest du dich einbringen, deine Ideen realisieren und selbstbestimmte Entscheidungen treffen. Ein friedvolles Miteinander, in dem sich alle Individuen in ihrer Einzigartigkeit entfalten können, fordert eine klare, aufrichtige und bewusste Kommunikation. Es ist unverzichtbar, offen auszusprechen, was man denkt, und darauf hinzuweisen, was einem wichtig ist, um langfristig in der Verbindung mit anderen glücklich zu sein.

Statt durch Dominanzgehabe oder falsche Zurückhaltung Störgefühle entweder zu sehr aufzubauschen oder gänzlich zu übergehen, ist es essenziell, die eigenen Prioritäten zu klären. Überlege dir, welche Dinge dir besonders am Herzen liegen und welche für dich von geringerer Bedeutung sind. Notiere dir die Dinge in drei Kategorien: Priorität A für Dinge von größter Bedeutung, Priorität B für wichtige, aber verhandelbare Dinge und Priorität C für weniger wichtige Dinge, bei denen du flexibel bist. Dieser Schritt hilft dir, präzise zu erkennen, was für dich von größter Bedeutung ist.

Bei den für dich wirklich wichtigen Dingen (Priorität A) ist es unerlässlich, nachdrücklich für sie einzustehen. Bei weniger bedeutenden Dingen kannst du größere Zugeständnisse machen und Kompromisse eingehen, die sich für dich noch stimmig anfühlen. Viele Menschen versäumen es, ihre Prioritäten gründlich für sich selbst zu bestimmen. Die Folge ist, dass sie in konkreten Situationen überrumpelt werden und unüberlegt Kompromisse eingehen, die sich im Nachgang gar nicht stimmig für sie anfühlen. Oder dass sie vehement ihren Standpunkt verteidigen, obwohl die Sache keine besondere Relevanz für sie hat. Die Folge ist, dass sie bei fundamentalen Themen faule Kompromisse eingehen oder sich zu energisch bei unwichtigen Aspekten durchsetzen, nur um als Sieger aus einer Diskussion hervorzugehen.

Mache dich daher eingehend mit deinen Prioritäten vertraut. Übe, deine Prioritäten klar und respektvoll zu kommunizieren. Übe auch, bei weniger wichtigen Punkten (Priorität B) Zugeständnisse zu machen, um ein harmonisches Miteinander zu fördern. Du wirst feststellen, dass andere viel verständnisvoller auf dich und deine Bedürfnisse reagieren, wenn du ihnen im Vorfeld deutlich machst, wie wichtig dir der jeweilige Aspekt ist. Wenn du beispielsweise darauf hinweist, dass du bei einem sehr wichtigen Thema (Priorität A) auf ihr Verständnis hoffst und dafür bei einem anderen Punkt (Priorität B) gerne bereit bist, Zugeständnisse zu machen, werden sie dir viel wohlwollender begegnen. Übe zudem, den Menschen in deinem Umfeld aktiv zuzuhören und dich in ihre Perspektiven hineinzuversetzen. Dies stärkt das gegenseitige Verständnis und fördert ein harmonisches Miteinander.

Wenn alle auf diese Weise ihre Prioritäten klären und gegenüber ihren Mitmenschen kommunizieren, fühlen sich alle gesehen und wertgeschätzt. Sich selbst treu zu bleiben und tapfer anzusprechen, was einem wichtig ist, ist das A und O, um langfristig ein harmonisches Miteinander zu gestalten.

♌

Wie du als Löwe über dich hinauswächst

REFLEXIONSFRAGEN, DIE DEINE SELBSTWAHRNEHMUNG STÄRKEN

- Fühle ich eine tiefgehende Verbindung zu meiner kreativen Kraft?
- Folge ich der Stimme meines Herzens?
- Was bringt mein Herz zum Hüpfen?
- Erlaube ich mir, Kind zu sein und das Leben zu genießen?
- Wann nehme ich mich selbst oder das Leben viel zu ernst?
- Was inspiriert mich und entfacht das Feuer der Leidenschaft in mir?
- Singe, lache und tanze ich in ausreichendem Maß?
- Bin ich albern und verspielt, wenn mir danach ist?
- Wovor habe ich Angst, wenn es darum geht, mich zu zeigen?
- Gestatte ich mir, auf die Bühne des Lebens zu treten und alle Blicke auf mich zu ziehen?
- Wann steht mir mein Stolz im Weg?
- Wie kann ich konstruktiver mit Kritik umgehen? Was verletzt mich daran wirklich?
- Warum ist es mir so wichtig, anderen zu gefallen?
- Erlaube ich mir, meine Strahlkraft voll aufzudrehen?
- Welches Hobby ruft mich schon seit Längerem?
- Tanze ich in meinem Rhythmus durch mein Leben?
- Habe ich eine ausgewogene Work-Life-Balance?
- Wie kann ich (noch) mehr Leichtfüßigkeit und Frohsinn in mein Leben bringen?

Die oberste Bewusstseinsstufe
Der bewusste Löwe

Der bewusste Löwe nutzt sein starkes Eigenbewusstsein, seine individuellen Begabungen und vielfältigen Talente zum Wohl der Gemeinschaft und wird dadurch zum charismatischen Anführer und zum magnetischen Mittelpunkt einer Gruppe. Durch sein Talent, Menschen zusammenzuführen, sie zu motivieren und mitzureißen, kreiert er ein aktives Miteinander. Er übernimmt die Verantwortung für die Interessen des Kollektivs und betrachtet es als seine Berufung, seine Mitmenschen zu inspirieren und anzuregen, damit auch sie mehr Eigenständigkeit und Selbstbestimmung entwickeln.

Der bewusste Löwe hat das Geheimnis des Glücks gelüftet.

Er hat den Schlüssel zum Glück gefunden und reicht ihn großzügig an seine Mitmenschen weiter. Diesen Schlüssel hält derjenige in Händen, der sein Glück nicht in die Zukunft verschiebt und glaubt, erst durch bestimmte Umstände oder Dinge glücklich zu werden, sondern verstanden hat, dass wahres Glück nur im gegenwärtigen Moment zu finden ist. Durch nichts, was wir *tun*, können wir glücklich werden – wir können immer nur glücklich sein. Deshalb sollten wir das Glück nicht als Ziel begreifen, das wir irgendwann erreichen, sondern als eine Entscheidung, die wir jederzeit im Hier und Jetzt treffen können. Glücklich wird man nicht, glücklich ist man – oder in Buddhas Worten: »There is no path to happiness: happiness is the path.«

Eine besondere Fähigkeit des bewussten Löwen ist es, den Menschen zu verdeutlichen, dass man sich tief im gegenwärtigen Moment verankern muss, um wahres Glück zu finden. Statt permanent die Gegenwart der Zukunft zu opfern, gilt es, tiefe Wurzeln im Hier und Jetzt zu schlagen. Er sensibilisiert seine Mitmenschen dafür, dass sie sich durch das Hadern mit vergangenen Erlebnissen und durch wehmütiges Erinnern nur in die Vergangenheit flüchten und auch das Hoffen auf bessere Zeiten nichts anderes darstellt als den Versuch, sich aus der Gegenwart zu stehlen.

Darüber hinaus lenkt der bewusste Löwe die Aufmerksamkeit anderer auf das, was sie von Herzen gerne tun. Er bringt sie in Berührung mit ihrer Einzigartigkeit und führt sie auf die Spielwiese ihrer Talente. Dadurch wird es ihnen möglich, ihre kreativen Fähigkeiten aufzuspüren und voller Freude auszuleben. Profitgier und Prestige werden durch wahre Freude am Tun ersetzt, weil es nicht mehr um Resultate, Erfolge und Umsatzziele geht, sondern darum, die eigene Schöpferkraft zu genießen und Freude dabei zu empfinden.

Der bewusste Löwe ist glücklich, vital, zufrieden und hat seine absolute Passion gefunden, die er mit Leib und Seele verfolgt. Dabei handelt es sich um etwas, das sich vom Gewöhnlichen abhebt und anderen Menschen zugutekommt. Denn wahre Erfüllung finden wir nur, wenn das, was wir tun, auch für andere einen besonderen Mehrwert schafft. Ab diesem Moment ergießt sich in unserem Leben Glück und Überfluss, und alle unsere Wünsche erfüllen sich mit Mühelosigkeit und Anmut. Türen öffnen sich wie von selbst, Menschen treten in unser Leben und reichen uns die Hand, und eine glückliche Fügung folgt der nächsten.

Der Charme des bewussten Löwen, seine ansteckende Lebenslust und sein weit geöffnetes Herz wirken magnetisch auf seine Mitmenschen. Er zeigt ihnen den Weg auf die Sonnenseite des Lebens und macht ihnen Mut, nach den Sternen zu greifen. Er führt Menschen zusammen, um gemeinsam Projekte zu verfolgen, die von Originalität, Kreativität und Leichtigkeit geprägt sind. Auf der obersten Bewusstseinsebene hat sich das Herz des Löwen in ein Leuchtfeuer verwandelt, das jede Menge Herzenswärme ausstrahlt und andere in ihren Ideen bestärkt. Seine Heiterkeit, sein Frohsinn und seine Lebenslust schwappen auf die Menschen in seinem Umfeld über, wodurch sie aus sich herauskommen und sich endlich erlauben, das Leben weniger ernst zu nehmen. Seine Herzenslust steckt an und lädt dazu ein, mit ihm zu lachen, zu tanzen und zu singen.

Wahre Erfüllung finden wir nur, wenn das, was wir tun, auch für andere einen besonderen Mehrwert schafft.

Mit seiner Hilfe finden andere wieder in die Leichtigkeit zurück, die sie aus ihrer Kindheit kennen. Die Aufgabe des bewussten Löwen ist es also, die Menschen aus dem Kopf heraus und mehr ins Herz zu führen. Er zeigt ihnen auf, dass ihre Begeisterung für eine Sache alles ist, was zählt, und dass sie ihr Herz als Kompass verwenden sollten, um den richtigen Weg für sich zu finden. Dadurch wird es ihnen möglich, die Freude im Hier und Jetzt zu wählen, den gegenwärtigen Moment zu zelebrieren und in der Einfachheit die größte Bereicherung zu entdecken.

Wie du als Löwe deinen Lebenssinn findest

Mit einer Löwe-Betonung liegt dein Lebenssinn darin, anderen eine Quelle der Lebensfreude und Inspiration zu sein und sie mit ihrer Einzigartigkeit vertraut zu machen. Du machst ihnen vor, wie man Erfolg mit dem hat, was man wirklich liebt. In einem ersten

Schritt geht es für dich also darum, ausfindig zu machen, wofür du die größte Begeisterung hegst, sodass du zu einem funkelnden Ideenwerk wirst. Du liebst es, deine kreative Kraft in Projekte fließen zu lassen, groß zu träumen und andere mit deinen bunten Visionen mitzureißen. Dein Herz beginnt zu hüpfen, wenn du dich künstlerisch ausdrücken, spielerisch an Dinge herangehen und deine Begabungen ausleben kannst.

Du strebst danach, einer Tätigkeit nachzugehen, die dich Zeit und Raum vergessen lässt und bei der du euphorisch und in kindlichem Enthusiasmus vor dich hin werkelst. Kreative Pausen, in denen du dich mit Nichtstun verwöhnst, sind für dich unerlässlich. Schließlich finden dich die besten Ideen immer in der Stille, nie im hektischen Treiben des Alltags. Es ist von elementarer Bedeutung für dich, zwischendurch immer wieder die Seele baumeln zu lassen, um dich vom Leben, der Natur und anderen kreativen Köpfen inspirieren zu lassen. Fernab von Perfektion beginnt das echte Leben! Nach diesem Motto lebst und kreierst du.

Du möchtest ohne Hektik und Stress dem nachgehen, was dir Freude bereitet und dich innerlich erstrahlen lässt. Dir ist es wichtig, dass auch die Menschen um dich herum auf einer Wolke kreativer Gedanken und schöpferischer Impulse schweben und dem nachgehen, was sie lieben. Du bist eine Quelle der Inspiration und ein Vorbild für andere, da du weißt, wie du ihnen Mut machst, ihnen mit gutem Beispiel vorangehst, sie anregst und für eine Sache begeisterst. Du weckst in ihnen den Glauben an sich selbst und beflügelst sie zu Höchstleistungen, die ihr Selbstbewusstsein stärken und sie ungeahnte Höhen der Schaffenskraft erreichen lassen.

♍

DAS ERDZEICHEN

JUNGFRAU

23. August bis 22. September

Zeichen	♍
Element	Erde
Herrscher	Merkur
Kreuz	Veränderlich
Stärken	· Präzision · Verlässlichkeit · Naturverbundenheit · Wissbegierde
Schwächen	· Pedanterie · Skepsis · Übervorsicht · Unsicherheit
In diesen Berufsfeldern findet man die Jungfrau	· Ernährungsberater:in · Arzt/Ärztin · Heilpraktiker:in · Yoga Lehrer:in · Doula · Persönliche:r Assistent:in · Steuerberater:in

»Wenn du glaubst, dass es funktioniert, wirst du Chancen sehen. Wenn du glaubst, dass es das nicht tut, wirst du Hindernisse sehen.«

WAYNE DYER

Die Jungfrau zeichnet sich durch ihre analytischen Fähigkeiten, ihre Lösungsorientiertheit und ihre Zuverlässigkeit aus. Sie findet für jede Schwierigkeit eine kompetente Lösung und fühlt sich regelrecht angespornt, je kniffeliger sich das Problem darstellt. Sie dringt in Windeseile zum eigentlichen Kern der Thematik vor, besitzt praktisches Geschick und löst mit ihrer Fingerfertigkeit sinnbildlich den gordischen Knoten. Die Jungfrau ist imstande, Ordnung in das größte Chaos zu bringen und an die Vernunft ihrer Mitmenschen zu appellieren, wenn diese den Sinn für die Realität aus dem Blick verloren haben. Sie ist der perfekte Notfallkontakt und ein allwissender Telefonjoker. Denn sie überspringt die Aufregung, betrachtet die Fakten und entwirft in Windeseile einen Masterplan, der alle Eventualitäten abdeckt. Das Zeichen Jungfrau ist stresserprobt, krisenfest und so schnell nicht durch emotionale Befindlichkeiten ablenkbar. Die kritische Distanz, mit der die Jungfrau auf einen Sachverhalt blickt, bewirkt, dass sie sich nicht kopflos von jeder fixen Idee begeistern lässt. Ihr Part ist es vielmehr, das überfällige »Aber« einzuwerfen, um ihre Mitmenschen wieder auf den Boden der Tatsachen zurückzuholen und sie an die Konsequenzen ihres Tuns zu erinnern.

Ein weiteres Merkmal dieses Zeichens ist, dass es hinter allem Sichtbaren eine höhere Ordnung entdeckt und dadurch in Dingen Sinn erkennt, die andere als reinen Zufall abtun würden. Sie weiß um die komplexe Komposition des Kosmos und dass alles in eine übergeordnete Struktur eingebunden ist. Nichts passiert zufällig oder gar umsonst. Die Sinneswahrnehmung der Jungfrau ist so fein, dass sie ihre Umwelt genauestens erfassen kann. Durch ihre brillante Beobachtungsgabe macht sie frühzeitig ausfindig, was in ihrer Umgebung verbesserungswürdig ist, und es gelingt ihr, angemessen auf alle Eventualitäten zu reagieren.

Des Weiteren besitzt dieser Archetyp ein starkes Interesse an allen Themen rund um die physische Gesundheit, körperliche Vitalität und einen gesunden Lebensstil. Die Jungfrau wird auch als die Heilerin des Tierkreises bezeichnet, da sie sich gerne mit intuitiven und traditionellen Heilmethoden, wohltuenden Ernährungsweisen und schmerzlindernden Maßnahmen auseinandersetzt. Ihr Eintritt in die spirituelle Welt erfolgt meist über körperbezogene Tools wie Yoga, ayurvedische Ernährung oder Massagen. Denn sie weiß, dass eine stabile Verbindung von Körper, Geist und Seele notwendig ist, um in die innere Mitte zu finden. Gesundheit ist für sie ein kostbares Gut, und so stellt sie sich regelmäßig die Frage, wie sie noch besser für sich selbst sorgen kann. Hierdurch entlarvt sie versteckte Energieräuber, macht die wahren Auslöser bestimmter Symptome ausfindig und stärkt ihr inneres Gleichgewicht.

Auch ihre Naturverbundenheit und Tierliebe sowie ihr Gespür für die vitalisierende Kraft von Mutter Erde kennzeichnen die Jungfrau. Ihre Faszination für Flora und Fauna ist groß, weshalb sie meist ein breit gefächertes Wissen über die Pflanzenwelt, Heilkräuter, Räucherwerk und Volksheilkunde besitzt. Gerade das Ankommen und die Verankerung im physischen Körper hat für sie eine besondere Bedeutung. Daher unterstützt sie auch gerne andere Menschen dabei, ihr Körpergefühl zu verbessern und ihr physisches Wohlbefinden zu priorisieren. Der eigene Körper ist für die Jungfrau das Medium, um eine intensive Verbindung zum Leben, zur eigenen Kraft und zur Schöpfung herzustellen. Er stellt für sie den Anker dar, den sie benötigt, um ihrem regen Geist Einhalt zu gebieten und in die Entspannung zu finden.

VERÄNDERLICHES KREUZ: ZWILLINGE, JUNGFRAU, SCHÜTZE UND FISCHE

Innerhalb ihrer Entwicklungsreise erlangt die Jungfrau durch die weiteren veränderlichen Zeichen Zwillinge, Schütze und Fische mehr gedankliche Flexibilität und Zuversicht. Diese drei Zeichen bilden mit ihr das veränderliche Kreuz. Die kritische, fürsorgliche und anpassungsfähige Jungfrau bildet im Rahmen ihrer Entwicklungsreise Neutralität (Zwillinge), Optimismus (Schütze) und Urvertrauen (Fische) aus. Sie legt dank des Einflusses der Zwillinge ihre Skepsis gegenüber allem Unbekannten ab, tauscht mithilfe des Schützen ihren Pessimismus gegen Optimismus ein und lernt durch die Fische, hoffnungsvoll dem Leben zu vertrauen.

Die untere Bewusstseinsstufe
Die unbewusste Jungfrau

Auf der unteren Bewusstseinsstufe richtet die Jungfrau ihren Fokus ausschließlich auf die sichtbare Welt und die Aufgaben, die es zu erfüllen gilt, um ihr Leben in geordneten Bahnen zu halten. Ihr Vertrauen in eine übergeordnete Kraft und das Leben im Allgemeinen ist noch äußerst gering, und so setzt sie ausschließlich auf sich selbst und ihre eigene Absicherung. Kontrollmaßnahmen und Analysemethoden helfen ihr dabei, ihren Alltag zu planen, ihre Umwelt zu verstehen und allen Eventualitäten vorzubeugen. Da sie größtenteils Negatives voraussieht, ist sie immer bestens auf den Worst Case vorbereitet und gegen alle möglichen Katastrophen gewappnet. In ihrem Bemühen, sich abzusichern und den Alltag in eine konkrete Ordnung zu bringen, neigt sie zu Pedanterie und Übervorsicht.

Es fällt diesem Zeichen schwer, über die Kopflosigkeit oder die Ungeschicktheit seiner Mitmenschen hinwegzusehen. Andersdenkenden oder Freigeistern, die das Leben von einem unbekümmerten Standpunkt aus betrachten oder einfach nur in den Tag hineinleben – ganz ohne Plan oder bewährte Routinen –, begegnet die Jungfrau mit Unverständnis oder schonungsloser Kritik. Sie findet konsequent das Haar in der Suppe und sieht es als ihre Pflicht an, den Koch auf seine Nachlässigkeit hinzuweisen. Auf dieser Bewusstseinsstufe wird die Jungfrau allein von ihrem Verstand beherrscht. Mit seiner Hilfe versucht sie, Ereignisse zu kontrollieren und dem Leben ihren Willen aufzuzwingen.

Die Jungfrau ist immer bestens auf den Worst Case vorbereitet.

Die unbewusste Jungfrau ist immer auf der Hut und versucht, sich auf alle Eventualitäten des Lebens vorzubereiten. Dieser permanente innere Spannungszustand erwächst aus dem Bedürfnis, die äußere Welt zu kontrollieren. Die Aufmerksamkeit und Konzentration, mit der sie ihre Umwelt observiert, erweckt den Anschein einer konstanten inneren Alarmbereitschaft, durch die sie alle potenziellen Bedrohungen frühzeitig erkennen und abwehren kann. Doch wer sich in einer solchen konstanten Habachtstellung befindet, steht innerlich immer unter Druck. Hinzu kommt, dass sie beim Versuch, alle Gefahren zu eliminieren, gegen Windmühlen kämpft. Schließlich lässt sich das Leben weder vorhersehen noch lenken. Unzufrieden mit diesem Ergebnis, strengt sie sich weiter an, was dazu führt, dass ihre Kräfte und ihr Vertrauen immer weiter schwinden.

Dieser Dynamik versucht die Jungfrau dadurch zu begegnen, dass sie Versicherungen abschließt, Lebensmittel hortet und eine Vielzahl medizinischer Vorsorgeuntersuchungen aufsucht, um mit absoluter Wachsamkeit alles zu überblicken. Nichts wird dem Zufall überlassen und allen Worst-Case-Szenarien der Nährboden entzogen. Das Leben wird schon sehen, dass es gegen den brillanten Geist einer Jungfrau keine Chance hat – so ihr Plan!

Da das Vorgehen dieses Archetyps sehr analytisch und wissenschaftlich ist, benötigt er viel Zeit, um seine Beobachtungen und planvoll gesammelten Fakten zu ordnen und Erkenntnisse über das große Ganze zu gewinnen. Auf der unbewussten Ebene hat die Jungfrau noch keine Verbindung zu ihrem Wahrheitsgefühl oder ihrer Intuition hergestellt. Die

Folge ist, dass sie zwar emsig Fakten sammelt, letztlich aber keine Weisheit erlangt, sondern in der Fülle von Informationen, Fakten und Details die Orientierung verliert.

Außerdem achtet die unbewusste Jungfrau häufig sehr akribisch darauf, was Einfluss auf ihre Vitalität nimmt, ihr Gewicht beeinflusst oder bestimmte Reaktionen ihres Körpers auf den Plan ruft. Dabei besteht die Gefahr einer Überanalyse, die im absoluten Extremfall zu Hypochondrie führen kann. Schließlich liebt sie es, zu eruieren, nachzuforschen und Rätsel zu lösen. Gerade der eigene Körper eröffnet ihr eine Vielzahl an Mysterien, denen sie nur zu gerne auf den Zahn fühlt. Deshalb wird jede noch so kleine Abweichung vom körperlichen Idealzustand begutachtet, und sämtliche Auslöser, die die Ursache bestimmter Symptome sein könnten, werden mit der Unterstützung von »Dr. Google« aufgedeckt.

Der Pessimismus einer unbewussten Jungfrau zerstört nicht nur ihre eigenen Träume, sondern raubt auch ihren Mitmenschen Euphorie, Leichtigkeit und Zuversicht. Schließlich ist die Freude der Jungfrau eher zurückhaltend. Zunächst richtet sie ihren Blick auf all das, was schiefgehen könnte, bevor sie einer Idee etwas Positives abgewinnt. Ihre ungefragten Ratschläge und ausufernden Kritikpunkte verunsichern ihre Mitmenschen. Sie fühlen sich von ihr weder verstanden noch unterstützt, sondern durch ihre Ängstlichkeit und Negativität beschwert. Nicht selten reicht eine einzige kritische Bemerkung der Jungfrau, um den aufkommenden Enthusiasmus ihrer Mitmenschen im Keim zu ersticken.

Größte Angst

Die Ur-Angst der Jungfrau besteht darin, nicht zu genügen. Diese tief verwurzelte Furcht beruht auf ihrem starken Bedürfnis, ihrem Umfeld einen Dienst zu erweisen und allen gerecht werden zu wollen. Indem sie alles »richtig« macht und den Anforderungen entspricht, die an sie gestellt werden, behält sie die Kontrolle. Sie schöpft Bestätigung und ein Gefühl der Sicherheit aus jedem erfüllten To-do, jedem Lob, das sie von ihren Mitmenschen erhält, und jeder Herausforderung, die sie erfolgreich meistert. All dies vermittelt ihr das Gefühl, die Dinge im Griff zu haben.

Wenn die Jungfrau ihre selbst gesteckten Ziele nicht erreicht, hinter ihren eigenen Erwartungen zurückbleibt oder mit Kritik konfrontiert wird, gleicht das für sie einem Kontrollverlust. Nach ihrem Empfinden ist sie, trotz aller Bemühungen, gescheitert.

Genau hieraus erwächst eine Art Teufelskreis: Die Jungfrau fühlt sich gezwungen, alles perfekt zu machen, um von anderen Anerkennung und Zuneigung zu erhalten. Es ist wichtig für die Jungfrau, zu erkennen, dass wahre Stärke nicht aus der Ausübung von Kontrolle erwächst, sondern aus einer tiefen inneren Balance und der Erkenntnis, dass der Wert eines Menschen nicht von seinen Erfolgen oder Fehlern abhängt.

Die mittlere Bewusstseinsstufe
Die reflektierte Jungfrau

Auf der mittleren Bewusstseinsstufe bemerkt die Jungfrau, dass sie bisher viel zu beschäftigt mit der Observation ihrer Umwelt war und dabei versäumt hat, ihren Blick nach innen zu richten. Diese Erkenntnis schenkt ihr die Möglichkeit, ihren Fokus neu auszurichten und sich täglich Zeit für Introspektion zu reservieren. Hierdurch entwickelt sie eine optimistische und vertrauensvolle Grundhaltung und wird sich bewusst, dass sie die Macht hat, die Zügel zu lockern und sich dem Fluss des Lebens hinzugeben.

Sie erkennt das Prinzip von Ursache und Wirkung und versteht, dass ihre äußere Realität nichts anderes ist als ein Spiegelbild ihrer inneren Welt. Sie findet nun die Sicherheit, die sie bisher vergeblich im Außen gesucht hat, in sich selbst. Mit dieser neuen Sichtweise fühlt sich die Jungfrau gestärkt und ist imstande, das Leben mit Gelassenheit und Zuversicht zu meistern.

Bewusstsein für Schwächen & Fokus auf Stärken

Gedankenhygiene und Mindset-Training

Da sich die Jungfrau einen umfassenden Überblick über die Lebensumstände verschaffen möchte, die sie umgeben, neigt sie dazu, ihre Umwelt bis in alle Ecken auszuleuchten und zu analysieren. Dabei verbringt sie oft viel Zeit mit unbedeutenden Details und misst ihnen eine viel zu große Bedeutung bei. Das Bemühen, Puzzlestück für Puzzlestück präzise anzuordnen, kann dazu führen, den Gesamtüberblick zu verlieren. Die Jungfrau ist daher regelmäßig vor die Herausforderung gestellt, sich nicht in Nebensächlichkeiten zu verirren, nur um am Ende den »Wald vor lauter Bäumen« nicht mehr sehen zu können. Obwohl ihr gründliches Denken, ihr Anspruch, alles bis ins kleinste Detail zu durchleuchten, und ihre Analysefähigkeit eine enorme Stärke darstellen, darf die Jungfrau lernen, die Relevanz von Teilaspekten und Zusatzinformationen richtig einzuordnen.

Zudem führt ihre kritische Wahrnehmung dazu, dass sie sich viel zu viele Sorgen um Dinge macht, die nie eintreten werden. Die immerwährende Alarmbereitschaft der Jungfrau raubt ihr nicht nur Energie, sondern lässt sie auch immer vom Schlimmsten ausgehen. Ihr Verstand ist ständig damit beschäftigt, sich um die Zukunft zu sorgen, und der Sturm an Gedanken, der in ihr tobt, lässt sie kaum zur Ruhe kommen.

Gerade hierin liegt jedoch ein großes Wachstumspotenzial: die Fähigkeit, ihre Gedanken zu beruhigen. Achtsamkeit kann ihr helfen, im Hier und Jetzt zu bleiben und sich nicht von ihren Sorgen überwältigen zu lassen. Sie lernt, bewusst mit ihren Gedanken umzugehen. Ihr Bewusstsein begreift sie nun als einen weiten Raum, in dem Gedanken wie Wolken am Himmel vorüberziehen, und sie erkennt, dass sie darüber entscheiden kann, welche Gedanken sie festhalten und welche sie emotionslos ziehen lassen möchte.

Freudvolles Lernen

Die unbewusste Jungfrau sieht Wissen als Macht an, und Macht ist nichts anderes als Kontrolle. Trifft die Jungfrau auf Situationen oder Menschen, die ihr das Gefühl geben, nicht genug Ahnung von bestimmten Dingen zu haben, setzt sie alles daran, Informationen zu sammeln und ihr Wissen anzureichern, um sich wieder sicher fühlen zu können. Sie ist daher ständig bemüht, ihr Wissen zu erweitern, um auch die letzten Mysterien des Lebens zu enträtseln.

Ihr Wissensdurst entspringt oft einem Gefühl des Mangels. Typisch für die Jungfrau ist daher die Überzeugung, nicht genug zu wissen, ganz gleichgültig, wie viel sie auch lernt. Ein entscheidender Wendepunkt in ihrer Entwicklung setzt ein, wenn die Jungfrau beginnt, den Wert von Wissen für sich neu zu definieren. Anstatt sich mit Wissen gegen die Unwägbarkeiten des Lebens zu rüsten, erkennt sie auf der mittleren Bewusstseinsstufe, dass Wissen weit mehr ist als ein Mittel zur Machtausübung und Überlegenheit. Wissen eröffnet ihr schließlich vollkommen neue Perspektiven und fördert ihre persönliche Weiterentwicklung. Außerdem intensiviert es die Verbindung zu ihren Mitmenschen, da die Jungfrau ihre Erkenntnisse mit anderen teilen kann und somit auch deren Wachstum anregt. Die reflektierte Jungfrau lernt somit um des Lernens willen und konzentriert sich auf Themen, die sie wirklich faszinieren, ohne den Druck zu verspüren, einen direkten Nutzen aus ihrem Wissen ziehen zu müssen.

Vorsicht als Stärke nutzen

Misstrauen und Skepsis prägen häufig das Leben und die zwischenmenschlichen Interaktionen der Jungfrau, was dazu führen kann, dass sie bei vielversprechenden Angeboten, unerwarteten Gelegenheiten oder romantischen Annäherungen angespannt reagiert. Wenn die Jungfrau jedoch ein Bewusstsein für ihre ausgeprägte Vorsicht entwickelt und sich ermutigt, Vertrauensvorschüsse zu gewähren, kann sie lernen, offener und entspannter auf solche Situationen zu reagieren.

Auf der mittleren Bewusstseinsebene beginnt die Jungfrau zu erkennen, dass ihre Unnahbarkeit und Distanziertheit in der Vergangenheit neue Kontakte blockiert haben. Anstatt den Fokus auf die Schwächen und Makel ihrer Mitmenschen zu richten, lenkt sie ihn nun ganz gezielt auf deren Stärken und positive Eigenschaften. Diese veränderte Sichtweise erlaubt es ihr, Menschen unvoreingenommen kennenzulernen und ihnen auf einer ganzheitlichen Ebene zu begegnen, was zu bereichernden und authentischen Beziehungen führen kann.

Die Nüchternheit, mit der die Jungfrau sich Liebesdingen nähert, wurzelt in der Angst, sich zu verlieren oder enttäuscht zu werden. Häufig wartet sie darauf, dass der andere den ersten Schritt macht, und zieht sich zurück, wenn dies nicht geschieht. Sobald die Jungfrau jedoch jemanden in ihr Herz geschlossen hat, zeigt sich ihre fürsorgliche Natur. Sie unterstützt ihre Liebsten und greift ihnen unaufgefordert unter die Arme, wo sie nur kann. Um diese positive Eigenschaft uneingeschränkt für sich zu nutzen, darf die reflektierte Jungfrau darauf achten, ihre eigenen Bedürfnisse nicht zu vernachlässigen. Es ist wichtig, dass sie lernt, gesunde Grenzen zu setzen, ihre Wünsche zu priorisieren und auf ihre Bedürfnisse hinzuweisen. Auf diese Weise kann sie ihr fürsorgliches und hilfsbereites Wesen ausleben und dennoch ihr eigenes Wohlergehen im Blick behalten.

Liebevolle Hilfestellungen

Die unbewusste Jungfrau geht wie selbstverständlich davon aus, dass ihr Umfeld ebenso nüchtern, analytisch und sachlich agiert wie sie selbst und ihre unverblümten Anmerkungen daher dankbar aufnimmt. Für sie hat es oberste Priorität, Fehler auszumerzen, Dinge zu optimieren und Verbesserungen anzustoßen. Warum also nicht auf direktem Wege auf das Fehlverhalten anderer hinweisen oder hervorheben, was man besser machen könnte?! Schließlich, so denkt sich die Jungfrau, kann sich nichts weiterentwickeln, wenn niemand auf die Schwachstellen hinweist.

Permanent vergleicht die unbewusste Jungfrau den Ist-Zustand mit dem Idealzustand und macht auf jede noch so kleine Abweichung aufmerksam. Doch anders als der Widder, der seine Gedanken einfach herausposaunt, ohne sich im Klaren darüber zu sein, welche Folgen das nach sich ziehen wird, ist sich die Jungfrau der Wirkung ihrer Worte durchaus bewusst. Trotzdem hält sie es für ihre Pflicht, ihre Mitmenschen mit ihren Verbesserungsvorschlägen zu behelligen, egal ob diese angemessen sind oder nicht.

Der Jungfrau eröffnet sich eine bedeutende Wachstumschance, wenn sie beginnt, ihre Mitmenschen zu fragen, ob ihre Meinung gerade erwünscht ist. Wenn sie ihre Anmerkungen mit wohlwollenden und einfühlsamen Worten einleitet und ihre strenge Beurteilung mildert, kann sie einen viel konstruktiveren Beitrag leisten. Die reflektierte Jungfrau erkennt, dass nicht alle Menschen dieselben Perfektionsansprüche haben und dass es wichtig ist, anderen den Freiraum einzuräumen, sich auszuprobieren und zu entfalten. Die reflektierte

Jungfrau gibt anderen also kompetente Rückendeckung und sieht neugierig dabei zu, wie sie ihre eigenen Lernerfahrungen machen.

Krisenspezialistin im Dauereinsatz

Die Jungfrau ist eine unermüdliche Krisenspezialistin, hat immer einen rettenden Plan B parat und ist in der Lage, in jeder Situation die Ruhe zu bewahren. Mit ihrem außergewöhnlichen Organisationstalent und ihrem Vermögen, in stressigen Momenten den Überblick zu behalten, schafft sie es, das Ruder herumzureißen und das Boot sicher in den Hafen zu steuern. Ihre Fähigkeit, auf alles vorbereitet zu sein, sorgt dafür, dass sich Menschen in ihrer Gegenwart entspannen und sich geborgen fühlen, weil sie wissen, dass die Jungfrau für jedes Problem eine kompetente Lösung finden wird.

Die reflektierte Jungfrau hat sich mit der Unvorhersehbarkeit des Lebens ausgesöhnt und betrachtet sie als intellektuelle Herausforderung. Sie fühlt sich lebendig und motiviert, wenn sie mit Problemen konfrontiert wird, die ihren Intellekt und ihr analytisches Geschick herausfordern. Statt sich von der Ungewissheit des Lebens entmutigen zu lassen, empfindet die Jungfrau das Restrisiko, das bei jedem Vorhaben verbleibt, als Antrieb, ihr Bestes zu geben. Probleme sind für sie keine Hindernisse, sondern Gelegenheiten, ihr Können unter Beweis zu stellen und kreative Lösungen zu entwickeln. Wenn die reflektierte Jungfrau Pläne schmiedet, investiert sie viel Energie in die Förderung des Positiven und die Reduzierung des Negativen.

Je mehr die Jungfrau sich darauf einlässt, das Leben in seiner Vielfalt zu akzeptieren, desto unbeschwerter geht sie mit durchkreuzten Plänen oder unerwarteten Wendungen um. Anstatt gegen das Leben anzukämpfen, findet sie Freude und Erfüllung darin, sich intellektuell und kreativ herausgefordert zu fühlen. Diese Einstellung erlaubt es ihr, nicht nur ihre Fähigkeiten zu verfeinern, sondern auch eine gelassenere und zufriedenere Lebensweise zu entwickeln.

Bewusstseinsentwicklung mithilfe des veränderlichen Kreuzes

Entwicklung von Neutralität (Zwillinge)

Während die Jungfrau rational und eher misstrauisch auf ihre Umwelt blickt und die Meinungen ihrer Mitmenschen kritisch infrage stellt, sind die Zwillinge unvoreingenommen und aufgeschlossen. Neuen Ansätzen gegenüber verhalten sie sich neutral und tolerant, wodurch sie sich leicht für das Unbekannte öffnen und es voller Neugier entdecken.

Dank der inspirierenden Zwillinge-Energie erfährt der sonst so strenge und pragmatische Blick der Jungfrau eine wohltuende Auflockerung. Obwohl sie innovativen Ideen und progressiven Meinungen zunächst skeptisch gegenübersteht, beginnt sie allmählich deren Vorzüge zu erkennen. Denn wer Neuartiges automatisch abweist, verpasst die großartige Gelegenheit, seinen Horizont zu erweitern oder in ein vielversprechendes Projekt zu investieren.

Immer mehr öffnet sich die Jungfrau nun für neue Theorien, und es gelingt ihr, ihren Denkradius zu erweitern. Auch unkonventionellen Lebensweisen gegenüber verhält sie sich weniger kritisch, da sie sich zunehmend von ihrer scharfen Beurteilung und ihrem strengen Schwarz-Weiß-Denken distanziert. Sie hat es aufgegeben, alles in vorgefasste Schubladen zu stecken, und beurteilt ihre Mitmenschen nicht mehr nach ihrem äußeren Erscheinungsbild, ihrem Intellekt oder ihrer Lebensweise, sondern begegnet ihnen mit Respekt und Aufgeschlossenheit.

Doch wie genau schafft es die Jungfrau, von den Stärken der Zwillinge zu profitieren, ihre luftige Lebensweise zu adaptieren, um aufgeschlossener und neutraler mit ihrer Umwelt zu interagieren?

Unterstützende Übung

Als Jungfrau neigst du dazu, die Welt als einen gefährlichen Ort wahrzunehmen, an dem es ratsam ist, vom Schlimmsten auszugehen, um auf alles vorbereitet zu sein. Ich lade dich nun im Rahmen dieser Übung ein, alle Schreckensnachrichten einmal symbolisch aus deinem Energiefeld zu vertreiben. Dadurch schaffst du den Raum, um all das Gute, Friedvolle und Verbindende in Empfang nehmen zu können, das seinen Weg zu dir finden möchte.

Begib dich hierfür an einen stillen Ort, setze dich bequem hin und finde in einen Zustand innerer Ruhe. Achte auf die dich umgebenden Geräusche, atme tief ein und aus und richte deine Konzentration auf den Bereich zwischen deinen Augen, dein Ajna Chakra, auch Stirnchakra oder drittes Auge genannt. Stelle dir vor, wie dein gesamter Körper von irisierendem weißen Licht durchströmt wird. Dich umgibt ein Feld strahlenden Lichts, und dieses Licht fließt jetzt aus deinem dritten Auge heraus und formt vor dir eine weiße, leuchtende Lichtkugel.

Begib dich nun auf eine Reise, die dich in der Zeit zurückführt und an den Anfangspunkt all deiner Erinnerungen bringt. Dann durchlaufe Moment für Moment all die besonders bedrohlichen Nachrichten und Hiobsbotschaften, die dich bisher in deinem Leben erreicht haben und dir ein Gefühl von Besorgnis und Furcht vermittelt haben.

Visualisiere nach jeder Erinnerung, wie sie sich aus deinem Feld löst und schicke sie auf direktem Weg in die Lichtkugel vor dir. Bezeuge, wie jede einzelne Erinnerung vollständig von Licht durchströmt wird, bis nichts mehr von ihr übrig ist. Wenn du alle Erinnerungen aus deinem Feld herausgelöst hast, komm wieder im Hier und Jetzt an und denke nun an den glücklichsten Moment in deinem Leben. Visualisiere ihn in all seinen Einzelheiten. Fühle dich tief in die Freude und Leichtigkeit hinein, die er dir bereitet hat und nimm wahr, wie sich diese Freude in dir ausbreitet.

Lass diese lichtvolle Energie den Raum in dir auffüllen, der frei wurde, als du alle negativen Erinnerungen aus deinem Feld herausgelöst hast. Bezeuge, wie all die freien Räume in deinem Inneren von dieser wohligen, freudigen und euphorischen Energie erfüllt werden.

Spüre noch einmal nach, wie sich deine Innenwelt durch diese Übung verändert hat und wiederhole sie gerne regelmäßig. Du wirst sehen, dass du deine Umwelt mit der Zeit als weniger bedrohlich und besorgniserregend erlebst, da du dich von deinen negativen Erinnerungen gelöst hast und du sie dadurch nicht mehr unbewusst auf deine Zukunft projizierst.

Entwicklung von Optimismus (Schütze)

Wie wir bereits gesehen haben, ist die Jungfrau immer bemüht, das Leben zu optimieren und gegen die Unvollkommenheit des Lebens anzukämpfen. Doch nie ist sie zufrieden mit dem, was sie umgibt. Sie macht ein störendes Detail ausfindig und räumt ihm so viel Bedeutung ein, dass sie alles andere nicht mehr sehen kann. Der Schütze, der als Optimist des Tierkreises bezeichnet wird, ist das genaue Gegenteil der Jungfrau. Für den Schützen besitzt alles eine höhere Bedeutung und einen tieferen Sinn. Nahezu alles Negative wandelt sich für ihn in etwas Positives, wenn er es nur in einen größeren Kontext setzt und die übergeordnete Bedeutung in den Dingen erkennt.

Während die Jungfrau jedes einzelne Puzzlestück genauestens begutachtet, versucht, sich seine Form einzuprägen, und darüber grübelt, an welchen Platz sie es setzen soll, stellt sich der Schütze mit etwas Abstand vor das Puzzle, um einen besseren Überblick zu erhalten. Er betrachtet das Gesamtbild und setzt spielerisch und souverän jedes Puzzlestück an den richtigen Platz.

Ein Zitat des Autors Werner Mitsch veranschaulicht den Unterschied zwischen der Jungfrau und dem Schützen sehr schön:

»Ich kann fliegen, sagte der Wurm, als er mit dem Apfel vom Baum fiel.«

Dieser Ausruf könnte von einem Schützen stammen, der als unverbesserlicher Optimist jedem Moment seines Lebens etwas Positives abgewinnen kann und selbst in bedrohlichen Momenten noch Hoffnung und Witz bewahrt. Die Jungfrau befindet sich demgegenüber lieber auf einem sicheren Ast und grübelt darüber, welchen Apfel sie am besten auswählen soll, um kein unnötiges Risiko einzugehen. Vielleicht ist sie aber auch damit beschäftigt, eine umfassende Risikoanalyse darüber aufzustellen, welcher Apfel als Nächstes vom Baum fallen wird.

Unterstützende Übung

Ziel dieser Übung ist es, deine Gedanken bewusst zu lenken und mehr Optimismus in deinem Leben zu entwickeln. Was den Optimisten vom Pessimisten unterscheidet, ist nicht das Leben selbst, sondern die Art der Gedanken, die er sich über gewisse Lebensumstände macht.

Beginne die Übung an einem ruhigen Ort, wo du vollkommen ungestört bist. Setze dich bequem hin, schließe die Augen und atme tief ein und aus. Erlaube dir, für einen Moment ganz im Hier und Jetzt anzukommen. Stell dir vor, dass deine Gedanken wie Wolken am Himmel vorüberziehen. Beobachte sie, ohne dich auf sie einzulassen oder sie zu bewerten.

Wenn du bemerkst, dass ein negativer Gedanke auftaucht, halte inne. Stelle dir vor, dieser Gedanke wäre ein dunkler Wolf, der durch Sorgen, Ängste oder Zweifel genährt wird. Überlege, wie du diesen Gedanken in einen positiven verwandeln kannst. Zum Beispiel, wenn der Gedanke »Ich schaffe das nicht« auftaucht, verwandle ihn in »Ich habe die Kraft und die Fähigkeiten, das zu meistern.«

Visualisiere nun den positiven Gedanken als einen hellen, weißen Wolf, der von Freude, Hoffnung und Vertrauen genährt wird. Sieh, wie dieser Wolf in deinem Inneren stärker wird, während der negative Wolf an Einfluss und Kraft verliert. Erinnere dich während dieser Übung an die Geschichte des alten, weisen Indianers, der seinem Enkelsohn vom Kampf der beiden Wölfe im Inneren eines jeden von uns erzählte: »Der dunkle, schwarze Wolf ist voller Zorn, Neid, Schuld und Angst, während der helle, weiße voller Freude, Liebe, Güte und Hoffnung ist.« Gebannt von der Geschichte seines Großvaters fragt der Enkel: »Welcher der beiden Wölfe ist stärker?« Und der gütige, weise Indianer antwortet: »Der, den du mit deinen Gedanken nährst!« Schließe die Übung ab, indem du drei Dinge notierst, die dir dabei helfen, den hellen, weißen Wolf zu nähren. Was bringt Freude in dein Leben, was stärkt dein Vertrauen und was erfüllt dich mit tiefer Liebe?

Diese Praxis hilft dir dabei, deinen Fokus auf das Positive zu lenken und den hellen Wolf in deinem Inneren weiter zu stärken. Reflektiere am Ende des Tages über die Gedanken, die du genährt hast, und setze dir das Ziel, am nächsten Tag wieder ganz bewusst den weißen Wolf zu füttern.

Entwicklung von Urvertrauen (Fische)

Für die Jungfrau liegt viel Wachstumspotenzial in der Entwicklung eines tiefen Urvertrauens, das aus der Erkenntnis entsteht, dass eine höhere Kraft ihr Leben lenkt und es nach ihren Intentionen gestaltet. Von allen zwölf Tierkreiszeichen sind es die Fische, das Gegenzeichen der Jungfrau, die das größte Maß an Urvertrauen besitzen. Ihre starke Verbindung zu höheren Sphären gibt ihnen das Gefühl, in jeder Lebenslage behütet und beschützt zu sein.

Von wem könnte die vorsichtige und ängstliche Jungfrau also besser lernen, Urvertrauen zu entwickeln, als von ihrem Gegenzeichen? Die Fische zeigen der Jungfrau, wie sie in ihrem Inneren einen Ort erschaffen kann, der ihr Kraft und Stabilität schenkt. Dieser innere Raum ermöglicht es ihr, auch inmitten von Herausforderungen oder Schwierigkeiten darauf zu vertrauen, dass sich alles zum Besten wenden wird.

Während die Jungfrau stets wachsam ist, um Bedrohungen frühzeitig zu erkennen und abzuwehren, wiegen die Fische sich in Unbekümmertheit. Sie konzentrieren sich darauf, dem Negativen den Nährboden zu entziehen, indem sie in jeder Situation das Positive finden – egal, wie negativ es auf den ersten Blick erscheinen mag. Schließlich schenkt uns jede herausfordernde Situation Erkenntnisse über uns selbst, Antworten über unseren einzigartigen Weg, oder sie setzt Kräfte in uns frei, mit denen wir zuvor noch nie in Berührung gekommen sind. Wie Wayne Dyer es so schön auf den Punkt brachte:

»Wenn du deine Sicht auf die Dinge veränderst, verändern sich die Dinge, die du siehst.«

Unterstützende Übung

Diese Übung soll dir helfen, Synchronizitäten in deinem Leben wahrzunehmen und dich für die feinen Hinweise des Universums zu öffnen. Beginne die Übung, indem du dir einen ruhigen Ort suchst, dich bequem hinsetzt und die Augen schließt. Lass alle Sorgen und Gedanken für einen Moment los und richte deine Aufmerksamkeit auf den gegenwärtigen Moment. Stell dir vor, dass du ein stiller Beobachter deines eigenen Lebens bist, der alles aus einer neutralen Perspektive betrachtet.

Öffne deine Sinne für die subtilen Zeichen, die das Universum dir sendet. Reflektiere über die letzten Tage und erinnere dich an Momente, in denen dir unscheinbare oder gar außergewöhnliche Dinge begegnet sind. Vielleicht hast du wiederholt eine bestimmte Zahl gesehen, ein Lied gehört, das dich an etwas erinnert hat, oder du bist einer Person begegnet, die eine Botschaft für dich hatte. Diese Synchronizitäten sind keine bloßen Zufälle, sondern Hinweise, die dir helfen, die richtigen Entscheidungen zu treffen und deinen Lebensweg zu finden.

Stelle dir die Frage, warum diese Zeichen gerade jetzt in deinem Leben auftauchen. Was könnten sie dir über deine aktuelle Situation oder eine konkrete Herausforderung offenbaren? Welche Verbindung besteht zwischen diesen Zeichen und den Themen, die dich momentan beschäftigen? Erlaube dir, diese Zeichen als Führung zu betrachten und vertraue darauf, dass sie dir den richtigen Weg weisen.

Um diese Erkenntnisse zu vertiefen, nimm dir dein Journal oder ein Notizbuch zur Hand und schreibe deine Beobachtungen auf. Notiere die Zeichen, die dir aufgefallen sind, und reflektiere darüber, welche Bedeutung sie für dich haben könnten. Dies wird dir helfen, Muster zu erkennen und deine Intuition zu schärfen.

Übe täglich, deiner Intuition zu vertrauen. Wenn du vor einer Entscheidung stehst, nimm dir einen Moment Zeit, um in dich hineinzuhorchen. Welche Gefühle und Eindrücke nimmst du wahr? Vertraue darauf, dass du die innere Weisheit besitzt, um die besten Entscheidungen zu treffen. Erinnere dich daran, dass die Zeichen des Universums dir helfen können, das Positive in jeder Situation zu erkennen und deinem Weg mit Zuversicht zu folgen.

Schließe die Übung ab, indem du dich für die Zeichen und Hilfestellungen des Universums bedankst. Diese Dankbarkeit öffnet dich für weitere Synchronizitäten und stärkt dein Urvertrauen in die universelle Führung, die dich auf deinem Lebensweg begleitet.

♍

Wie du als Jungfrau über dich hinauswächst

REFLEXIONSFRAGEN, DIE DEINE SELBSTWAHRNEHMUNG STÄRKEN

- Welche gesunden Gewohnheiten würden meine Vitalität steigern?
- Höre ich auf die Signale meines Körpers?
- Welche praktischen Schritte könnte ich ergreifen, um mein Leben angenehmer zu gestalten?
- Welche heilsamen Routinen würden mein inneres Wohlbefinden verbessern?
- Welche Praktiken helfen mir, Stress abzubauen und mein emotionales Wohlbefinden zu fördern?
- Wie gehe ich mit Fehlern um?
- Auf welche Weise setze ich mich mit meiner Selbstkritik auseinander, und wie kann ich eine sanftere Selbstwahrnehmung fördern?
- Welche Themen sind für mich äußerst schambehaftet?
- Wann fühle ich in mir die größte Unsicherheit?
- Wie kann ich meine Kommunikationsweise verbessern, um einfühlsamer und offener mit anderen umzugehen?
- Wie reagiere ich auf unerwartete Begebenheiten? Aufgeschlossen und neugierig oder skeptisch und defensiv?
- Wie kann ich mich noch mehr um mein körperliches und seelisches Wohlbefinden kümmern?
- Welches Heilungstool würde ich gerne für mich nutzen oder lernen?
- Was löst Unwissenheit in mir aus?
- Lerne ich aus Interesse und Freude oder weil ich Angst davor habe, ansonsten dem Leben ausgeliefert zu sein?
- Versuche ich, andere Menschen zu belehren?
- Was fördert mein Urvertrauen und bringt mich innerlich zur Ruhe?
- Wie gut gelingt es mir, mich für das Unerklärliche zu öffnen?

Die oberste Bewusstseinsstufe
Die bewusste Jungfrau

Auf der obersten Bewusstseinsebene hat die Jungfrau ein Bewusstsein dafür entwickelt, dass alles theoretische Wissen wenig Bedeutung hat, wenn man sich nicht an die Weisheit im eigenen Inneren erinnert. Für die bewusste Jungfrau ist daher die Entdeckung ihrer inneren Welt ebenso wichtig wie die Analyse der äußeren Welt. Sie nimmt nun aufmerksam ihre Empfindungen wahr und bezieht sie bei ihren Entscheidungen mit ein. Ihre vergeblichen Kontrollmaßnahmen hat sie aufgegeben, weil sie Sicherheit, Stabilität und Halt aus den Tiefen ihrer inneren Welt bezieht. Daneben stellt sie ihr brillantes Wissen, ihre Heilkunst und Präzision in den Dienst eines größeren Ganzen.

Die bewusste Jungfrau hat ihr Bedürfnis, Ordnung zu schaffen, transformiert. Anstatt sich selbst als Knotenpunkt der Ordnung zu verstehen und sich vom äußeren Chaos unter Druck setzen zu lassen, vertraut sie nun in eine höhere Ordnung. Sie ist innerlich zur Ruhe gekommen und hat all ihre Kontrollversuche aufgegeben. Während es der unbewussten Jungfrau darum ging, ihr inneres Chaos und ihren Mangel an Vertrauen durch äußere Ordnung zu überlagern, hat die bewusste Jungfrau in eine innere Struktur gefunden, die sie resistent gegen äußerem Chaos macht. Nichts im Außen besitzt mehr die Kraft, sie aus ihrer inneren Mitte oder ihrem Vertrauen zu bringen.

Mit ihren analytischen und praktischen Fähigkeiten leistet sie einen wertvollen Beitrag zur Gemeinschaft, indem sie sich hingebungsvoll und fürsorglich um andere kümmert. Dabei greift sie ihren Mitmenschen tatkräftig unter die Arme und leistet einen wesentlichen Beitrag, um deren Vorhaben erfolgreich umzusetzen. Meist agiert sie eher unauffällig im Hintergrund, ohne viel Aufhebens um die eigene Person oder ihr Engagement zu machen. Doch ihre Fähigkeiten sind beeindruckend: Als echte »Umsetzungsmaschine« entwirft sie Strategien und Konzepte, um komplexe Vorhaben zu realisieren, und behält dabei stets den Überblick über die Aufgaben jedes Einzelnen.

Die bewusste Jungfrau ist eine Meisterin darin, geistige, theoretische Konzepte in die Umsetzung zu bringen und sie wie durch eine Art Geburtsprozess in die irdische Welt zu überführen. Sinnbildlich sät sie voller Hingabe die Samen für neues Leben. Sie hegt und pflegt sie, sieht ihnen beim Heranwachsen zu und schenkt ihnen ihre volle Aufmerksamkeit. Durch ihren Einsatz, ihr Bemühen und ihre Pflege werden aus den Samen kräftige Pflanzen, die die Jungfrau letztlich mit ihren Früchten für ihre Arbeit beschenken.

Im Gegensatz zur unbewussten Jungfrau, die selten mit sich zufrieden ist und ständig nach Selbstverbesserung strebt, hat die bewusste Jungfrau erkannt, dass sie bereits vollkommen ist, wie sie ist. Die Strenge, mit der sie sich diszipliniert hat, und die hohen Ansprüche, die sie an sich stellte, sind einem unerschütterlichen Gefühl der Ganzheit und Akzeptanz gewichen.

Daneben wirken ihre innere Reife und die solide innere Ruhe, die von ihr ausstrahlt, auf andere erdend und heilsam. Die bewusste Jungfrau ruft ihnen wieder in Erinnerung, dass der Mensch ein zyklisches Wesen ist, das einen wichtigen Platz innerhalb der Schöpfung einnimmt, um die Evolution des Bewusstseins voranzutreiben. Sie entwickelt heilsame Routinen und wohltuende Gewohnheiten, die ihr dabei helfen, ihre spirituelle Praxis und ihre ganzheitliche Lebenseinstellung im Alltag zu etablieren. Sie hat das Unsichtbare hinter der sichtbaren Welt erkannt und teilt ihre Erkenntnisse mit anderen, um sie in die Gemeinschaft einzubringen. So inspiriert sie durch ihr Wissen auch andere, über den Tellerrand des rational Erfassbaren hinauszublicken und eine Synthese zwischen der äußeren und inneren Welt zu erzielen.

Ihr intuitives Gespür für den Körper und die Weisheit, die in ihm schlummert, sowie die Heilkraft der Natur ermöglicht es der Jungfrau, intensive Heilkräfte zu entwickeln. Im Zentrum ihrer Bemühungen steht die Balance zwischen Körper, Geist und Seele. Sie unterstützt ihre Mitmenschen dabei, ein Bewusstsein für diese Einheit zu entwickeln und setzt ihren scharfsinnigen Geist ein, um neue Heilmethoden zu entwickeln, die traditionelle Heilkunde mit moderner Medizin verbinden. Dadurch wird eine ganzheitliche Heilung möglich, die den Menschen in seiner gesamten Komplexität erfasst.

Sie unterstützt andere außerdem dabei, wahrhaftig in ihrem Körper anzukommen, ihn anzunehmen, wie er ist, und ihn als Tempel der Seele zu begreifen. Sie bringt ihnen bei, ihren Atem zu nutzen, um sich im gegenwärtigen Moment zu verankern, auf die Selbstheilungskräfte des Körpers zu vertrauen und auch die Entstehung menschlichen Lebens als etwas Natürliches und Wundersames zu betrachten. Sie übernimmt in der Menschenfamilie die Rolle der weisen Frau, die ihr Wissen anderen zur Verfügung stellt, um sie daran zu erinnern, dass wir alle ein Teil der Natur sind und es etwas völlig Selbstverständliches ist, auf ihre Heilkräfte zurückzugreifen. Durch ihr Wissen über die Zyklen der Natur, ein rhythmisches Leben im Jahreskreis und den Einsatz von ätherischen Ölen, Bachblüten oder Kräutertees gestaltet sie ihr modernes Leben im Einklang mit der Magie der Natur.

Zusammenfassend lässt sich sagen, dass die übergeordnete Rolle dieses Archetyps im Dienst an der Allgemeinheit besteht. Seine Aufgabe ist es, selbstlos zu dienen, indem er andere an seinem Wissen, seiner Analysefähigkeit und seiner Hilfsbereitschaft partizipieren lässt. Auf der höchsten Bewusstseinsstufe wirkt die Jungfrau tatkräftig daran mit, heilsame, durchdachte und zielführende Strukturen zu entwickeln, die alle Bedürfnisse der Gemeinschaft

Sie gestaltet ihr modernes Leben im Einklang mit der Magie der Natur.

berücksichtigen. Diese Strukturen bewahren auch hypothetische Entwicklungen im Blick, um langfristig ein verständnisvolles und wohlwollendes Miteinander zu gewährleisten.

Wie du als Jungfrau deinen Lebenssinn findest

Mit einer Jungfrau-Betonung besteht dein Lebenssinn darin, anderen zu dienen und ihnen behilflich zu sein. Angestellt zu sein schenkt dir Ruhe sowohl in Bezug auf deine finanzielle Sicherheit als auch auf deinen Arbeitsrhythmus. Du erbringst im Rahmen deines Jobs zwar Höchstleistungen, ziehst aber auch eine klare Grenze zwischen deinem Privat- und Berufsleben. Schließlich unterliegt alles in deinem Leben einer klaren Struktur. Um dich wohlzufühlen, benötigst du Regelmäßigkeit, Beständigkeit und Planbarkeit. Chaos und Unzuverlässigkeit können schnell dein körperliches Wohl beeinträchtigen und dir signalisieren, dass in deinem Leben etwas aus der Ordnung gefallen ist.

Als Jungfrau kannst du deinen Körper als Botschafter deiner Seele betrachten. Er führt dir vor Augen, dass du durch deine Kopflastigkeit, Fürsorge und Hilfsbereitschaft deine eigenen Bedürfnisse aus dem Blick verloren hast oder deinen Gefühlen ausweichst. Wenn du dein körperliches Wohlbefinden priorisierst und als Wohlfühlbarometer nutzt, wird dir schnell klar, dass es das Eintrittstor zu deiner Gefühlswelt darstellt. Oft achtest du erst auf dich selbst, wenn dein Körper rebelliert und dir deine Belastbarkeitsgrenzen zeigt. Bis dahin kann es sein, dass du dich ohne Rücksicht auf Verlust für andere aufopferst.

Dieser Prozess – das Überschreiten der eigenen Grenzen, der Hilferuf des Körpers und die Erkenntnis, besser für dich zu sorgen – wird zum Einstieg in das faszinierende Feld der Körperwahrnehmung, Gesundheit und Vitalität. Mit Begeisterung widmest du dich der Balance zwischen Körper, Geist und Seele, achtest auf deine Ernährung und entdeckst, wie wohltuend Sanftheit für dich ist. Indem du deine kostbaren Erfahrungswerte mit anderen teilst, schaffst du einen echten Mehrwert für sie und hilfst ihnen dabei, mehr Achtsamkeit, Weichheit und Fitness in ihr Leben zu integrieren.

♎

DAS LUFTZEICHEN

WAAGE

23. September bis 22. Oktober

Zeichen	♎
Element	Luft
Herrscher	Venus
Kreuz	Kardinal
Stärken	· Kompromissbereitschaft · Fairness · Ästhetik · Ausgeglichenheit
Schwächen	· Passivität · Bequemlichkeit · Konfliktscheue · Entscheidungsprobleme
In diesen Berufsfeldern findet man die Waage	· Modedesigner:in · Mediator:in · Florist:in · Kosmetiker:in · Stilberater:in · Paartherapeut:in · Meditationstrainer:in

*»Nur jemand, der weiß, was Schönheit ist,
blickt einen Baum oder die Sterne
oder das funkelnde Wasser eines Flusses
mit völliger Hingabe an,
und wenn wir wirklich sehen,
befinden wir uns im Zustand der Liebe.«*

JIDDU KRISHNAMURTI

Das Luftzeichen Waage ist durch ein ausgeprägtes Bedürfnis nach Harmonie, Ausgewogenheit und Frieden gekennzeichnet. Ihr inneres Wohlbefinden hängt davon ab, ob ihre Mitmenschen glücklich sind, ihr Zuhause eine friedvolle Atmosphäre aufweist und sie innerhalb ihres Berufs ihren Sinn für Ästhetik ausdrücken kann.

Dieses Zeichen besitzt ein ganz eigenes Tempo. Die Waage tänzelt heiter durch den Tag und lässt sich so schnell durch nichts aus der Ruhe bringen. Pünktlichkeit und ein ausgeklügeltes Zeitmanagement zählen nicht zu ihren Stärken. Stressresistent behält sie ihre gemütliche Geschwindigkeit bei, da sie ebenso wie der Löwe weiß, dass in der Ruhe die Kraft liegt und Zeitdruck lediglich auf die Stimmung schlägt. Die Ungeduld oder Hektik ihrer Mitmenschen prallen an ihr ab, da ihr charmanter Charakter es anderen schwer macht, lange auf sie böse zu sein.

Die Waage nimmt sich immer die Zeit, um das Leben auszukosten. Sie genießt die Schönheit ihrer Umgebung, hält ein spontanes Schwätzchen oder legt einen Zwischenstopp in einem Café ein, um sich mit einem Stück Schokokuchen zu verwöhnen. Ebenso wie der Stier ist auch die Waage eine waschechte Genießerin. Sie weiß, wie man für Genussmomente sorgt, die Seele baumeln lässt und sich kostbare Auszeiten gönnt. Hektik, Stress oder Zeitdruck sucht man in ihrem Leben vergebens. Sie hat ihren ganz eigenen Rhythmus und gestaltet sich ihr Leben nach ihren individuellen Vorlieben. Meist besitzt sie ein ausgeprägtes künstlerisches Talent sowie die Fähigkeit, Kunstwerke zu erschaffen, die eine anrührende Schönheit aufweisen. All ihren Schöpfungen wohnt eine beeindruckende Harmonie inne, sei es die Farben oder Proportionen betreffend. Sie weiß, dass ihre Kreativität nur dann fließen kann, wenn sie sich in einem Zustand der inneren Balance befindet. Jede Form von Disharmonie, ob in ihrem Inneren oder in ihrer Umgebung, stört sowohl ihre Kreativität als auch ihre Produktivität.

Der Waage ist es wichtig, die Bedürfnisse ihrer Mitmenschen in perfekten Einklang zu bringen. Innerhalb einer Gruppe sorgt sie dafür, dass sich alle gesehen, verstanden und respektiert fühlen. Ihr Harmoniestreben lässt sie leicht Kompromisse eingehen und ihre eigenen Bedürfnisse zurückstellen. Als geborene Diplomatin oder Mediatorin ist sie stets bestrebt, Fairness und Gerechtigkeit zu fördern und aufrechtzuerhalten.

Darüber hinaus zeichnet sich die Waage durch eine ruhige und geduldige Natur, höfliche Umgangsformen und einen besonderen Charme aus. Sie kann einfach mit jeder Person – ganz gleich, wie schwierig oder anstrengend sie ist. Denn dieser Archetyp ist innerlich so ausgeglichen, dass er noch nicht einmal bemerkt, wenn er es mit einem Miesepeter, Morgenmuffel oder Choleriker zu tun hat. Ein weiteres Charakteristikum der Waage ist ihre ausgeprägte mentale Stärke, die sich in einer schnellen Auffassungsgabe und breit gefächerten Interessenfeldern bemerkbar macht. Die Waage liebt es, sich mit den unterschiedlichsten Standpunkten auseinanderzusetzen, die Rolle des Vermittlers einzunehmen und Verbindungen zwischen unterschiedlichen, vielleicht sogar gegenläufigen Betrachtungsweisen herzustellen.

Ähnlich wie die Zwillinge kann sich die Waage problemlos mit ungewöhnlichen Perspektiven anfreunden. Aufgeschlossen für Neues, lässt sie sich von den Ansichten anderer Menschen inspirieren. Sie bevorzugt einen neutralen Mittelweg und versucht, ohne größere Ausreißer nach links oder rechts durchs Leben zu navigieren. Wenn es nach ihr geht, würde sie einfach nur in Frieden und Harmonie durch das Leben spazieren, ohne von Ärger, Konflikten oder Komplikationen behelligt zu werden. So verwundert es nicht, dass die Waage nur allzu gerne abtaucht, wenn es schwierig wird, und versucht, allem Unschönen oder Unharmonischen aus dem Weg zu gehen.

Beeindruckend an diesem Zeichen ist seine besondere Regenerationskraft. Wenn die Waage durch äußere Umstände oder Personen aus ihrer inneren Mitte gebracht wird, findet sie schnell wieder zurück in ihre innere Balance. Sie schaltet ihre Lieblingsplaylist an, stellt frische Blumen auf den Tisch, dekoriert etwas um oder nascht ihre Lieblingssüßigkeit, und schon ist die Welt wieder in Ordnung. Ihre Gabe, das Schöne zu erkennen und sich voll und ganz darauf zu konzentrieren, erlaubt es ihr, sich nicht allzu lange mit Ärgernissen aufzuhalten. Der Weg zurück zu ihrer inneren Fröhlichkeit und Friedfertigkeit ist kurz, und so findet man sie schnell wieder auf der Sonnenseite des Lebens.

Neben Genuss und Harmonie ist Gesellschaft für die Waage von besonderer Bedeutung. Ist sie allein, fühlt sie sich schnell einsam. Denn ohne soziale Interaktion fehlt ihr der Spiegel, den sie benötigt, um herauszufinden, wer sie wirklich ist. Ihr Gegenüber dient der Waage als Projektionsfläche, um zu erkennen, was sie selbst im Kern ausmacht. Diese Wechselbeziehung zwischen dem Ich und dem Du hilft ihr, eine innere Balance zu finden. Zudem strebt sie nach Gerechtigkeit und Verbindung und setzt sich dafür ein, dass das menschliche Miteinander – sowohl im Großen als auch im Kleinen – von einem ausgewogenen Kräftegleichgewicht, gegenseitigem Respekt und wohlwollender Rücksichtnahme geprägt ist.

Insgesamt lässt sich sagen, dass die Waage einen unvergleichlichen Blick für das Schöne aufweist. Sie legt großen Wert auf guten Geschmack, und ihr Sinn für Ästhetik wird in jedem Lebensbereich sichtbar. So besitzt ihr Zuhause einen stilvollen und ansprechenden Flair, ihre Art, sich zu kleiden, verbindet Modernität und Klassik, und ihre Kunstwerke kultivieren Gefühle oder Momente, die auf zauberhaft subtile Weise nachhaltige Wirkung entfalten. Schönheit, die wahrer Harmonie entspringt, ist ein wesentlicher Bestandteil des Lebensgefühls der Waage.

KARDINALES KREUZ: WIDDER, KREBS, WAAGE UND STEINBOCK

Ihre Entwicklungsreise führt die Waage über die Qualitäten des Krebses, des Steinbocks und des Widders. Diese drei Zeichen bilden mit der Waage das kardinale Kreuz. Die neutrale, rücksichtsvolle und ausgeglichene Waage darf bei ihrer Bewusstseinsentwicklung Empfindsamkeit (Krebs), Geradlinigkeit (Steinbock) und Wahrhaftigkeit (Widder) erlernen. Das Zeichen Krebs hilft der Waage dabei, sich ihren Gefühlen anzunähern und diese nicht mehr aus sicherer Distanz zu intellektualisieren. Daneben wird es ihr durch die Qualitäten des Steinbocks möglich, verbindlich zu werden, starke Entscheidungen zu fällen und einen klaren Standpunkt zu beziehen. Ihr Gegenzeichen, der Widder, greift ihr dabei unter die Arme, souverän für sich einzustehen und Ich-Stärke zu entwickeln.

Die untere Bewusstseinsstufe
Die unbewusste Waage

In diesem Bewusstseinsstadium verliert sich die Waage in Oberflächlichkeiten. Ihre Kantenlosigkeit macht sie für ihr Umfeld schwer greifbar, und ihr Unvermögen, Entscheidungen zu fällen, lässt sie lange Zeit auf der Stelle treten. Eitelkeit, Bequemlichkeit und der Wunsch, sich unbeschwert durchs Leben treiben zu lassen, kennzeichnen sie in dieser Phase. Statt sich mit Problemen auseinanderzusetzen, konzentriert sie sich darauf, sie gekonnt zu umschiffen, in der Hoffnung, dass sie sich von selbst lösen. Wie ein kleines Kind hält sie sich die Augen zu und ist der felsenfesten Überzeugung: »Wenn ich die Probleme nicht sehen kann, können sie mich auch nicht sehen!«

Auf der untersten Bewusstseinsstufe sind die Ausweichstrategien der Waage stark ausgeprägt. Immer wenn es schwierig wird, taucht sie ab und bleibt ihren Mitmenschen eine

Stellungnahme schuldig. Auf andere wirkt sie meist konturlos, da sie ihre Ansichten je nach Gesprächspartner anpasst und alles ausblendet, was ihr unliebsam erscheint. Wird sie gezwungen, einen Standpunkt zu beziehen, und sind alle Notausgänge versperrt, steckt sie regelrecht fest und ist unfähig, eine klare Meinung zu vertreten oder Partei zu ergreifen. Unterschiedliche Auffassungen sowie daraus erwachsende Konflikte lösen Unbehagen in ihr aus, weshalb sie vorsorglich Sicherheitsabstand zu Auseinandersetzungen oder Menschen wahrt, die konfrontativ und wenig berechenbar wirken.

Die unbewusste Waage wirkt ohnmächtig und ziellos, da sie aus sich heraus wenig Antrieb schöpfen kann und immer jemanden braucht, der ihr Mut macht. Allein verfällt sie schnell in Passivität und Lethargie, weicht Herausforderungen aus und ist einfallsreich darin, sich Dinge schönzureden oder sich Unternehmungen, die eine gewisse Anstrengung erfordern, auszureden. Allzu verlockend ist es, in der heimischen Komfortzone zu verharren und nur das Nötigste in Angriff zu nehmen. Verträumt, weltfremd und naiv erscheint die unbewusste Waage auf ihr Umfeld. Sie macht viele Worte um nichts, holt weit aus, kommt aber nur schwer auf den Punkt. Alles wird von ihr angerissen, doch nichts wirklich tief beleuchtet. Anfangs wirkt sie durch ihre Wortgewandtheit intelligent und gebildet, doch mit der Zeit wird deutlich, dass sich hinter den schönen Worten nur wenige Taten verbergen. Unwesentliche Dinge trüben ihre Sicht auf das Wesentliche.

Äußere Harmonie ist für diesen Archetyp die Grundvoraussetzung für innere Balance. Deshalb setzt sich die Waage auch so engagiert für andere und ihre Bedürfnisse ein. Die Zufriedenheit ihrer Mitmenschen spiegelt sich direkt in ihrem eigenen Wohlbefinden wider. Ihr Bemühen um Harmonie ist also gar nicht so selbstlos, wie man es auf den ersten Blick vermuten würde. In erster Linie folgt sie dem inneren Drang, potenziellen Meinungsverschiedenheiten oder Konfrontationen den Nährboden zu entziehen und die Rahmenbedingungen zu schaffen, die sie benötigt, um innere Ausgeglichenheit zu finden.

> Äußere Harmonie ist für die Waage die Grundvoraussetzung für innere Balance.

Die unbewusste Waage sucht immer die Gegenwart anderer Menschen. Ist sie allein, fühlt sie sich schnell einsam, da ihr ohne Gesellschaft die Richtung und der Zuspruch fehlt, etwas in Angriff zu nehmen. Ständig benötigt sie Bestätigung, weil es ihr an Urteilskraft mangelt, sich selbst eine Richtung zu geben. Allein für etwas einzustehen oder als Einzelkämpferin aktiv zu werden, liegt ihr nicht. Selbst wenn sie etwas stört oder sie unter bestimmten Umständen leidet, ist es nicht sie selbst, die Abhilfe schafft; stattdessen schickt sie andere vor, die den Kampf für sie austragen. In gewisser Weise instrumentalisiert sie ihr Umfeld für ihre Zwecke. Sie benutzt sie dafür, das zu tun, was sie sich selbst nicht traut, aus Angst, in einen Konflikt zu geraten und am Ende nicht mehr gemocht zu werden.

Darüber hinaus möchte die Waage von allen gemocht werden. Für sie sind Konfrontationen oder Konflikte gleichbedeutend mit einem Sympathieverlust. Wie selbstverständlich geht sie davon aus, dass offene Worte das Verhältnis zu einer Person belasten oder verschlechtern werden. Die Folge ist, dass sie direkten Aussprachen gezielt ausweicht, was eine tiefergehende Klärung bestimmter Themen unmöglich macht. Anstatt sich einer konfrontativen Lösung zu stellen, zieht sie es vor, Differenzen zu übergehen oder totzuschweigen. Dadurch bleiben Probleme oft ungelöst, da man sie nicht direkt mit ihr aus der Welt schaffen kann.

Meist geht dieser Archetyp der unverblümten Wahrheit oder allem Nicht-Schönen so konsequent aus dem Weg, dass man den Eindruck gewinnen könnte, er hätte den Sinn für die Realität verloren. Das Bedürfnis nach Ausgeglichenheit und einer unbeschwerten Lebensgestaltung bewirkt, dass die unbewusste Waage alles Störende, Irritierende und Konfliktträchtige einfach unter den Teppich kehrt. Und da die Waage kreativ ist, weiß sie genau, was zu tun ist, wenn sich mit der Zeit ein Berg unter dem Teppich formt: Es wird einfach eine Skulptur davorgestellt, mit der selbstzufriedenen Bemerkung: »Sieht das nicht richtig hübsch aus?!«

Um Harmonie zu bewahren, meidet die Waage konsequent alle Konfrontationen und Auseinandersetzungen – ihrer Meinung nach haben eben alle recht. Unentschlossenheit, Bequemlichkeit und die Flucht vor Konfrontationen sind auf dieser Entwicklungsebene ebenso typisch für die Waage wie ein Zustand kognitiver Dissonanz. Darunter versteht man einen inneren Spannungszustand, der entsteht, wenn widersprüchliche Wahrnehmungen, Gefühle und Wünsche aufeinandertreffen, die sich nicht miteinander in Einklang bringen lassen oder sich gar völlig widersprechen. Durch die Schwierigkeit, sich für eine Seite zu entscheiden, strömen gegensätzliche Ansichten und Empfindungen auf die Waage ein. Dies führt zu einem Zustand innerer Zerrissenheit, der für sie kaum zu ertragen ist und letztlich dazu führt, dass sie aus ihrer inneren Balance fällt.

Größte Angst

Die Ur-Angst der Waage ist die Angst vor Konflikten. Kein anderer Archetyp strebt so sehr nach Harmonie, Ausgleich und Frieden wie die Waage. Disharmonie und Streit haben für sie etwas Unberechenbares und üben enormen Druck auf sie aus. Deshalb lässt sie nichts unversucht, um Unzufriedenheit, Streit oder Konflikten vorzubeugen. Sie rückt dafür von ihren Standpunkten ab, geht faule Kompromisse ein und stellt ihre Bedürfnisse zurück.

Auseinandersetzungen bedeuten für sie automatisch, dass sie bei ihrem Streben nach Harmonie etwas falsch gemacht hat. Sie sieht sich in der Pflicht, Versöhnung und Einigkeit zu bewirken und Kompromisse zu finden, die allen Beteiligten gerecht werden. Sie fühlt sich also verantwortlich dafür, dass ein harmonisches Miteinander besteht. Doch trotz all ihrer Bemühungen lässt es sich nicht vermeiden, dass auch sie mal in einen Konflikt oder eine Meinungsverschiedenheit gerät.

In einem solchen Fall ist sie dazu gezwungen, für sich einzustehen und in Kauf zu nehmen, dass ihre Ansichten oder Gefühle ihr Gegenüber vor den Kopf stoßen oder es gegen sie aufbringen könnten. Gerade hierin liegt ein bedeutendes Wachstumspotenzial für die Waage: Indem sie lernt, sich in Konflikten zu behaupten und ihre Standpunkte klar zu vertreten, kann sie ihre innere Stärke entwickeln und langfristig eine stabile, unerschütterliche innere Balance gewinnen.

Die mittlere Bewusstseinsstufe
Die reflektierte Waage

Auf dieser Ebene erkennt die Waage, dass das innere Gleichgewicht, nach dem sie so sehr strebt, weder von äußeren Faktoren beeinträchtigt werden sollte noch durch übermäßige Anpassung oder gar Selbstverleugnung. Sie begreift, dass je klarer und aufrichtiger sie mit ihren Mitmenschen umgeht, sich desto weniger Konfliktsituationen ergeben. Und selbst wenn Meinungsverschiedenheiten einmal unumgänglich sind, hat sie gelernt, diese auf wohlwollende Weise zu entschärfen. In diesem Bewusstseinsstadium durchbricht die Waage jede Form der Scheinharmonie, die sie aus Angst vor Konfrontationen geschaffen hat, und etabliert stattdessen stabile Beziehungen auf Augenhöhe. Sie steht souverän für ihre Bedürfnisse ein und macht sich in allen Lebensbereichen für Fairness und Gerechtigkeit stark.

Bewusstsein für Schwächen & Fokus auf Stärken

Gemeinsam wachsen

Die Waage ist das Zeichen des Tierkreises, das am stärksten auf das »Du« ausgerichtet ist. Sie braucht andere Menschen, um eine tiefere Verbindung zu sich selbst herzustellen und ihre eigene Identität zu erforschen. Während die unbewusste Waage dazu neigt, sich anzupassen, nach Harmonie zu streben und dabei ihre eigenen Bedürfnisse zu verleugnen, nutzt die reflektierte Waage bewusst ihre zwischenmenschlichen Beziehungen, um verborgene Themen und Dynamiken aufzudecken. Sie zieht das Prinzip der Projektion als wertvolles Werkzeug heran, um jene Aspekte aufzudecken, die sie verdrängt oder nicht wahrhaben will.

Durch bewusste Interaktion und ehrlichen Austausch erkennt sie, wie viel sie über sich in Erfahrung bringen kann, wenn sie mit anderen in Beziehung tritt und dabei ihr eigenes Verhalten beobachtet. Das Spiegelbild, das ihr Gegenüber bietet, hilft ihr, Klarheit über ihre eigenen Bedürfnisse zu erlangen und die verborgenen Anteile ihrer Persönlichkeit zu entdecken, die sie zuvor – für sich allein – nicht erfassen konnte. Die reflektierte Waage nutzt die Verbindung zu anderen somit gezielt als Katalysator für ihr persönliches Wachstum. Sie betrachtet Projektionen als wertvolle Hinweise auf ihre eigenen inneren Konflikte und entwickelt so mehr Selbstverständnis.

Sie lernt, dass wahre Harmonie nicht durch die Vermeidung von Konflikten erreicht wird, sondern durch das bewusste Auseinandersetzen mit ihren inneren Themen. Dies befähigt sie, Beziehungen auszubilden, die auf Ehrlichkeit und gegenseitigem Verständnis beruhen.

Endlich ein Kreis sein

Die Waage ist das Zeichen des Tierkreises, das in direktem Kontakt mit Partnerschaft und Liebe steht. Daraus erwächst ihr starkes Bedürfnis nach Verbindung und die intensive Sehnsucht, in Beziehung zu treten. Ist die Waage allein, wird der Wunsch in ihr laut, ihr Gegenstück zu finden. Schnell nimmt sie sich als eine Art Halbkreis wahr, der vervollständigt werden muss. Dabei fühlt sie sich von Menschen angezogen, die sich genauso unvollständig fühlen wie sie selbst. Das Problem dabei ist, dass zwei Halbkreise nur oberflächlich betrachtet einen ganzen Kreis bilden. Bei näherer Betrachtung wird deutlich, dass das Bemühen, sich durch etwas außerhalb seiner selbst zu vervollständigen, zum Scheitern verurteilt ist.

Ein bedeutender Erwachensmoment für die Waage besteht darin, zu erkennen, dass sie allein den Kreis vollenden muss, um eine vollständige Person zu werden. Anstatt dem Hochgefühl nachzujagen, das in den Anfängen einer jeden Liebesbeziehung zu finden ist, geht es für die reflektierte Waage darum, Liebe in sich selbst zu kultivieren. Sie wird fähig, den Partner in sich selbst zu entwickeln, statt ihn in der Außenwelt zu suchen.

Den ersten Schritt bei dieser Entwicklung bildet die Kunst, mit sich allein sein zu können, ohne sich dabei einsam zu fühlen. Das Fürsichsein wird für die Waage auf der mittleren Bewusstseinsstufe zur Quelle der Kraft. Es bietet ihr die Gelegenheit, sich von äußeren Erwartungen zu befreien und sich auf die eigene innere Stimme zu konzentrieren.

Indem sie sich als vollkommener Kreis erkennt, muss sie ihre Bedürfnisse nicht länger auf andere projizieren. Das Alleinsein wird für sie zu einem Raum, der es ihr ermöglicht, die tiefe Zufriedenheit zu finden, die sie zuvor im Außen suchte. Nun kann die Waage Beziehungen eingehen, die frei von der Erwartung sind, der andere müsse sie vervollständigen. So entstehen gesunde Beziehungen, die aus der inneren Stärke eines jeden Individuums erwachsen, mit sich selbst im Reinen zu sein.

Zeig mir, wer du bist!

Die Waage ist das perfekte Match für nahezu jeden Typ Mensch, unabhängig vom Beziehungsstatus. Denn in ihr findet man den zuvorkommenden Traumprinzen oder die lang ersehnte Traumfrau, vielleicht aber auch die verständnisvolle beste Freundin oder den unkomplizierten Kumpel. Das heißt mit anderen Worten, dass sie mit allem, was sie vorfindet, allen Charaktereigenschaften, Marotten und Eigenheiten ihres Gegenübers etwas anfangen kann. Was andere Menschen verschreckt, überfordert oder die Beine in die Hand nehmen lässt, bringt die Waage so schnell nicht aus der Ruhe. Sie bleibt entspannt, egal welche Geschütze andere Menschen auffahren.

Ein bedeutender Entwicklungssprung setzt ein, wenn die Waage erkennt, dass ihre Kantenlosigkeit es anderen sehr schwer macht, sie wirklich zu erfassen. Erst wenn sie sich wahrhaftig zu erkennen gibt, haben andere Menschen die Chance, sie kennenzulernen und ihre Bedürfnisse zu respektieren. Sie darf daher lernen, zu äußern, was ihr wichtig ist, und ihr wahres Selbst auf authentische Weise zu verkörpern. Gelingt ihr das, reagieren ihre Mitmenschen vollkommen anders auf sie: Sie schätzen sie für ihren Witz, ihre Schlagfertigkeit und ihr liebenswürdiges Wesen.

Nähe durch Konflikt

Scheinharmonie ist ein bedeutendes Stichwort für den Archetyp Waage. Harmonie ist für die Waage ein hohes Gut, doch Harmonie entsteht erst durch die Auseinandersetzung mit Disharmonie: Konflikte haben eine äußerst klärende Wirkung und können Menschen näher zusammenbringen. Wenn man sagt, was man denkt, sich selbst treu bleibt und den anderen in den eigenen Kopf blicken lässt, öffnen sich ganz neue Räume der zwischenmenschlichen Interaktion. Zu wissen, was im anderen vorgeht, keine Geheimnisse zu haben und ehrlich seine Meinung zu äußern, ohne hinter dem Deckmantel der Höflichkeit zu einer Notlüge zu greifen oder die Wahrheit zu beschönigen, aus Angst, den anderen zu verletzen – das schafft echte Verbundenheit.

Anzusprechen, was einen stört oder was man sich wünscht, stärkt das Miteinander, anstatt es zu gefährden. Wenn man sich mit seinem Gegenüber aufrichtig auseinandersetzt, Bedürfnisse äußert und gemeinsam nach Lösungen sucht, entsteht echte Nähe. Nach einem solchen Gespräch hat man das Gefühl, ein Team zu sein, das gemeinsam stürmische Zeiten meistern kann und von der reinigenden Energie profitiert, die sich nach einem Sturm einstellt, wenn sich der Himmel wieder aufklärt und sich die Wolken verzogen haben. Jede ehrliche, respektvolle Diskussion ist imstande, die Beteiligten am Ende näher zusammenzubringen.

Der Weg weg von der Scheinharmonie und hin zu echter Harmonie ist für die Waage ein bedeutender Prozess, der sie zu einem klareren Selbstverständnis und zu authentischen Verbindungen führt. Auf diesem Weg lernt die Waage, dass echte Nähe nicht in der Vermeidung von Konflikten, sondern in der aktiven Auseinandersetzung und Klärung von Spannungen liegt.

Pausenmanagement statt Prokrastination

Die unbewusste Waage besitzt eine verträumte Natur, lässt sich schnell ablenken und von ihrer Bequemlichkeit übermannen. Sie tappt leicht in die Falle der Prokrastination und tut sich schwer, langfristig motiviert zu bleiben. Doch in ihrem Streben nach Verbindung und ihrem kreativen Talent liegt der Schlüssel, um aus eigener Kraft Antrieb zu entwickeln und ihre Ziele zu verfolgen.

Die reflektierte Waage hat ausfindig gemacht, dass Teamarbeit eine starke Motivationsquelle sein kann. Während die unbewusste Waage dazu neigt, Aufgaben hinauszuzögern, blüht die reflektierte Waage in der Interaktion mit anderen auf. Der Austausch von Ideen und die gegenseitige Unterstützung in einer Gruppe inspirieren sie, weil sie ihre Stärken und Fähigkeiten in den Dienst des gemeinsamen Ziels stellen kann. Teamwork verleiht ihr nicht nur das Gefühl der Zugehörigkeit, sondern auch die Möglichkeit, ihre Talente zu entdecken und die Motivation zu finden, in enger Zusammenarbeit Projekte voranzutreiben.

Außerdem hat die reflektierte Waage gelernt, die Regenerationskraft regelmäßiger Pausen zu nutzen. Diese Pausen sind essenziell, um ihre Energie zu steigern und neuen Antrieb zu schöpfen. Indem sie bewusst Pausen einlegt, kann sie ihren Geist erfrischen und mit neuer Klarheit an ihre Aufgaben herantreten.

Durch Teamwork, kreative Ansätze und regelmäßige Pausen hat die reflektierte Waage die perfekte Balance zwischen ihrer verträumten Natur und der Entschlossenheit, ihre kreativen Visionen umzusetzen, gefunden.

Bewusstseinsentwicklung mithilfe des kardinalen Kreuzes

Entwicklung von Empfindsamkeit (Krebs)

Die Waage neigt dazu, ihre Gefühle zu intellektualisieren, Distanz zu ihnen zu wahren und verstandesorientiert mit ihnen zu interagieren. Abstrakte, theoretische Ansichten über die

Liebe können ihren Blick verfälschen, und so jagt sie einem Idealbild von Partnerschaft hinterher, ohne sich wirklich auf ihr Gegenüber einzulassen.

Sie schlägt in Liebesdingen immer den logischen Weg ein, ohne sich zu fragen, welchen Weg ihr Herz wählen würde.

Das Tierkreiszeichen, das die stärkste Beziehung zu seinen Gefühlen hat, ist der sensible und mitfühlende Krebs. In seinem Inneren verläuft eine gut ausgebaute dreispurige Autobahn, die ihn ohne Umwege direkt in sein Herz führt, sodass er in Rekordgeschwindigkeit Kontakt zu seinen Gefühlen aufnehmen kann. Somit ist der Krebs für die Waage ein guter Lehrer, um ihr Wege aufzuzeigen, vom Kopf ins Herz zu finden. Holt man den Rat seines Herzens ein, kann es passieren, dass dieser Rat objektiv betrachtet nur wenig Sinn macht. Vielleicht drängt das Herz einen, den ersten Schritt auf eine andere Person zuzugehen, obwohl das eigene Ego davon gar nicht begeistert ist, oder jemandem zu verzeihen, der einen verletzt hat. Doch die Milde des Herzens ist es, die Verbindung erzeugt und die Mauern einreißt, die der Verstand errichtet hat.

Durch den Einfluss des Krebses lernt die Waage, wie schnell all ihre kritischen inneren Stimmen verstummen, wenn sie aus der Perspektive des Mitgefühls auf einen Sachverhalt blickt und sie ihr Herz sprechen lässt.

Unterstützende Übung

Als Waage darfst du dich immer wieder ganz bewusst aus dem Kopf ins Herz bringen. Das Patentrezept, um deinem Verstand Einhalt zu gebieten und dich von ihm nicht in die Irre führen zu lassen, ist Mitgefühl. Diese heilsame Übung hilft dir, die Verbindung zu deinem Herzen zu stärken, indem du von der kritischen inneren Stimme Abstand nimmst und Mitgefühl für dich selbst und andere entwickelst.

Suche dir einen ruhigen Ort, an dem du ungestört bist. Setze dich bequem hin, schließe die Augen und atme tief ein und aus, um zur Ruhe zu kommen. Lenke deine Aufmerksamkeit auf dein Herz und stelle dir vor, wie jeder Atemzug sanfte, liebevolle Energie direkt in dein Herz fließen lässt.

Denke an eine Situation, die dich innerlich bewegt oder herausfordert. Fühle dich in dein Gegenüber hinein und versuche, die Situation aus dessen Perspektive zu sehen. Löse dich von allen Urteilen oder Vorwürfen und entwickle stattdessen Mitgefühl und Verständnis. Nimm wahr, welche kritischen oder ängstlichen Gedanken in dir aufsteigen, und stelle dir vor, dass du sie sanft zur Seite schiebst. Öffne dein Herz für die Möglichkeiten, die sich aus einer mitfühlenden Haltung ergeben.

Frage dich nun: »Was fordert gerade meine bedingungslose Akzeptanz?« und »Welches Bedürfnis verlangt nach meiner Aufmerksamkeit?« Erkenne, dass es in Ordnung ist, diese Bedürfnisse zu haben, und überlege, wie du dir selbst Mitgefühl entgegenbringen kannst. Stelle dir vor, wie dein Herz vor Freude und Liebe erstrahlt. Visualisiere, wie dieses Licht alle Unzulänglichkeitsgefühle und Selbstzweifel auflöst. Fühle die Wärme und den Frieden, die aus deinem Herzen strömen.

Überlege, wie deine Beziehungen aussehen würden, wenn du aus Liebe und Mitgefühl heraus handelst. Welche Wunder und Möglichkeiten könnten sich in deinem Leben einstellen, wenn du deinem Herzen folgst? Erinnere dich daran, dass Liebe, Wohlwollen und Mitgefühl die Lösungen für jedes noch so komplexe Problem sind. Entscheide dich bewusst für die Liebe und vertraue darauf, dass sie dich in deinem Wachstum und deiner Entwicklung leitet.

Beende die Übung, indem du dein Herz ganz weit öffnest. Nimm ein paar tiefe Atemzüge und spüre die Klarheit und Verbundenheit, die aus dieser Übung resultieren. Nimm dir einen Moment, um diese Empfindungen in dir zu verankern. Diese Übung kann regelmäßig praktiziert werden, um deine Verbindung zu deinem Herzen zu stärken und ein Leben voller Liebe, Mitgefühl und innerem Frieden zu führen.

Entwicklung von Geradlinigkeit (Steinbock)

Eine konkrete Entscheidung zu treffen, einen klaren Standpunkt zu beziehen und hierdurch unter Umständen Sympathien einzubüßen, kostet die Waage große Überwindung. Der Grund dafür ist ihre Angst, andere zu kränken oder gegen sich aufzubringen. Doch unsere Entscheidungen formen unsere Realität und beeinflussen direkt die Entwicklung unseres Lebens. Für die Waage ist es daher unerlässlich, Wege zu finden, sich klar zu positionieren, um so ihrem Leben eine konkrete Richtung zu geben. Ihre Unentschlossenheit und das Wegducken vor Entscheidungen führen langfristig dazu, dass sie auf der Stelle tritt.

Wer könnte der Waage besser dabei behilflich sein, verbindlich zu werden, als der Steinbock? Er unterstützt die Waage dabei, ihre Prioritäten zu klären und ihren Entscheidungen treu zu bleiben, ganz gleich, wie ihr Umfeld darauf reagiert.

Durch die Unterstützung des Steinbocks gewinnt die Waage Klarheit und einen festeren Stand im Leben, der unabhängig davon ist, was andere sich von ihr wünschen oder was der Weg des geringsten Widerstands ist.

Unterstützende Übung

Als Waage-betonte Person ist es wichtig, Strategien zu entwickeln, die dir helfen, Klarheit zu finden und deine Entscheidungen mit Zuversicht zu treffen. Diese heilsame Übung unterstützt dich dabei, deine Angst vor Entscheidungen zu verringern, indem du dir ausreichend Zeit für die Entscheidungsfindung nimmst.

Beginne, indem du dir einen ruhigen Ort suchst, an dem du ungestört bist und dich wohlfühlst. Setze oder lege dich bequem hin, schließe die Augen und atme tief ein und aus. Entspanne deinen Körper und beruhige deinen Geist, indem du dich auf deinen Atem konzentrierst und alle Spannungen loslässt. Richte nun deine Aufmerksamkeit auf die Frage, die dich aktuell beschäftigt. Stelle dir die Frage: »Was ist die richtige Entscheidung für mich?« oder »Wie fühle ich mich bei dieser Entscheidung?« Achte auf die körperlichen Empfindungen, die mit einem Ja oder Nein verbunden sind. Nimm wahr, wie sich die Stimme der Angst langsam beruhigt und blasser wird, während die Stimme deiner Intuition immer deutlicher wird. Erlaube dir, das Gefühl zu spüren, dass du bei all deinen Entscheidungen geführt bist. Es ist entscheidend, dass du dir vergegenwärtigst, dass du Zeit hast, um zu einer Entscheidung zu kommen. Setze dich nicht unter Druck, sondern gib dir selbst die Erlaubnis, den Prozess in deinem eigenen Tempo zu durchlaufen. Eine gute Möglichkeit, um deiner Neigung zum Aufschieben entgegenzuwirken, besteht darin, dir eine Deadline zu setzen, bis zu der du eine Entscheidung treffen möchtest. Für wichtige Lebensentscheidungen sind drei Wochen ideal.

Während dieser 21 Tage nimm dir täglich Zeit, um dich der Frage zu widmen, die sich dir gerade stellt. Frage dich jeden Tag: »Wie würde meine Entscheidung heute ausfallen?« oder »Was möchte ich wirklich?« Höre auf deinen inneren Impuls und notiere dir deine Antwort. Führe ein Tagebuch, in dem du deine täglichen Gedanken und Gefühle festhältst. Nach 21 Tagen überprüfe deine Aufzeichnungen und analysiere, welche Antwort sich über die drei Wochen hinweg am stimmigsten für dich angefühlt hat. Welche Entscheidung hat sich durchgehend am besten angefühlt? Vertraue darauf, dass du durch diese Übung eine wohlüberlegte und stimmige Entscheidung treffen kannst. Nachdem du deine Entscheidung getroffen hast, vertraue darauf, dass sie die richtige ist. Erinnere dich daran, dass du die Zeit und deine Intuition genutzt hast, um die für dich beste Wahl zu treffen. Diese Übung kannst du immer heranziehen, um Entscheidungen mit Klarheit und Selbstvertrauen zu treffen.

Entwicklung von Wahrhaftigkeit (Widder)

Das Luftzeichen Waage ist bestrebt, die Menschen um sie herum glücklich zu machen, um des Friedens willen zurückzutreten und wo es nur geht, Kompromisse einzugehen. Dadurch bleibt ihren Mitmenschen jedoch verborgen, wie es wirklich in ihr aussieht. Es ist ein großes Lernfeld für die Waage, gefühlsecht und authentisch zu handeln. Die Aufgabe besteht gerade darin, klar und aufrichtig zu kommunizieren, die eigenen Bedürfnisse zu priorisieren und von anderen zu fordern, ihre Grenzen zu wahren. Authentizität lautet das Stichwort! Authentisches Handeln setzt voraus, man selbst zu sein, egal, welche Konsequenzen das mit sich bringt. Doch genau das ist für die Waage unglaublich schwer.

Verhält sie sich jedoch konstant so, wie andere es gerne hätten, geht sie der Harmonie wegen sich selbst fremd. Paradoxerweise verschließt sie so Türen, die sie eigentlich öffnen wollte. Durch ihr Bemühen, anderen zu gefallen und von ihnen gemocht zu werden, verhält sie sich unauthentisch, was ihren Mitmenschen nicht entgeht und letztlich dazu führt, dass sie sich von ihr abwenden. Die Waage darf also lernen, für sich einzustehen und anderen die Chance zu geben, ihr wahrhaftig zu begegnen.

Der Widder, das Gegenzeichen der Waage, ist ein absoluter Profi in Sachen Ehrlichkeit, Durchsetzungskraft und Authentizität. Er sagt, was er denkt, steht zu seinen Überzeugungen und scheut keine Konfrontation. Spontan und entschlossen, wie der Widder ist, ist er natürlich sofort bereit, der Waage unter die Arme zu greifen und ihr zu zeigen, wie sie unerschrocken und souverän für sich einstehen und wahre Ich-Stärke entwickeln kann.

Unterstützende Übung

Für dich als Waage ist es sehr wichtig, regelmäßig einen Selbst-Check-up zu machen und zu hinterfragen, wie du innerlich zu dem stehst, was um dich herum passiert. Dabei ist es wichtig, die Ansichten anderer, ihre Bedürfnisse und Vorstellungen auszuklammern, um mit dir selbst in Kontakt zu kommen. Zunächst einmal geht es darum, die eigenen Bedürfnisse ausfindig zu machen und im Folgenden konsequent für sie einzustehen. Nimm dir Zeit, um innezuhalten und zu reflektieren, was du wirklich willst. Erstelle eine Liste deiner aktuellen Bedürfnisse und Prioritäten, um herauszufinden, welche Aspekte deines Lebens Aufmerksamkeit erfordern und in welchen Bereichen du ehrlicher zu dir selbst und anderen sein solltest.

Setze dir als Ziel, in alltäglichen Situationen ehrlich zu sein. Beginne mit kleinen Gelegenheiten, wie der aufrichtigen Antwort auf die Frage des Kellners, wie dir das Essen geschmeckt hat. Übe, deine Meinung klar zu äußern, ohne unhöflich zu erscheinen. Achte dabei auf die Art und Weise, wie du deine Worte wählst, und verbinde Ehrlichkeit mit Höflichkeit, Humor und Wohlwollen. Formuliere deine Aussagen so, dass sie sowohl ehrlich als auch respektvoll sind. Du könntest beispielsweise sagen: »Eigentlich schmeckt mir das Essen hier immer sehr gut, aber der Hauptgang war heute irgendwie anders zubereitet als sonst. Früher fand ich ihn besser.«

Lerne, die Kontrolle über die Reaktionen anderer loszulassen, und akzeptiere, dass Ehrlichkeit zu unterschiedlichen Reaktionen führen kann. Manche Menschen schätzen deine ehrlichen Worte und andere fühlen sich davon angegriffen. Doch wie die andere Person mit deiner Aufrichtigkeit umgeht, liegt nicht in deinem Verantwortungsbereich, sondern allein in ihrem. Durch diese Übung stärkst du deine Entschlossenheit, und sie hilft dir zudem, Klarheit über deine eigenen Bedürfnisse zu gewinnen und die Angst vor Entscheidungen zu reduzieren.

Wie du als Waage über dich hinauswächst

REFLEXIONSFRAGEN, DIE DEINE SELBSTWAHRNEHMUNG STÄRKEN

- Auf welche Weise treffe ich Entscheidungen?
- In welchen Lebensbereichen gelingt es mir, einen klaren Standpunkt zu beziehen, und in welchen fällt es mir besonders schwer?
- Wie wurde in meiner Kindheit mit Konflikten umgegangen?
- Welche Streitkultur pflege ich?
- Was kränkt mich im Miteinander ganz besonders?
- Spreche ich an, was mich verletzt?
- Gibt es ein Muster, wie ich mit dem Ende einer Beziehung umgehe?
- Seit wann zeigt sich mir dieses Muster und auf welche Art würde ich künftig gerne zwischenmenschliche Beziehungen beenden?
- Stehe ich für meine Bedürfnisse ein?
- Kommuniziere ich klar und deutlich?
- Welchen faulen Kompromiss möchte ich nicht länger mittragen?
- Was sind meine 5 Kernwerte in einer Beziehung?
- In welchen Situationen tauche ich ab aus Angst vor einer Konfrontation?
- Wann flüchte ich mich in die Passivität, um Dinge auszusitzen?
- Wie fühlt sich Disharmonie für mich an?
- In welchen Situationen gehe ich mir selbst fremd, um geliebt, gemocht oder akzeptiert zu werden?
- Habe ich Angst vor dem Alleinsein und wähle deshalb die Gesellschaft von Menschen, die mir nicht guttun?
- Womit könnte ich das Fürmichsein ausfüllen, damit ich es so richtig genieße?

Die oberste Bewusstseinsstufe
Die bewusste Waage

In diesem Stadium ihrer Bewusstseinsentwicklung übernimmt die Waage die Rolle der Justitia, der Göttin der ausgleichenden Gerechtigkeit. Sie erkennt, dass ihre Aufgabe darin besteht, Harmonie in die Welt zu tragen, ganz gleich, wie sie das im Einzelnen verrichtet. Sie wertet mit ihrem Sinn für das Schöne nicht nur ihr Zuhause auf, sondern ihre gesamte Umwelt. Außerdem sorgt sie, wo sie nur kann, für Ausgewogenheit und gewährleistet, dass alle gehört und gesehen werden. Die bewusste Waage macht den goldenen Mittelweg zwischen widerstreitenden Interessen ausfindig und setzt sich für gegenseitige Rücksichtnahme und gelebte Demokratie ein.

Die bewusste Waage erkennt Gerechtigkeit als Grundprinzip der kosmischen Ordnung und versteht, dass das Gleichgewicht der Welt von einem universellen Gesetz des Ausgleichs abhängt. Mit ihrem ausgeprägten Sinn für Fairness sieht sie, dass das Karma-Gesetz nicht nur auf individuelle Handlungen, sondern auch auf das kollektive Schicksal der Menschheit Einfluss nimmt. Oft wird sie Zeugin, wie das Universum Unrecht durch natürliche Kompensation ins Gleichgewicht bringt. Sie weiß, dass jedes Unrecht nach Ausgleich strebt, bis beide Waagschalen perfekt austariert sind.

Diese Vorstellung von Balance ist tief im Wesen der Waage verwurzelt. Ihr archetypisches Symbol, die Waage, verkörpert das Streben nach Harmonie und Gleichgewicht. Für sie ist Gerechtigkeit mehr als ein abstraktes Konzept; sie ist eine lebendige Kraft, die sie in ihrem täglichen Leben anstrebt. In jeder Entscheidung und Interaktion spürt sie die Verantwortung, diese kosmische Ordnung zu bewahren. Ihr innerer Kompass ist unablässig auf Fairness und Ausgewogenheit ausgerichtet, und sie bemüht sich unermüdlich, diese Ideale zu verkörpern.

Auf bewusster Ebene sucht die Waage aktiv nach Wegen, Konflikte zu lösen und Missverständnisse aufzuklären. Empathisch geht sie auf andere zu und hilft ihnen, verschiedene Perspektiven zu verstehen. Indem sie als Vermittlerin fungiert, schafft sie Raum für Dialog und gegenseitiges Verständnis. Sie ist immerzu bemüht, die goldene Mitte zwischen persönlichen und allgemeinen Interessen ausfindig zu machen. Selbst für die komplexesten Probleme entwickelt sie gerechte Lösungen und kann alle Beteiligten gewinnen, sie Hand in Hand mit ihr umzusetzen. Ihr milder, respektvoller Umgangston erlaubt es ihr, Zugang selbst zu Menschen zu finden, die engstirnig, defensiv und bekannt dafür sind, immer die Opposition zu bilden. Sie ist die allseits geschätzte Friedensbringerin, die Unstimmigkeiten bereinigt und ein wohlwollendes Miteinander schafft, in dem jeder seinen Platz hat und das Füreinander hochgehalten wird. Sie reicht den Parteien eines Konflikts wohlwollend die Friedenspfeife und macht damit die Welt zu einem humaneren, liebevolleren und gerechteren Ort.

Auf der obersten Bewusstseinsebene strebt die Waage danach, ihren Sinn für Ästhetik, Schönheit und Kunst in die Gemeinschaft einfließen zu lassen. Ihre Werke wirken auf andere stimulierend, anregend und regelrecht elektrisierend, da ihrer Schönheit etwas Übernatürliches innewohnt. David Hume hat in seinem Satz »Beauty is no quality in things themselves: it exists merely in the mind which contemplates them; and each mind perceives a different beauty« treffend formuliert, dass die Schönheit einer Sache weniger vom Objekt selbst abhängt, sondern vielmehr vom Auge des Betrachters. Dieses Zitat verdeutlicht, dass die Waage durch ihre Kreativität nicht nur Schönes erschafft, sondern mit ihren Werken auch im Inneren der Betrachter Spuren hinterlässt. Schließlich fließt ihre innere Harmonie in ihre Kunstwerke ein, wodurch sie letztlich auch äußere Harmonie schafft, die wiederum zu innerer Harmonie bei denjenigen führt, die sie betrachten. Die Waage nutzt ihre Gabe, um Schönheit und Ausgeglichenheit in die Welt zu bringen und so eine tiefere Verbindung zwischen Kunst und Betrachter zu schaffen.

Die bewusste Waage lehrt andere, was es bedeutet, bewusst zu lieben. Sie zeigt, wie man sich selbst komplettiert, ohne die eigene Ganzheit von einem anderen Menschen abhängig zu machen, und wie man sich bedingungslos auf seinen Partner einlässt. Ihr Verständnis von Beziehung besteht im Wesentlichen darin, einem Menschen Liebe und Zuneigung entgegenzubringen, ohne Forderungen an ihn zu stellen. Dabei geht es vor allem darum, das Gefühl der Liebe in den Fokus zu stellen, und weniger das, was man im Gegenzug für die geschenkte Liebe erhält. Die bewusste Waage eröffnet uns Möglichkeiten, auf authentische, verständnisvolle und achtsame Weise Beziehungen zu leben, den anderen nicht als Besitz zu betrachten, sondern als freies Individuum, ohne dabei die Intensität der Verbindung zu hinterfragen. Durch diplomatische Kommunikation, großzügige Dialogbereitschaft und liebevolle Rücksichtnahme werden so Beziehungen auf Augenhöhe möglich, in denen das Miteinander höher gewichtet wird als die Durchsetzung persönlicher Erwartungen.

Die Waage nutzt ihre Gabe, um Schönheit und Ausgeglichenheit in die Welt zu bringen.

Die bewusste Waage bereichert das Kollektiv mit ihrer intuitiven Kreativität und ihren musischen Talenten. Sie trägt wesentlich dazu bei, ein gerechtes, liberales und ethisches Wertesystem zu schaffen. Durch ihr vorurteilsfreies und faires Verhalten geht sie mit gutem Beispiel voran und dient anderen als Inspirationsquelle für Sanftmut, Rücksichtnahme und Gerechtigkeitssinn. Gerade ihre Friedfertigkeit macht die Waage zum Vorbild für ein harmonisches Miteinander und hilft, die Wogen von Konflikten zu glätten. Indem sie das Licht des Friedens in die Welt trägt und mit unermüdlicher Hingabe für Harmonie und Gerechtigkeit kämpft, erhebt sie sich zur Kriegerin der Liebe.

Wie du als Waage deinen Lebenssinn findest

Mit einer Waage-Betonung findest du deinen Lebenssinn in allen Dingen, die dein kreatives Talent entfalten. Ob du besondere Momente mit der Kamera einfängst, einzigartige Hochzeitskleider entwirfst, farbenfrohe Bilder malst oder Werbeslogans textest, die Menschen zum Schmunzeln bringen – du hast ein Händchen dafür, Werke von besonderem Wert, Witz oder atemberaubender Schönheit zu kreieren.

Auch das Feld der zwischenmenschlichen Beziehungen fasziniert dich. Es erfüllt dich auf einer tiefen Ebene, anderen Menschen zu helfen, ihr Umfeld besser zu verstehen, Beziehungsprobleme auszuräumen oder ein passendes Beziehungsmodell für dich zu finden. Dein ausgeprägter Sinn für Gerechtigkeit motiviert dich, dich für mehr Chancengleichheit, Gleichberechtigung und Fairness in den unterschiedlichsten Bereichen einzusetzen. Dabei agierst du diplomatisch, rücksichtsvoll und strategisch, da du genau weißt, wie man andere auf charmante Weise überzeugt. Du siehst es als deine Pflicht an, dich für diejenigen stark zu machen, die Opfer von Ausbeutung oder Diskriminierung geworden sind, und du setzt alles daran, ihre Situation zu verbessern.

Innerer Frieden ist für dich in allem, was du tust, von entscheidender Bedeutung. Harmonie am Arbeitsplatz, ein respektvoller Umgangston und wertschätzende Worte beflügeln dich zu Höchstleistungen, während das Gegenteil dich demotiviert und dir die Freude am Schaffen raubt. Umgibt dich Schönheit, bist du doppelt so zufrieden und produktiv, während Unordnung, Chaos oder eine lieblose Umgebung deine innere Balance gefährden können.

♏

DAS WASSERZEICHEN

SKORPION

23. Oktober bis 22. November

Zeichen	♏
Element	Wasser
Herrscher	Pluto
Kreuz	Fix
Stärken	· Klarheit · Regenerationskraft · Tiefgründigkeit · Unbeirrbarkeit
Schwächen	· Intoleranz · Empfindlichkeit · Manipulation · Unberechenbarkeit
In diesen Berufsfeldern findet man den Skorpion	· Psycholog:in · Schauspieler:in · Detektiv:in · Marketing-Berater:in · Tantra-Coach:in · Astrolog:in · Sterbebegleiter:in

»Erst wenn man seine Lebensgeschichte mit allen daran geknüpften Hoffnungen und Ängsten loslässt und allen vergangenen Kummer, kann der Geist zur Ruhe kommen und das Herz sich öffnen.«

JACK KORNFIELD

Der Skorpion ist der wohl komplexeste Archetyp des Tierkreises, und kein Zeichen genießt einen so »schlechten« Ruf, was schlichtweg darauf zurückzuführen ist, dass er nicht ausreichend verstanden wird. Ich verrate dir etwas: Der Skorpion ist mein Lieblingszeichen! Und ich verspreche dir, nach diesem Kapitel wirst du ihn ebenso lieben wie ich. Und wenn du ihn nicht gleich lieben möchtest, weil irgendeine Skorpion-betonte Person dir gegenüber einmal ihren Stachel angewendet hat und ihr Stich immer noch wehtut, dann wirst du nach diesem Kapitel zumindest besser verstehen können, was sie dazu bewogen hat. Und wer weiß, vielleicht siehst du den erlittenen Schmerz im Folgenden mit anderen Augen.

Das Zeichen Skorpion umgibt ein geheimnisvoller Zauber, mit dem es seine Mitmenschen in seinen Bann zieht, ihr Vertrauen gewinnt und sich unabdingbar für sie macht. Er ist vielschichtig, undurchsichtig und geheimnisvoll. Während es anderen Menschen gelingt, leichtfüßig und sorglos durch das Leben zu tänzeln, empfindet der Skorpion alles außerordentlich intensiv. Es ist für ihn nicht einfach, die Vergangenheit ruhen zu lassen, Verletzungen zu verzeihen oder Veränderungen zu akzeptieren. Gelingt es ihm jedoch, das Erlebte hinter sich zu lassen und seine Kontrollansprüche herunterzuschrauben, etabliert sich in seinem Leben eine ganz andere Dynamik, die ihn mit seiner immensen inneren Kraft in Berührung bringt. Diese innere Kraft lässt ihn jede Krise überstehen und ihn sogar gestärkt aus ihr hervorgehen. Sie navigiert ihn zielsicher zu spiritueller Weisheit und weckt in ihm den unerschütterlichen Glauben an das Übernatürliche. Seine spirituellen Fähigkeiten sind beeindruckend, seine Intuition glasklar und seine Menschenkenntnis treffsicher und präzise. Spürt er, dass sich etwas im Außen nicht mit seiner inneren Wahrnehmung deckt, bohrt er nach und trifft mit seinen Fragen meist vollkommen ins Schwarze. Seine Beobachtungs- und Kombinationsgaben sind einzigartig. Je nach Bewusstseinsstand geht er auf unterschiedliche Weise mit dieser Fähigkeit um. Auf unbewusster Ebene nutzt der Skorpion seine Analysefähigkeit und sein Einfühlungsvermögen für manipulative Zwecke. Im Gespräch spürt er die wunden Punkte seines Gegenübers auf, damit er sie, wenn nötig, zu einem späteren Zeitpunkt gegen ihn verwenden kann. Auf bewusster Ebene nutzt er seine feine Wahrnehmung auf positive Weise: Hat er den Eindruck, dass es einer anderen Person nicht gut geht, schafft er für sie einen sicheren Raum, damit es ihr leichterfällt, sich vollständig zu öffnen. Sie fühlt sich von ihm verstanden und weiß, dass seine Interpretation der Situation sehr genau und hilfreich ist.

Darüber hinaus weist das Zeichen Skorpion eine starke Zähigkeit und ein beeindruckendes Durchhaltevermögen auf. Halbherzige Ansätze sind ihm fremd, und er verleiht allem, was er tut, eine besondere Intensität. Da seine Leidensgrenze ebenso wie seine Belastbarkeitsgrenze in Dimensionen liegt, die die von anderen weit übersteigt, harrt er auch dann noch in Situationen aus, in denen andere schon längst das Handtuch werfen. Der Skorpion lebt nach der Devise »Wo ein Wille ist, ist auch ein Weg!«, und wenn er sich einmal einer Idee verschrieben hat, lässt er nicht mehr davon ab. Er besitzt zudem eine starke Durchsetzungsfähigkeit, die deutlich subtiler wirkt als die des Feuerzeichens Widder. Der Skorpion agiert im Verborgenen, setzt ausgeklügelte Strategien ein und ist seinen Mitmenschen stets einen Schritt voraus. Leicht entlarvt er ihre wahren Beweggründe, während er seine eigenen Motive gut unter Verschluss hält. Er spricht sich klar für oder gegen etwas aus und bleibt standfest, wenn es darum geht, seine Ansichten zu vertreten. Daher ist er nicht nur ein guter Anführer, sondern auch ein verlässlicher Prellbock, der ohne mit der Wimper zu zucken auch unbequeme Wahrheiten anspricht und auf Ungerechtigkeiten hinweist, weil er für seine Überzeugungen auch das Risiko eingeht, abgelehnt, bedroht oder bekämpft zu werden.

Nach meinem Jurastudium verbrachte ich während des Referendariats einige Zeit bei der Staatsanwaltschaft. Die Abteilung, der ich zugeteilt war, befasste sich mit Organisierter Kriminalität. Kein Bild erscheint mir passender, um das eben Gesagte zu veranschaulichen: Der Skorpion ist der souveräne Staatsanwalt, der den Gerichtssaal betritt und Anklage gegen Banden- und Clanmitglieder erhebt, ohne sich von ihnen einschüchtern zu lassen. Man munkelt sogar, dass er diese Art von Nervenkitzel braucht, um sich lebendig zu fühlen und die eigenen Grenzen auszuloten.

Zusammenfassend lässt sich sagen, dass der Skorpion beharrlich, willensstark und leidenschaftlich ist. Ihn umgibt etwas Magisches, und nicht selten hinterlässt er unvergessliche Spuren in den Menschen, die ihm begegnen.

FIXES KREUZ: STIER, LÖWE, SKORPION UND WASSERMANN

Auf seiner Entwicklungsreise wird der Skorpion von den anderen fixen Zeichen – Löwe, Wassermann und Stier – unterstützt, die seine einschränkenden Charakterzüge ausgleichen und ihm helfen, jene Fähigkeiten zu entwickeln, die sein inneres Wachstum fördern. Diese drei Zeichen bilden zusammen mit dem Skorpion das fixe Kreuz. Bei seiner Bewusstseinsentwicklung darf der tiefgründige, unbeirrbare und integre Skorpion Unbeschwertheit (Löwe), mentale Beweglichkeit (Wassermann) und innere Stabilität (Stier) ausbilden. Dabei zeigt ihm der Löwe, wie man mit Heiterkeit und Gelassenheit durchs Leben geht, sich weniger Sorgen macht und den Dingen ihren ungehinderten Lauf lässt. Der Wassermann fordert ihn auf, seinen Blick von der Vergangenheit zu lösen und ihn stattdessen auf die Zukunft zu richten. Sein Gegenzeichen, der Stier, veranschaulicht ihm die Notwendigkeit, Resilienz und innere Stabilität zu entwickeln, um das immerwährende Drama in seinem Leben zu beenden.

Die untere Bewusstseinsstufe Der unbewusste Skorpion

Auf der unbewussten Entwicklungsstufe ist der Skorpion zynisch, rechthaberisch und regelrecht verbohrt. Mit seinen kritischen und kränkenden Bemerkungen nimmt er anderen die Unbeschwertheit, was dazu führt, dass auch sie ängstlich und misstrauisch durch das Leben gehen. Sein ganzes Handeln ist darauf ausgerichtet, seinen Einfluss- und damit Machtbereich zu erweitern. Um dieses Ziel zu erreichen, manipuliert und instrumentalisiert er seine Mitmenschen. Er plant seine Schachzüge im Voraus, immer darauf bedacht, die Kontrolle zu behalten und seine Position zu stärken.

Der unbewusste Skorpion ist sehr stark auf die Vergangenheit fixiert. Dies äußert sich vor allem darin, dass er am Liebgewonnenen festhält, Neuem gegenüber eher skeptisch eingestellt ist und sehr konservativ auf seine Umwelt blickt. Er hat konkrete Vorstellungen von Richtig und Falsch und ist erbarmungslos mit Menschen, die seinen vorgefassten Überzeugungen nicht entsprechen. Seine hohen Erwartungen versucht er um jeden Preis durchzusetzen, scheitert jedoch häufig an der Unkalkulierbarkeit des Lebens und seinem Unvermögen, sich an neue Gegebenheiten anzupassen. Er geht aufs Ganze, strebt nach Verbindlichkeit, und wenn es nach ihm ginge, würde er alles in Stein meißeln, um es für die Ewigkeit zu bewahren. Doch die einzige Konstante im Leben ist der Wandel, und so wird der Skorpion vom Leben ziemlich gebeutelt, bis er zur Erkenntnis gelangt, dass die Tiefschläge in seinem Leben größtenteils dadurch ausgelöst wurden, dass er so unerbittlich an seinen engen Vorstellungen festhielt.

Das Leben eines Skorpions gleicht auf der unbewussten Ebene einem Kampfplatz. Dies mag zunächst dramatisch klingen, wird jedoch verständlicher, wenn man sich vergegenwärtigt, welche Art von Kämpfen er führt. Diese Kämpfe finden hauptsächlich zwischen ihm und seiner Gefühlswelt statt, die ihn mit sich reißt und in einen Strudel von Emotionen zieht. Die inneren Konflikte des Skorpions führen häufig dazu, dass er impulsiv oder übermäßig emotional reagiert, was oft in Auseinandersetzungen mit anderen Menschen gipfelt. Schon ein einziges unglücklich gewähltes Wort oder ein unerfülltes Versprechen kann ausreichen, um eine Kette von Missverständnissen und Streitereien auszulösen. In extremen Fällen können diese inneren Kämpfe ihn dazu bringen, sich in Extremsituationen zu manövrieren, sei es durch die Teilnahme an riskanten Extremsportarten oder durch ein exzessives Sexleben.

Wenn es nach ihm ginge, würde er alles in Stein meißeln, um es für die Ewigkeit zu bewahren.

Darüber hinaus beobachtet das Zeichen Skorpion das Verhalten seiner Mitmenschen gerne aus sicherer Distanz und macht sich ein Bild darüber, wer mit seinem Weltbild d'accord geht. Während er akribisch analysiert, wie andere sich verhalten, und ihr Tun an seinen eigenen Erwartungen misst, tappt sein Umfeld im Dunkeln, wenn es um die Frage geht, wie es in ihm aussieht. Denn der Skorpion weiß: Je mehr er von sich preisgibt, desto angreifbarer ist er. Aus diesem Grund wirkt er meist verschlossen, distanziert und unnahbar.

Der unbewusste Skorpion wird von einer Vielzahl an Feindbildern auf Trab gehalten. Er projiziert seine inneren Konflikte auf die Außenwelt und begegnet fortwährend Menschen, die ihn herausfordern. Ständig gerät er in Situationen, die sich auf komplizierte Weise entwickeln, und wird mit Erlebnissen konfrontiert, in denen er entweder seine Macht unter Beweis stellen oder seine Ohnmacht akzeptieren muss. Sein Verhalten ist geprägt von einem unnachgiebigen Festhalten an seinen eigenen Überzeugungen und einem mangelnden Verständnis für die Ansichten anderer. Der unbewusste Skorpion fühlt sich oft provoziert und vom Leben betrogen, überzeugt davon, es schwerer zu haben als andere. Diese Perspektive führt zu Gefühlen von Ungerechtigkeit, Zynismus, Verbitterung und Selbstmitleid, die schließlich in Depressionen münden können. Er vergleicht die Realität mit seinen Idealvorstellungen und ärgert sich darüber, dass das Leben seinen Erwartungen nicht entspricht. Dieser Ärger bringt ihn jedoch auch nicht weiter, sondern verstärkt nur das Gefühl der Ohnmacht, weil er nicht akzeptieren will, dass das Leben häufig anders verläuft, als er es sich vorgestellt hat.

Auf der unbewussten Ebene versucht der Skorpion seinen Machtbereich stetig zu erweitern. Am liebsten behält er die völlige Kontrolle über alles und jeden in seiner Umgebung. Diese Kontrolle muss nicht immer dominant ausgeübt werden; sie kann auch subtil und unterschwellig sein. Zwar kann er die Rolle eines erbarmungslosen Familientyrannen, narzisstischen Partners oder manipulativen Vorgesetzten einnehmen, aber sein Kontrollstreben äußert sich nicht immer so offensichtlich. Häufig opfert er sich sogar regelrecht für seine Mitmenschen auf und macht sich für sie unentbehrlich, um in Momenten, in denen ihm die Kontrolle entgleitet, seine Aufopferung als Druckmittel zu nutzen und ihnen ein schlechtes Gewissen zu machen. Denkbar ist auch, dass er sich beim geringsten Widerstand unnahbar zurückzieht, um seine Mitmenschen der quälenden Frage auszusetzen, was sie falsch gemacht haben. Eine weitere Methode des unbewussten Skorpions, Druck auszuüben, besteht darin, Unsicherheit zu schüren, indem er unangenehme Fragen zu sensiblen Themen stellt oder auf Fehler hinweist. Auch wenn es unterschiedliche Erscheinungsformen gibt, wie ein unbewusster Skorpion Macht über andere ausübt, sind sie doch gleichermaßen effektiv, wenn auch schwer zu entlarven. In letzter Konsequenz steuert ein unbewusster Skorpion sein gesamtes Umfeld, ganz gleich, ob seine Mitmenschen Notiz davon nehmen oder nicht.

Größte Angst

Die Ur-Angst des Skorpions ist die Angst vor Kontrollverlust. Wie wir bereits gesehen haben, hat dieser Archetyp äußerst starre Vorstellungen davon, wie die Welt zu sein hat. Versucht er nun, seine Vorstellungen auf andere zu übertragen, ist das nichts anderes als eine Form der Kontrollausübung. Wer verzweifelt versucht, die Kontrolle über das Leben und andere Menschen zu behalten, fürchtet sich davor, dass sich die Machtverhältnisse umkehren und er am Ende selbst fremdbestimmt wird. Der Gedanke, den Vorstellungen eines anderen ausgeliefert zu sein, löst in ihm große Widerstände aus. Für einen Skorpion ist Fremdbestimmung gleichbedeutend mit Kontrollverlust. Wenn man sich genauer vor Augen führt, was Fremdbestimmung ist, leuchtet das auch ein. Denn die Angst vor Fremdbestimmung ist für einen Skorpion nichts anderes als die Furcht, selbst den Kontrollversuchen anderer ausgesetzt zu sein. Der Skorpion hat nun zwei Möglichkeiten, mit dieser Angst umzugehen: Er kann entweder versuchen, Situationen zu vermeiden, in denen er fremdbestimmt wird, oder er kehrt den Spieß einfach um und ist selbst derjenige, der bestimmt.

Aus einer übergeordneten Perspektive betrachtet hat der Skorpion ein generelles Problem mit Bevormundung. Die Folge ist, dass er immer versucht, die Oberhand zu gewinnen. Ein anderes Wort für Oberhand ist Macht, und ein weiteres Wort, das den Nagel auf den Kopf trifft, ist Kontrolle. Hat er die Kontrolle inne, fühlt er sich sicher; entgleitet sie ihm, gerät sein inneres wie auch äußeres Sicherheitsgerüst ins Wanken.

Die mittlere Bewusstseinsstufe
Der reflektierte Skorpion

Auf der mittleren Bewusstseinsebene wird sich der Skorpion zunehmend der Machtdynamiken in seinem Leben bewusst und beschließt, seine Stärke nicht länger zur Kontrolle anderer, sondern für seine persönliche Entwicklung einzusetzen. Mit dieser neu gewonnenen Einsicht ist er in der Lage, komplexe Situationen und Beziehungen in ihrer ganzen Tiefe zu erfassen. Er erkennt die versteckten Auslöser, die bestimmte Verhaltensweisen in ihm und anderen hervorrufen, und vermeidet es, übermäßig emotional zu reagieren. Herausforderungen begegnet er mit einem tiefgehenden Verständnis, das sowohl ihm selbst als auch anderen zugutekommt. Anstatt in alte Kontrollmuster zu verfallen, strebt er nach Selbsterkenntnis und einem tieferen Verständnis für die Mysterien des Lebens.

Bewusstsein für Schwächen & Fokus auf Stärken

Ein Giftstachel voller Heilkraft

Die klaren Worte oder beiläufigen Bemerkungen des unbewussten Skorpions können für seine Mitmenschen sehr verletzend sein. Mit Präzision trifft er ihre sensiblen Stellen und nutzt dieses Talent auch gerne zu seinem Vorteil. Mit seinen direkten, zynischen Äußerungen stiftet er meist genau dann Unfrieden, wenn um ihn herum Harmonie herrscht, fast so, als könnte er zu viel Idylle nicht ertragen. Mit zunehmender Reife erkennt der Skorpion jedoch, dass sein Giftstachel großen Schaden anrichtet und sein Umfeld zunehmend ausdünnt. Diese Einsicht führt ihn zu einer neuen Herangehensweise: Er sucht nach Wegen, in Konfliktsituationen sachlich zu bleiben, konstruktive Lösungsansätze zu finden und gewaltfrei zu kommunizieren. Er bemüht sich, das Geschehen auch aus der Perspektive seines Gegenübers zu betrachten. Dabei wird ihm bewusst, dass sein strategisches Geschick und sein Einfühlungsvermögen ihm dabei sehr zugutekommen und er ganz ohne verletzende Äußerungen seine Meinung vertreten und durchsetzen kann. Seine feine Beobachtungsgabe und sensible Wahrnehmung, die ihm zuvor noch den Blick auf alle Schwächen und wunden Punkte der anderen eröffnet haben, nutzt er nun, um seinen Mitmenschen auf eine verständnisvollere Weise zu begegnen. Mit der Zeit bemerkt er, dass sie ihm ihre intimsten Gedanken und Geheimnisse anvertrauen. Sie öffnen sich ihm, weil sie wissen, dass er Verständnis für ihre inneren Abgründe hat und sie weder belächelt noch verurteilt. Denn es gibt nichts, was einen Skorpion, der sich regelmäßig in die eigenen seelischen Abgründe abseilt, schockieren könnte.

Wenn man die ehrlichen Worte eines Skorpions für einen Moment sacken lässt, bemerkt man, dass er intuitiv ins Schwarze getroffen hat. Schließlich besitzt er die Gabe, andere Menschen zu lesen wie ein Buch; kein beiläufiger Blick, kein energetischer Wechsel entgeht ihm. Sein Rat ist deshalb von bemerkenswerter Treffsicherheit geprägt, und seine Hinweise können eine bedeutende Triebfeder für die eigene seelische Entwicklung darstellen – vorausgesetzt, man ist bereit, sie anzunehmen.

Vom Drama zur Erfüllung

Das Lebensmotto des Skorpions lautet »Alles oder nichts«. Nicht selten plant er nach dem ersten Date bereits den gemeinsamen Sommerurlaub oder überlegt, welches Stadtviertel sich am besten für eine gemeinsame Wohnung eignen würde. Der Grund dafür liegt auf der Hand: Er weiß genau, was er will, und erwartet dieselbe Entschlossenheit von anderen. Doch auf seiner Suche nach Menschen, die das Leben ebenso intensiv erleben wie er, stößt er oft auf die Trivialität seiner Umgebung. Lauwarme Gefühle, belanglose Gespräche oder oberflächliche Menschen verleiten ihn dazu, Dramen zu inszenieren, um seinem Leben mehr Würze zu verleihen. Die kurzen Momente der Erfüllung, die aus solchen Dramen erwachsen, sind jedoch nicht von Dauer. Diese Erkenntnis markiert den Übergang vom unbewussten zum reflektierten Skorpion. Er begibt sich nun auf die Suche nach Tiefe, Echtheit und Intensität und spürt, wie lebendig er sich fühlt, wenn er sich mit Leib und Seele einer anspruchsvollen Aufgabe widmen kann.

Er umgibt sich nur noch mit Menschen, die sich ebenso tiefgründige Fragen stellen wie er selbst, die seine Komplexität erfassen und seine Begabungen fördern. Diese Menschen sagen nicht »Mach dir doch nicht so viele Gedanken«, sondern diskutieren mit ihm die großen Lebensfragen und hören aufmerksam zu, wenn er über seine Ängste oder inneren Dynamiken spricht. Der reflektierte Skorpion hat erkannt, wie bedeutsam es ist, sich selbst zu entdecken, seine spirituellen Fähigkeiten auszubauen und in seine seelischen Abgründe einzutauchen. Äußere Dramen haben ihren Reiz für ihn verloren, da er seinem Leben den Tiefgang verliehen hat, den er so lange gesucht hat.

Gestaltungsspielraum für das Leben

Der unbewusste Skorpion hat klare Vorstellungen davon, was das Richtige ist – nicht nur für sich, sondern auch für andere. Seine engen Ansichten über das Leben, seinen Tagesablauf und das Verhalten seiner Mitmenschen lassen nur wenig Raum für die Kreativität des Lebens. Allem, was seinen Vorstellungen widerspricht, begegnet er mit Vorurteilen und nimmt sofort eine defensive Haltung ein. Was ihm unbekannt ist, wird zunächst belächelt und dann bekämpft. Ungeplante Abweichungen von seinen Plänen lösen in ihm eine starke innere Irritation aus, die in einer völligen Überforderungssituation mündet. Wird beispielsweise ein Treffen von 15 auf 16 Uhr verschoben und in ein anderes als sein Lieblingscafé verlegt, kann das den unbewussten Skorpion ganz schön aus der Bahn werfen. Schließlich hatte er sich den ganzen Tag auf 15 Uhr eingestellt und sich auf den Matcha Latte seines Lieblingscafés gefreut. Während andere Menschen in solchen Momenten einfach entspannt bleiben und improvisieren, gerät ein unbewusster Skorpion in Panik, weil er das Gefühl hat, die Kontrolle zu verlieren.

Im Rahmen seiner Bewusstseinsentwicklung lernt der Skorpion, spontane Veränderungen als Chancen zu betrachten. Durch regelmäßige Selbstreflexion hinterfragt er seine Erwartungen und entwickelt die Fähigkeit, Situationen aus einem positiven Blickwinkel zu betrachten, selbst wenn sie nicht wie geplant verlaufen. Diese Technik des Reframings ermutigt ihn, in den veränderten Gegebenheiten neue Chancen und Lernmöglichkeiten zu erkennen. Dem reflektierten Skorpion wird zunehmend bewusst, dass unvorhergesehene Ereignisse ihm Gelegenheiten bieten, Erfahrungen zu machen, die seine ursprünglichen Pläne weit übertreffen. Er öffnet sich zunehmend für die Überraschungen des Lebens und ertappt sich am Ende sogar bei der Frage, ob der Matcha Latte in dem alternativen Café vielleicht sogar viel besser ist als der in seinem Lieblingscafé.

Ängste als Verbündete

Der unbewusste Skorpion wird von zahlreichen irrationalen Ängsten beherrscht, die er oft auf sein Umfeld projiziert, wodurch auch die Menschen um ihn herum in ihrer Freiheit eingeschränkt werden. Insbesondere die Unkontrollierbarkeit des Lebens konfrontiert ihn mit seiner größten Furcht: der Angst, die Kontrolle zu verlieren. Ängste dominieren und lenken den unbewussten Skorpion, versperren ihm den Weg und hemmen sein inneres Wachstum.

Im Gegensatz dazu entwickelt der reflektierte Skorpion eine kritische Distanz zu seinen Ängsten. Er erkennt, dass sie seinen Handlungsspielraum einschränken und ihn dazu verleiten, überall potenzielle Bedrohungen zu sehen, wo gar keine sind. Anstatt seine Ängste zu verdrängen oder ihnen die Kontrolle zu überlassen, integriert er sie als einen Teil seines

Selbst. Er begegnet ihnen mit Akzeptanz, anstatt sie zu bekämpfen, abzulehnen oder als reine Vorsichtsmaßnahmen zu deklarieren. Der reflektierte Skorpion wird zu einer liebevollen Mutter für seine Unsicherheiten und Sorgen, die sich ihrer mit sanfter Fürsorge und einem klaren Bewusstsein annimmt. Wie eine Mutter, die ihr ängstliches Kind an der Hand hält, gewährt er seinen Ängsten Raum, um sich zu zeigen, sich Gehör zu verschaffen und gesehen zu werden. In dieser Rolle nimmt der Skorpion seine Ängste behutsam in seine Obhut und schenkt ihnen seine volle Aufmerksamkeit, ohne ihnen jedoch die Kontrolle zu überlassen. Er lauscht den leisen Stimmen seiner inneren Unsicherheiten, deckt ihre Herkunft auf und erkennt, dass sie Teil seiner selbst sind.

Er hat nun verstanden, dass seine Ängste ihren Schrecken verlieren, wenn er sie als Wegweiser nutzt, und dass die daraus gewonnene Freiheit zu dem Zustand führt, den er sich aus tiefstem Herzen ersehnt: zu innerer Unbeschwertheit!

Die Inspiration von Intimität

Der unbewusste Skorpion wird von seinen starken Begierden und dem tiefen Verlangen nach inniger Verbindung angetrieben. Doch diese intensiven Sehnsüchte führen ihn oft in die dunklen Abgründe seiner Seele. Seine ausgeprägte Eifersucht, die aus dem Bedürfnis erwächst, andere besitzen zu wollen, hemmt häufig seine Beziehungen und verursacht Konflikte, die seine Partner in die Enge treiben.

Im Laufe seiner Entwicklungsreise beginnt der reflektierte Skorpion jedoch, die transformative Kraft seiner Sexualität zu erkennen und zu würdigen. Nun erlebt er sie als tiefgreifenden Prozess der Selbsterkenntnis und Erneuerung. Er taucht in die Tiefen seiner Emotionen ein und nutzt seine sexuelle Energie, um sich auf eine kraftvolle und magnetische Weise mit anderen zu verbinden. Diese intimen Begegnungen erlauben es ihm, seine Verletzlichkeit zu zeigen und die Mauern niederzureißen, die er um sein Herz errichtet hat. Sexualität wird für den reflektierten Skorpion mehr als nur ein physisches Erlebnis; sie wird zu einem Mittel der Transformation und Transzendenz. Durch diese Erfahrungen durchläuft er einen »Stirb-und-Werde«-Prozess, der ihm ermöglicht, alte Muster und Verhaltensweisen hinter sich zu lassen und sich selbst sowie seine Beziehungen in einem neuen Licht zu sehen. Der reflektierte Skorpion sucht nicht mehr nur körperliche Nähe, sondern auch emotionale und seelische Verbundenheit. Seine Sexualität ist verführerisch, mystisch und geheimnisvoll, da sie ihm erlaubt, die verborgenen Tiefen seiner eigenen Seele zu erkunden. Auf diese Weise gelingt es ihm, Verbindungen einzugehen, die sowohl transformierend als auch erfüllend sind – für ihn selbst und für andere.

Bewusstseinsentwicklung mithilfe des fixen Kreuzes

Entwicklung von Unbeschwertheit (Löwe)

Der Skorpion ist stark auf das Erlebte fixiert. Ereignisse, die er als ungerecht empfunden hat, Menschen, die ihn verletzt haben, oder unbeantwortete Fragen belasten ihn schwer. Oft schweift er gedanklich in die Vergangenheit ab, hinterfragt sein Verhalten, ärgert sich über die Handlungen anderer oder die Ungerechtigkeiten des Lebens. Für den Skorpion stellt es eine große Herausforderung dar, die Vergangenheit ruhen zu lassen und seine volle Aufmerksamkeit der Gegenwart zu widmen. Daher ist es ein wichtiges Learning für ihn, im Hier und Jetzt anzukommen und sich bewusst zu machen, dass alles Vergangene nur so lange Macht über ihn hat, wie er es durch seine Gedanken und Gefühle am Leben erhält. Mit jeder Erinnerung haucht er der Vergangenheit neues Leben ein, fast so, als würde er mit hartnäckigen Wiederbelebungsversuchen darum kämpfen, seinen alten Schmerz lebendig zu halten.

Die Herausforderung für ihn besteht darin, den Entschluss zu fassen, das Gepäck der Vergangenheit am Bahnsteig stehen zu lassen und frei von Altlasten in den Zug des Lebens einzusteigen, wohin er auch fahren mag.

Um es in Deepak Chopra's Worten zu sagen: »Leid ist Schmerz, an dem wir festhalten.« Doch wie kann der Skorpion lernen, nicht länger an seinem Schmerz festzuhalten und unbeschwerter durchs Leben zu gehen? Diese Frage könnte niemand besser beantworten als der Löwe, die Frohnatur des Tierkreises. Kein anderes Zeichen ist so sehr im Hier und Jetzt verankert und geht so mühelos durchs Leben wie der Löwe. Mit seiner Hilfe lernt der Skorpion, mit mehr Dankbarkeit und Gelassenheit auf das Leben zu blicken, die Vergangenheit ruhen zu lassen und seine volle Aufmerksamkeit der Gegenwart zu widmen.

Unterstützende Übung

Der Weg zu innerem Frieden und Freiheit beginnt mit der Erkenntnis, welche Erlebnisse der Vergangenheit die stärkste Wirkung auf deine Gegenwart entfalten. Finde heraus, welche Gefühle du damals empfunden hast und wie sie dich heute noch beeinflussen. Diese Übung hilft dir, die Ketten der Vergangenheit zu sprengen und die Gegenwart bewusst zu leben.

Betrachte das Unrecht, das dir angetan wurde, wie den Stich eines Skorpions. Bei einem Skorpionstich gibt es zwei Ursachen für den Schmerz. Zum einen ist es der Stich selbst. Die Einstichstelle ist sichtbar und brennt, eine Tatsache, die nicht rückgängig gemacht werden kann. Doch je nach den Umständen, unter denen du gestochen wurdest, weißt du nun, was du in Zukunft vermeiden solltest, um nicht erneut gestochen zu werden. Diese Erfahrung bereichert dich mit der Erkenntnis, dass es in manchen Situationen ratsam ist, nach Skorpionen Ausschau zu halten.
Die zweite Ursache des Schmerzes ist das Gift des Skorpions, das sich nach dem Stich in deinem Körper ausbreitet. Nicht der Stich, sondern das Gift ist das eigentlich Gefährliche. Der Schmerz, den du in der Vergangenheit erlebt hast, verhält sich ähnlich wie ein Skorpionstich. Ganz gleich, wodurch er ausgelöst wurde – sei es Gewalt, Trennung, Verrat, Enttäuschung oder Demütigung –, es ist etwas geschehen, das nicht rückgängig gemacht werden kann. Doch es sind die Wut, die Verzweiflung, der Ärger, die Enttäuschung und der Hass, die lange nach dem Geschehen deine Gefühle und Gedanken vergiften und dich schwächen. Nur du kannst dich von diesem Gift befreien, denn nur du besitzt das Gegengift. Du allein kannst die Vergangenheit annehmen und durch Vergebung einen Schlussstrich ziehen.
Eine heilsame und effektive Vergebungsübung findest du auf Seite 85. Sie unterstützt dich dabei, dich vom Gift des Skorpions zu befreien und gelöst in den Zug zu steigen, der in wenigen Minuten in die Zukunft abfährt und dich irgendwo ganz neu anfangen lässt.

Entwicklung von mentaler Beweglichkeit (Wassermann)

Statt dem Leben Raum zur Entfaltung zu geben, begrenzt der Skorpion die Welt auf die engen Grenzen seines eigenen Vorstellungsvermögens.

Die Herausforderung für den Skorpion besteht darin, seine Ängste und die von ihnen verursachten Begrenzungen zu identifizieren und sukzessive zu überwinden. An dieser Stelle erweist sich der Wassermann als wertvoller Verbündeter. Sein Radio spielt den lieben langen Tag Zukunftsmusik. Dort, wo der Skorpion Gefahren vermutet, erkennt der Wassermann Potenziale. Denn er weiß, dass in Co-Kreation mit dem Universum alles auf vollkommen magische Weise in Fluss kommt: Menschen stolpern unerwartet in sein Leben, um ihm Unterstützung zu bieten, und seine kühnsten Vorstellungen werden bei Weitem übertroffen. Wenn man dem Wassermann so dabei zuhört, wie er in höchsten Tönen von der Zukunft schwärmt, wird deutlich, dass niemand besser dafür geeignet ist, dem Skorpion die Zukunftsangst zu nehmen, als er.

Unterstützende Übung

Da du als Skorpion dazu neigst, einen weiträumigen Sicherheitsabstand gegenüber Neuem zu halten und Veränderungen als Verschlimmerung zu betrachten, lade ich dich ein, dir bewusst die Erlaubnis zu geben, zu experimentieren. Setze dich an einen ruhigen Ort, schließe die Augen und atme tief ein und aus. Spüre, wie sich bei jedem Atemzug dein Körper entspannt und deine Gedanken zur Ruhe kommen. Erlaube dir, für einen Moment alle Sorgen und Ängste loszulassen und die Sicherheit des gegenwärtigen Moments zu fühlen.

Stell dir vor, du stehst an der Schwelle zu einem neuen Abenteuer. Warum darauf warten, dass das Leben mit dem Unerwarteten auf dich zukommt, wenn du selbst derjenige sein kannst, der Veränderung initiiert? Lass die Kontrolle los und spüre die Freiheit, die entsteht, wenn du dich dem Fluss des Lebens hingibst.

In deiner Vorstellung betrittst du einen Pfad, der dich aus deiner Komfortzone führt. Wähle eine neue Aktivität oder Erfahrung, die du noch nie gemacht hast, und lass deine Intuition die Richtung bestimmen. Fühle, wie du mutig und neugierig diesen neuen Weg erkundest, ohne Angst davor, Fehler zu machen oder zu scheitern. Stell dir vor, wie du etwas Ungewöhnliches unternimmst, das einen großen inneren Widerstand in dir erzeugt. Fühle die Aufregung und die Lebendigkeit, die entstehen, wenn du diesen Widerstand überwindest. Erkenne, dass selbst Dinge, die anfangs beängstigend erscheinen, letztendlich Freude und Wachstum bringen können. Lass dieses Gefühl der Erfüllung und Zufriedenheit durch deinen gesamten Körper strömen.

Erkenne, dass jede neue Erfahrung deine Ängste entkräftet und deine mentale Landkarte erweitert. Diese Erfahrungen lehren dich, dass selbst Herausforderungen, die einem einiges abverlangen, bereichernd sein können. Fühle, wie du mit jedem Atemzug mehr Freiheit und Leichtigkeit gewinnst.

Erinnere dich daran, dass die Welt voller Möglichkeiten ist und dass du, wenn du dich regelmäßig neuen und ungewöhnlichen Erfahrungen öffnest, feststellst, dass das Unbekannte nichts ist, vor dem man sich fürchten müsste. Lächle, während du erkennst, dass das Leben eine Reise ist, die immer wieder neue Wunder für dich bereithält. Nimm einen letzten tiefen Atemzug, öffne langsam deine Augen und kehre in den gegenwärtigen Moment zurück, bereit, die Welt mit neuen Augen zu betrachten und das Leben in seiner ganzen Fülle zu umarmen.

Entwicklung von innerer Stabilität (Stier)

Eine der wichtigsten Lektionen für den Skorpion ist es, zu akzeptieren, dass das Leben ihm zwar nicht immer gibt, worum er bittet, ihm jedoch stets das schenkt, was er am dringendsten benötigt. Die Aufgabe besteht für den Skorpion also darin, die Zügel zu lockern und darauf zu vertrauen, dass er in jedem Moment des Lebens zur richtigen Zeit am richtigen Ort ist. Er muss nichts weiter tun, als anzunehmen, was ist. In dem Augenblick, in dem der Skorpion diese Akzeptanz verinnerlicht, fällt eine schwere Last von ihm ab.

»Das Öffnen des Herzens
ist nicht etwas, das man tun kann,
sondern etwas, das geschieht.
Der Schlüssel dazu ist Bereitschaft.
Sobald du bereit bist, etwas anzunehmen,
öffnen sich die Türen deines Herzens,
und zwar so weit,
wie deine Bereitschaft reicht.«

SAFI NIDIAYE

Um diese Bereitschaft zu entwickeln, darf der Skorpion einen Blick auf sein Gegenzeichen, den Stier, werfen. Der Stier nimmt in Leichtigkeit an, was ist, und genießt die Einfachheit des Lebens. Er lässt sich nicht so schnell aus der Ruhe bringen und blickt geduldig auf seine Umwelt. Ist etwas noch nicht so, wie er es sich wünscht, gibt er den Dingen Zeit und konzentriert sich währenddessen auf all das, wofür er dankbar ist. Durch den Stier lernt der Skorpion, sein aufgewühltes Innenleben zu stabilisieren und sich selbst Halt zu geben. Die Fähigkeit, gewahr zu sein, eröffnet dem Skorpion den Zugang zu einer höheren Kraft, die ihn über sein Leid erhebt. Mit der Zeit erkennt er, dass er es selbst in der Hand hat, seine Gemütslage zu bestimmen, und beginnt, sein Kontrollstreben loszulassen. Der Stier ist ihm hierbei ein geduldiger Lehrer, der ihm zeigt, wie er seine vielfältigen Emotionen auf ein solides Fundament stellen kann, um einen festen inneren Halt zu finden.

Unterstützende Übung

Beginne damit, dich an einem bequemen und ruhigen Ort niederzulassen. Setze oder lege dich hin, schließe sanft deine Augen und atme tief ein und aus. Konzentriere dich auf deinen Atem und spüre, wie mit jedem Atemzug eine Welle der Entspannung durch deinen Körper fließt. Achte darauf, ob destruktive, selbstsabotierende Glaubenssätze in deinem Kopf auftauchen, und erinnere dich daran, dass es sich nur um Gedanken handelt. Gedanken, Meinungen und Weltbilder sind subjektiv und nicht die absolute Wahrheit. Erst wenn du ihnen Glauben schenkst und sie durch deine Aufmerksamkeit immer wieder neu belebst, erhalten sie Energie und können zu deiner Wahrheit werden. Lass sie vorbeiziehen wie Wolken am Himmel, ohne ihnen Beachtung zu schenken.

Lass nun das folgende Zitat von Lao Tse in deinem Geist widerhallen:

»Wenn ich loslasse, was ich bin,
werde ich, was ich sein könnte.
Wenn ich loslasse, was ich habe,
bekomme ich, was ich brauche.«

Wiederhole diese Worte wie ein Mantra und erlaube ihnen, tief in dein Bewusstsein zu sickern und sich zu verankern. Löse dich mit jedem Atemzug von den unzähligen Gedanken, die dir durch den Kopf ziehen, und werde innerlich ganz still. Spüre, wie du mit jedem Atemzug ruhiger und leerer wirst, während du gleichzeitig Raum in dir schaffst. Dieser Raum ist es, den dein Potenzial benötigt, um sich zu entfalten. Er bietet Platz, um zu werden, was du sein könntest, und zu empfangen, was du wirklich brauchst.

Bleibe in diesem heilsamen Zustand, solange es für dich angenehm ist. Spüre die Leichtigkeit und Freiheit, die aus dem Loslassen erwächst. Wenn du bereit bist, nimm einen tiefen Atemzug, öffne langsam deine Augen und kehre mit einem Gefühl von Klarheit und Gelassenheit in den gegenwärtigen Moment zurück. Nimm die Erkenntnis aus dieser Übung mit, dass du die Kraft hast, dein Leben mit Einfachheit und Leichtigkeit aufzuladen, wann immer dir danach ist.

♏

Wie du als Skorpion über dich hinauswächst

REFLEXIONSFRAGEN, DIE DEINE SELBSTWAHRNEHMUNG STÄRKEN

- Stehe ich in Verbindung mit meiner Intuition?
- Nutze ich meine Regenerationskraft aus, um mich dem Leben mutig entgegenzustellen und dem Unbekannten eine Chance zu geben?
- Auf welche Weise boykottiere ich mein inneres Wachstum?
- Gibt es etwas, das ich gerne loslassen möchte? Was hält mich davon ab?
- In welchen Situationen versuche ich, um jeden Preis die Kontrolle zu behalten?
- Über wen übe ich Macht aus, und wer hat Macht über mich?
- Welche Machtkämpfe trage ich aus?
- Welche meiner Fähigkeiten trägt mich durch schwierige Zeiten?
- In welchem Bereich meines Lebens profitiere ich am meisten von meinem eisernen Durchhaltevermögen?
- Mit welchem inneren Abgrund werde ich immer wieder aufs Neue konfrontiert?
- In welchen Situationen werde ich Opfer meiner eigenen Überzeugungskraft?
- Welche Manipulationsstrategien nutze ich, um meine Ziele zu erreichen?
- Wie kann ich mein Vertrauen stärken?
- Auf welche Weise kann ich mein Leben (noch) spiritueller gestalten?
- Was löst Wandel in mir aus?
- Wie kann ich (noch) mehr Magie in mein Leben einladen?
- Zeige ich mich wahrhaftig oder verhalte ich mich unnahbar, um niemanden in meine Karten schauen zu lassen?
- Welche Anhaftungen zeigen sich mir in meinem Leben?

Die oberste Bewusstseinsstufe Der bewusste Skorpion

Die gewaltigen Seelenkräfte des bewussten Skorpions entfalten sich zum Wohle anderer, indem er ihnen vor Augen führt, welche ungeahnten Heilungskräfte in jedem Menschen schlummern. Als spiritueller Krieger verkörpert er ein Vorbild innerer Stärke und holistischer Lebensführung. Seine Präsenz erinnert andere daran, welches Licht tief in ihnen verborgen liegt und welche besonderen Talente sie in sich tragen.

Der bewusste Skorpion fungiert als spiritueller Pionier, für den die nicht sichtbare Welt eine ebenso wichtige Rolle einnimmt wie die sichtbare. Seine Gedanken und Gefühle nimmt er ernst, und auch seiner Intuition misst er große Bedeutung bei. Schließlich weiß er, dass seine inneren Impulse kostbare Vorboten sind, die ihn auf künftige Erfahrungen in der Außenwelt vorbereiten. Mit seiner intuitiven Herangehensweise an das Leben, seinem psychologischen Gespür und seinen spirituellen Fähigkeiten ist er ein Vorreiter in Sachen ganzheitlicher Lebensführung. Dabei richtet er seinen Blick sowohl auf die lichtvollen als auch die dunklen Aspekte des Lebens und lebt in Frieden mit der Dualität, die ihn umgibt und ihn selbst kennzeichnet. Das Arbeiten an sich selbst nimmt er sehr ernst, denn er möchte aus eigener Kraft seine inneren Dämonen bezwingen. Vielmehr noch, er möchte sie in Liebe und Dankbarkeit annehmen, weil er weiß, dass sie seine größten Lehrmeister sind. Sein spirituelles Verständnis ist bodenständig und erwachsen. Er widmet sich allen Dingen auf stille, aufmerksame und forschende Weise. Sein breit gefächertes Wissen in den Bereichen Psychologie, Astrologie, Metaphysik und Bewusstseinsentwicklung ermöglicht es ihm, anderen durch das Gespräch wichtige Impulse zu schenken, die ihnen auf ihrem Lebensweg bedeutende Türen öffnen. Denn wenn der bewusste Skorpion eines ist, dann richtungsweisend. Er unterstützt andere bei ihrem (Neu-)Orientierungsprozess und bringt für sie Licht in die dunkelsten Winkel ihrer Seele.

Seine enorme Willenskraft ermöglicht es dem bewussten Skorpion, sein Leben von einem Tag auf den anderen grundlegend zu verändern und ein neues Kapitel aufzuschlagen. Auf der bewussten Ebene bedarf es hierfür keines Leidensprozesses mehr. Anstatt sich vom Leben durch Schmerz in bestimmte Richtungen oder zu bestimmten Handlungen drängen zu lassen, erkennt der Skorpion in äußeren Entwicklungen einen direkten Spiegel seiner Innenwelt und eine Manifestation seines Seelenplans. Diese Einsicht erlaubt es ihm, Wandlungen widerstandslos geschehen zu lassen. So scheint es, als würde der bewusste Skorpion in einem einzigen Leben mehrere Leben leben. Er zeigt anderen, wie leicht es sein kann, sich von der Raupe in einen Schmetterling zu verwandeln.

Auf der bewussten Ebene ist es diesem Archetyp ein Leichtes, seine innere Weisheit zu aktivieren und in die Mysterien des Lebens einzutauchen. Seine ausgeprägte Kombinationsgabe und sein feines Gespür für das Hintergründige ermöglichen es ihm, in Ereignissen, Begegnungen und Schicksalsschlägen mehr zu erkennen als nur das Offensichtliche. Diese Fähigkeit verleiht ihm die Kraft, auch andere dafür zu sensibilisieren, dass nichts ohne Grund geschieht und allem ein tieferer Sinn innewohnt. Souverän und meinungsstark vertritt er auch ungewöhnliche Überzeugungen. Er setzt sich leidenschaftlich dafür ein, dass der kollektive Fortschritt nicht nur auf Wissenschaft und Technik beschränkt bleibt, sondern ebenso die menschliche Psyche und bisher unerklärliche Phänomene einbezieht. Durch seine Einsicht und Weisheit inspiriert er andere dazu, offen für die Geheimnisse und Möglichkeiten des Lebens zu sein.

Darüber hinaus engagiert sich der Skorpion hingebungsvoll dafür, die Themen Sexualität und Tod zu enttabuisieren. Er setzt sich dafür ein, dass Sexualität in all ihrer Intensität und Heiligkeit erkannt und gelebt wird. Hierfür taucht er in die Tiefen der tantrischen Lehre ein und deckt auf, dass das traditionelle, patriarchale Verständnis von Sexualität weit an ihrer wahren Bedeutung vorbeigeht. Ebenso widmet er sich der Vergänglichkeit, erforscht das Mysterium des physischen Todes und unterstützt andere bei ihrer Trauerverarbeitung nach einem Verlust. Da der Skorpion nie nur an der Oberfläche kratzt, setzt er sich auch mit diesen Aspekten des Lebens tiefgehend auseinander. Vor allem aber zeigt er, welche hartnäckigen Ängste und wie viel Scham mit diesen Themen verbunden ist. Seine Fähigkeit, das Unausgesprochene zu enthüllen, macht ihn zu einem Pionier in der Enttabuisierung und zu einem wertvollen Unterstützer für all diejenigen, die mit diesen oft verdrängten Lebensaspekten konfrontiert sind.

Auf der bewussten Ebene hat sich der Skorpion von seiner Fülle an Erwartungen gelöst. Er nutzt seine Vorstellungskraft, um das Leben zu kreieren, das er sich wünscht, und lädt seine Vorhaben mit positiver Energie auf. Mit unerschütterlichem Vertrauen setzt er alles um, was er sich vornimmt, und anstatt sich vor dem Scheitern zu fürchten, bündelt er seine inneren Kräfte, um die Außenwelt vertrauensvoll nach seinen Wünschen zu gestalten.

Der bewusste Skorpion hat zudem ein tiefes Maß an Demut und Liebe entwickelt. Seine Gedanken sind positiv und konstruktiv ausgerichtet, und er erkennt den symbolischen Charakter von Leid und Schmerz. Er versteht, dass Leid der Vorbote von Transformation ist und dass Wachstumsschmerz zur seelischen Entwicklung dazugehört. Diese Weisheit vermittelt er allen Leidenden und hilft ihnen, ihren Schmerz neu zu bewerten und als Triebfeder für seelisches Wachstum zu erkennen. Seine umfangreiche Erfahrung mit den Abgründen der menschlichen Psyche befähigt ihn, anderen wahrhaftig zu helfen und ihnen eine bedeutende Stütze zu sein. Der bewusste Skorpion fängt Menschen in ihrem Leid auf und zeigt ihnen, dass auf jede dunkle, einsame Nacht ein Tag mit gleißendem Sonnenlicht folgt. Er verdeutlicht, dass jeder Einzelne die Fähigkeit hat, nach einem totalen Zusammenbruch die Regenerationskraft zu entwickeln, um wieder aufzusteigen und sich dabei wie der Phönix aus der Asche zu erheben. Auf dieser Bewusstseinsebene verkörpert der Skorpion tiefe Weisheit, die er in das Kollektiv einfließen lässt. Diese Weisheit ermöglicht es der Gemeinschaft, in eine Metamorphose einzutreten und selbst in den dunkelsten Kapiteln der Menschheitsgeschichte Epochen der positiven Wandlung und des Wachstums zu erblicken.

Wie du als Skorpion deinen Lebenssinn findest

Mit einer Skorpion-Betonung findest du deinen Lebenssinn in den Themen Spiritualität, Sexualität, Tod und Vergänglichkeit. Alles Triviale langweilt dich, und du suchst nach etwas, das dich tief erfüllt, wahrhaftig in den Bann zieht und dir die Welt auf einer profunderen Ebene erklärt. Als Psychologe des Tierkreises möchtest du die Geheimnisse der menschlichen Existenz ergründen, deine eigene Innenwelt erforschen und deine Erkenntnisse mit anderen teilen. Du strebst danach, deine Mitmenschen wachzurütteln und für alles Hintergründige zu begeistern, denn genau das ist es, was deinen Lebenssinn ausmacht. Tauche mit ihnen in die tiefsten Tiefen der menschlichen Existenz ein und zeige ihnen, worum es im Leben wirklich geht. Du bist ein fantastischer Zuhörer und Seelentröster. Wenn jemand in deinem Umfeld einen Schicksalsschlag erleidet und dadurch die Welt von einem Tag auf den anderen auf den Kopf gestellt wird, bist du einer der wenigen Menschen, die ihr Leid wirklich erfassen und lindern können. Du gibst wertvolle Ratschläge und stärkst in ihnen den Glauben an ihre eigene Regenerationskraft. In schweren Zeiten fängst du sie auf, denn durch dein Interesse an den Mysterien des Lebens verfügst du über ein breites Wissensspektrum, auf das du in Ausnahmesituationen zurückgreifen kannst. Dein Bewusstsein für das Prinzip von Ursache und Wirkung und die kosmischen Gesetzmäßigkeiten macht dich zu einer Stütze für andere, die sie brauchen, um nicht den Boden unter den Füßen zu verlieren.

Wissen ist für dich ein mächtiges Werkzeug, um die Rhythmen des Lebens zu entschlüsseln. Dabei ist es wichtig zu beachten, dass nicht jedes Wissen imstande ist, dir augenöffnende Erkenntnisse zu vermitteln oder dich in deinen Tiefen auszufüllen. Es geht vielmehr um Weisheiten in den Bereichen Spiritualität, Quantenphysik, Psychologie, Metaphysik und Philosophie. Wenn du dir in diesen Bereichen Wissen aneignest, öffnen sich in dir regelrechte Portale der Heilung, die zu bedeutsamen Durchbrüchen führen – nicht nur in dir selbst, sondern auch in anderen.

♐

DAS FEUERZEICHEN

SCHÜTZE

23. November bis 20. Dezember

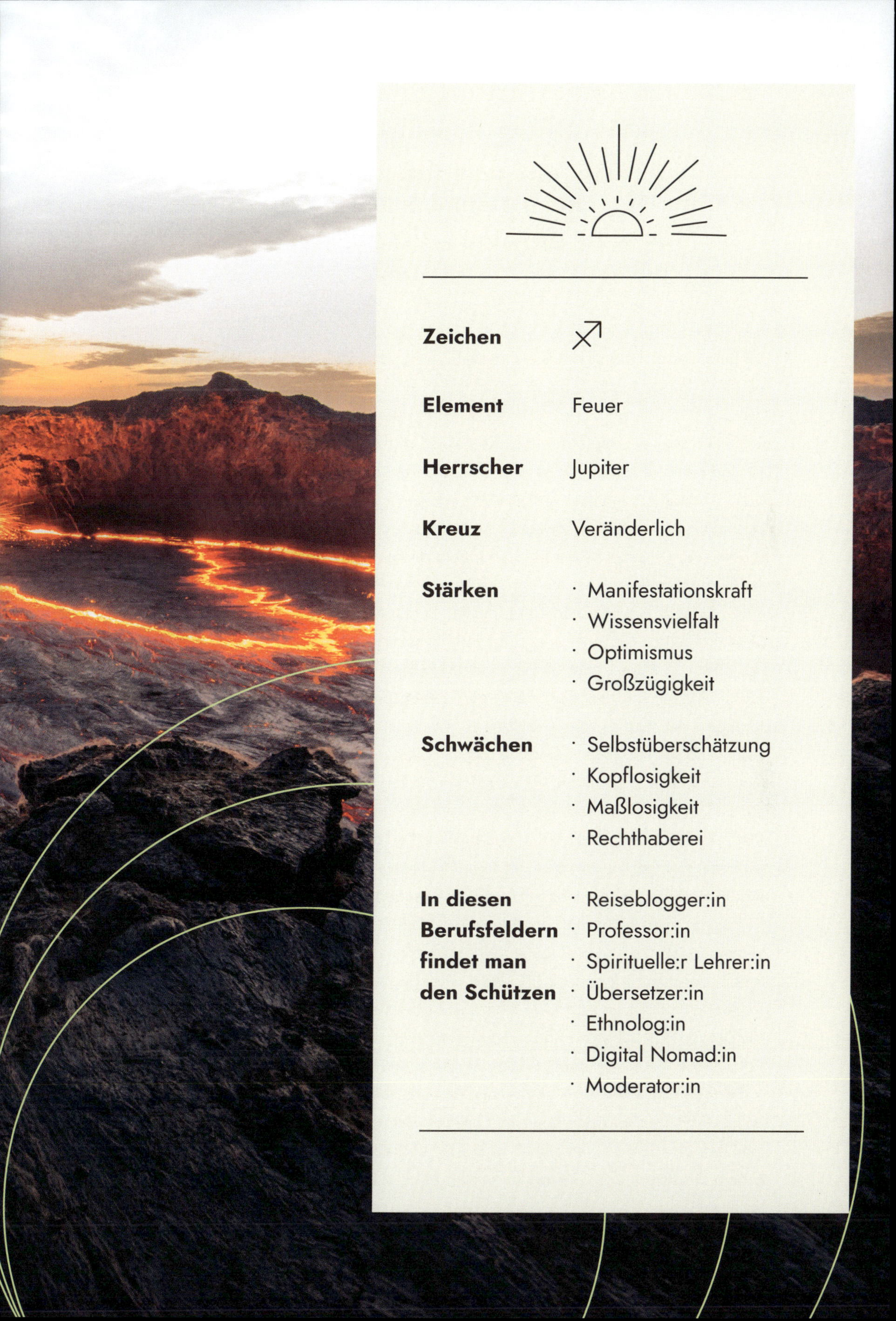

Zeichen	♐
Element	Feuer
Herrscher	Jupiter
Kreuz	Veränderlich
Stärken	· Manifestationskraft · Wissensvielfalt · Optimismus · Großzügigkeit
Schwächen	· Selbstüberschätzung · Kopflosigkeit · Maßlosigkeit · Rechthaberei
In diesen Berufsfeldern findet man den Schützen	· Reiseblogger:in · Professor:in · Spirituelle:r Lehrer:in · Übersetzer:in · Ethnolog:in · Digital Nomad:in · Moderator:in

»Es gibt nur zwei Tage in deinem Leben, an denen du nichts ändern kannst: der eine ist gestern, der andere morgen.«

DALAI LAMA

Der Schütze zeichnet sich durch eine tiefe Sehnsucht nach Sinn und Wachstum aus, wobei sein Blick immer in die Zukunft gerichtet ist. Dieses Zitat erinnert daran, dass die wahre Kraft zur Veränderung und Weiterentwicklung ausschließlich im Hier und Jetzt liegt, wodurch der Schütze inspiriert wird, die Großzügigkeit und Weiträumigkeit des gegenwärtigen Moments auszukosten. Wie alle Feuerzeichen strebt auch der Schütze nach Eroberung, Abenteuer und Nervenkitzel. Langeweile ist für ihn unerträglich, weshalb er in regelmäßigen Abständen etwas braucht, das ihm als Motor dient und ihn antreibt, über sich hinauszuwachsen. Seine hohen Ideale dienen ihm dabei als verlässlicher Nordstern, als übergeordnete Vision, die ihm Erfüllung schenkt und seinem Leben eine Richtung gibt. Immer auf ein Ziel fokussiert, träumt der Schütze unablässig von neuen Möglichkeiten. Diese unermüdliche Zielorientierung verleiht seinem Leben Lebendigkeit und lässt ihn freudig, kühn und selbstsicher in die Zukunft blicken.

Die Leidenschaft, mit der er sich dem Leben zuwendet, kollidiert häufig mit den Anforderungen des Alltags, die er als trivial und lästig empfindet. Die Pflichten des täglichen Lebens rauben ihm nicht selten die Luft zum Atmen, und es fällt ihm schwer, ihnen gerecht zu werden. Statt sich mit den vermeintlichen Kleinigkeiten zu befassen, zieht es der Schütze vor, sich Größerem zu widmen – idealerweise in eigener Regie, denn persönliche Freiheit und Selbstbestimmtheit sind ihm von größter Bedeutung. In seiner Begeisterung übergeht er oft das Kleingedruckte, posaunt seine Vorhaben heraus, noch bevor sie spruchreif sind, und überschätzt dabei nicht selten die praktischen Hürden.

Auch in finanzieller Hinsicht möchte der Schütze aus dem Vollen schöpfen, um seinen spontanen Impulsen Ausdruck verleihen zu können. Die Kunst des vernünftigen und vorausschauenden Haushaltens überlässt er gerne den Erdzeichen, während er selbst den großen, glamourösen Auftritt in allen Lebensbereichen bevorzugt. So schenkt er den kleinen Dingen des Lebens oft nur wenig Beachtung, delegiert sie lieber an andere und läuft Gefahr, über seine eigenen Füße zu stolpern, wenn er nicht achtsam ist.

Daneben kann dieser Archetyp als Visionär des Tierkreises betrachtet werden. Er liebt es, zu erschaffen und sich über die Grenzen der Realität zu erheben. Nichts und niemand kann ihm den Glauben an seine visionären Vorhaben nehmen. Denn er weiß genau, dass er gemeinsam mit dem Universum imstande ist, das Unmögliche möglich zu machen. Dabei unterscheidet sich die Visionskraft des Schützen deutlich von der des Wassermanns: Der Schütze ist der unerschütterliche Optimist, der das Leben als wohlwollende Kraft begreift, die ihm alle Wünsche erfüllt. Für ihn genügt ein fester Glaube, damit sich seine Träume wie von selbst verwirklichen. Im Gegensatz dazu besitzt der Wassermann ein feines Gespür für zukünftige Entwicklungen und richtet seinen Blick auf das Wohl der Gemeinschaft. Während der Schütze von individuellen Zielen bestimmt wird, strebt der Wassermann nach technischem Fortschritt, notwendigen Reformen und einer gerechteren Gestaltung des Miteinanders. Seine Vision geht über das persönliche Leben hinaus und zielt auf die universelle Weiterentwicklung der Menschheit und des Planeten ab. Die Unterscheidung dieser beiden Energien liegt somit in der Ausrichtung ihrer Visionen: Der Schütze verfolgt die Erfüllung seiner individuellen Lebensvision, während der Wassermann das große Ganze im Blick hat und nach einer progressiven, aber auch humanistischen Entwicklung strebt.

Des Weiteren erlaubt sich der Schütze, zu experimentieren und unübliche Wege zu gehen. Er tritt mit den unterschiedlichsten Menschen in Kontakt, um sein Wissen über das Leben stetig zu erweitern. Wenn es sein muss, reist er um die ganze Welt und besucht die entlegensten Orte, um aus erster Hand von Gurus, Priestern, Gelehrten und Schamanen zu lernen und ihre Weisheiten in seine eigene Lebensphilosophie zu integrieren. Macht der Schütze Fehler oder verläuft etwas anders als geplant, berührt es ihn kaum – schließlich hat er dabei wertvolle Lektionen über das Leben, seine Fähigkeiten und sich selbst gelernt. Als Schüler des Lebens ist er stets bestrebt, seinen Horizont zu erweitern, neue Erkenntnisse zu gewinnen und das Gelernte mit anderen zu teilen. Für ihn muss Wissen fließen, damit alle die Möglichkeit haben, sich weiterzuentwickeln.

Charakteristisch für den Schützen ist es, sich Ziele zu setzen, die weit über seine eigene Reichweite hinausgehen. Hochgesteckte Ziele entfesseln eine immense Kreativität und Schöpferkraft in ihm. Dabei ist es für ihn zweitrangig, ob seine Ideen letztlich realisiert werden, denn er haftet nicht am Ergebnis, sondern genießt den Prozess des Entdeckens und Kreierens in vollen Zügen. Den größten Spaß empfindet er, wenn er als Pilger durch das Leben zieht und eine völlig neue Sicht auf sich selbst und das Leben gewinnt. Inmitten all dieser beflügelnden Erlebnisse verliert er oft aus den Augen, wohin er ursprünglich wollte – was jedoch unerheblich ist, denn für den Schützen ist schließlich der Weg das Ziel. Die Zuversicht, mit der er sich seinen Vorhaben widmet, und die Freude, mit der er am Werk ist, tragen dazu bei, dass er vom Glück regelrecht geküsst zu sein scheint. Sein Patentrezept dabei ist, dem Glück mit positiven Gedanken auf die Sprünge zu helfen und ganz bewusst die Angel nach ihm auszuwerfen. So ist der Weg des Schützen nicht selten gesäumt von überraschenden Wendungen, freudvollen Begegnungen und ungeahnten Chancen.

VERÄNDERLICHES KREUZ: ZWILLINGE, JUNGFRAU, SCHÜTZE UND FISCHE

Auf seiner Entwicklungsreise wird der Schütze von den anderen veränderlichen Zeichen Jungfrau, Fische und Zwillinge geprägt und erhält die Gelegenheit, über sich hinauszuwachsen und seine Stärken weiter auszubilden. Diese drei Zeichen bilden mit ihm das veränderliche Kreuz. Der kontaktfreudige, lebensfrohe und abenteuerlustige Schütze darf bei seiner Bewusstseinsentwicklung den Blick für Details (Jungfrau), intuitive Weisheit (Fische) und Toleranz (Zwillinge) schärfen. Die Jungfrau lehrt ihn, wie wichtig es ist, auf Kleinigkeiten zu achten und sein Wissen praktisch anzuwenden. Mit den Fischen erhebt er sich in höhere Sphären, um nicht nur im Irdischen, sondern auch im Überirdischen nach Antworten zu suchen. Und die Zwillinge helfen ihm, seinen Drang, immer recht zu haben, in eine tolerante Weltsicht zu wandeln. So erkennt der Schütze, dass viele Wahrheiten nebeneinander existieren können und jeder Mensch durch sein eigenes Wahrheitsgefühl geleitet wird.

Die untere Bewusstseinsstufe
Der unbewusste Schütze

Auf der unbewussten Ebene ist der Schütze von einer starken Wunschnatur geprägt. Er sehnt sich danach, eine bedeutende Persönlichkeit zu sein, und strebt immer nach mehr – sei es Einfluss, Besitz oder Anerkennung. Dabei neigt er zu Übertreibungen, sodass seine Worte und Taten von anderen oft als zu viel des Guten empfunden werden. Erfolg, Wohlstand und Ansehen sind die Triebfedern seines Handelns und motivieren ihn, die Welt zu erobern. Er sucht nach Bewunderung und setzt seinen Charme geschickt ein, um andere für sich zu gewinnen. Gleichzeitig kann der unbewusste Schütze auch von tiefer Hoffnungslosigkeit ergriffen werden, insbesondere dann, wenn seine hochgesteckten Ideale mit der Realität kollidieren und Misserfolge ihn unsanft auf den Boden der Tatsachen zurückholen.

Da der unbewusste Schütze seinen Selbstwert aus seiner Beliebtheit bezieht, ist er auf die Aufmerksamkeit anderer angewiesen, um sich lebendig und wertvoll zu fühlen. Seine Ansprüche sind hoch, da er seinem Leben durch Statussymbole Bedeutung verleihen möchte. Erweiterung ist ein Schlüsselbegriff dieses Archetypes. Auf der unbewussten Ebene richtet sich sein Streben nach Expansion jedoch vornehmlich auf Materielles wie Besitz, Prestige und Status. In diesem Stadium gleicht der Schütze einem Hochstapler, der viel Aufsehen um seine Person macht, sich geschickt inszeniert und einen überaus sympathischen Eindruck hinterlässt. Doch diese Fassade erzeugt bei anderen hohe Erwartungen, die er nicht erfüllen kann. Schon bald erkennen sie, dass er seinen eigenen Versprechungen nicht gerecht wird und den Mund viel zu voll genommen hat.

Zudem neigt der unbewusste Schütze zur Rechthaberei und zeigt sich belehrend sowie engstirnig. Er verwandelt sich schnell in einen verbohrten Missionar, der keine andere Meinung neben der eigenen gelten lässt. Meist lauscht er zunächst aufmerksam und interessiert den Ausführungen seiner Mitmenschen, nur um sie im Folgenden mit seinen eigenen Ansichten niederzubügeln. Es wirkt fast so, als nutze er die Zeit des Zuhörens lediglich, um Gegenargumente zu sammeln und die Auffassungen der anderen zu entkräften. Andersdenkende sind ihm ein Dorn im Auge, weshalb er Ideen oder Meinungen, die seiner eigenen Weltanschauung widersprechen, belächelt und bekämpft. Dabei stellt er kritische, unangenehme Fragen, um sein Gegenüber in Verlegenheit zu bringen, vorzuführen oder zu diffamieren. Häufig tritt er großspurig und herablassend auf, als wäre er im Besitz einer allumfassenden Weisheit, beinahe so, als halte er den Heiligen Gral in den Händen.

Erweiterung ist ein wichtiger Schlüsselbegriff dieses Archetypes.

Auf der unbewussten Bewusstseinsstufe ist der Archetyp Schütze der festen Überzeugung, über alles bestens Bescheid zu wissen. Doch sein Wissen ist meist nur theoretischer Natur und weist wenig praktischen Bezug auf. Niemals würde er sich die Blöße geben, zuzugeben, dass er etwas nicht weiß oder von einem Thema noch nie gehört hat. Die Vorstellung, andere könnten mehr wissen als er, ist für ihn unerträglich, und so prahlt er lieber mit Halbwahrheiten oder oberflächlichem Verständnis, um nicht als Unwissender dazustehen. Mit allem kennt er sich aus, hat Ähnliches bereits erlebt oder schon mehrere Bücher zum jeweiligen Thema gelesen. Er rückt sich pathetisch in den Vordergrund und möchte um jeden Preis im Mittelpunkt stehen. Häufig stellt er seinem Gegenüber nur deshalb eine Frage, um seine Antwort als Eintrittstor für einen nicht enden wollenden Monolog zu nutzen. Dabei stiehlt er anderen die Show, ohne es zu bemerken, weil er gar nicht wahrnimmt, wie offensiv er über sie hinwegfegt. Oft klafft eine Lücke zwischen Sein und Schein, da der Schütze in schwärmerischer Übertreibung von seinen Heldentaten schwadroniert, ohne sich dabei allzu genau an die Realität zu halten.

Der unbewusste Schütze reagiert äußerst empfindlich auf jede Einschränkung seiner persönlichen Freiheit. Spontaneität, Flexibilität und Abenteuergeist sind für ihn unverzichtbar, und er lässt sich nur ungern von anderen Vorschriften machen. In seinem Streben, stets seine eigenen Interessen zu verfolgen, fehlt ihm das Gespür für die Bedürfnisse und Gefühle seiner Mitmenschen. Auf der unbewussten Ebene zeigt sich der Schütze als Egozentriker, der in erster Linie sich selbst und seine eigenen Interessen sieht. Ständig in Gedanken bei seinen großen Plänen, empfindet er es als lästig, auf die Wünsche und Hinweise anderer Rücksicht zu nehmen. So lässt er beispielsweise täglich die Zahnpastatube offen auf dem Waschbecken liegen, nimmt sich in der Kaffeeküche den letzten Kaffee, ohne neuen zu machen, oder erscheint regelmäßig zu spät zu Teammeetings – ohne zu erkennen, welche Unannehmlichkeiten er anderen damit bereitet.

Wenn der Schütze sein Wissen über den Sinn des Lebens und sein breit gefächertes Allgemeinwissen im Alltag nicht anwenden kann oder seine Mitmenschen sich seinen Belehrungen entziehen, beginnt in ihm die Hoffnung zu schwinden, etwas in der Welt bewegen zu können. Die daraus resultierende Hoffnungslosigkeit kann dem unbewussten Schützen schwer auf den Schultern lasten und ihn regelrecht zu Boden drücken. Er hat dann das Gefühl, dass seiner Existenz nicht so viel Sinn zukommt, wie er sich das im Innersten wünscht, und er erleidet eine Sinnkrise, die alles unbedeutend und unwichtig erscheinen lässt. Er empfindet das Leben als trivial, unflexibel und starr, was ihn zunehmend frustriert. Oftmals fühlt er sich in fremden Ländern wohler als in seiner gewohnten Umgebung, weil der Alltag dort weniger Grenzen setzt und weniger Forderungen an ihn stellt. Es wirkt daher so, als wäre der Schütze auf der Flucht vor dem Leben selbst und lindere seine Unzufriedenheit damit, dass er von einer Reise zur nächsten jagt, um seinem Leben Abwechslung zu verleihen. Dabei bemerkt er nicht, dass er all seine ungelösten Themen und das hartnäckige Gefühl von innerer Leere an jeden Ort dieser Welt mit hinnimmt.

Größte Angst

Die tiefste Angst des Schützen liegt in der Vorstellung, seinem Leben keine Bedeutung verleihen zu können. Die Vorstellung, ein sinnloses und bedeutungsloses Dasein zu führen, ist für ihn ein absoluter Albtraum und treibt ihn unermüdlich an. Doch Angst sollte niemals der Motor unserer Handlungen sein. Der Schütze glaubt, je mehr er weiß oder je mehr Antworten er ausfindig macht, desto größer ist seine Bedeutung für die Welt. Er strebt nach Selbstwirksamkeit und trägt den tiefen Wunsch in sich, etwas von Bedeutung zu erschaffen. Gewinnt er nun den Eindruck, dass seine Aufgaben oder Handlungen keinen Effekt haben oder gar bedeutungslos sind, stürzt er in eine Sinnkrise.

Geistige Begrenzungen, wie sich ständig wiederholende Tätigkeiten oder unterfordernde Aufgaben, erzeugen in ihm ein Gefühl der Stagnation. Daher ist es für ihn von elementarer Bedeutung, ein übergeordnetes, zukunftsgerichtetes Ziel zu verfolgen, dem er sich mit ganzer Seele verschreiben kann. Ohne eine klare Zukunftsperspektive verliert der Schütze sein inneres Gleichgewicht und den Glauben an sich selbst, was ihn in Hoffnungslosigkeit und Lethargie versinken lässt.

Die mittlere Bewusstseinsstufe
Der reflektierte Schütze

Auf der mittleren Bewusstseinsebene wandeln sich die Ziele des Schützen und damit seine gesamte Ausrichtung. Je sinntragender seine Ziele sind, desto mehr werden auch die Aufgaben, die er für ihre Umsetzung unternimmt, als bedeutsam empfunden. Solange es für den Schützen allein um Erfolg und Popularität geht und er kontinuierlich nur nach mehr strebt, verliert er sich in äußerem Glanz und materiellen Bestrebungen. Doch sobald er beginnt, seinen Blick auf das Wesentliche zu lenken, tritt eine tiefgreifende Veränderung ein: Geistige Ideale rücken in den Fokus. Er erweitert die bisherigen Grenzen seines inneren Horizonts, verfeinert sein Bewusstsein und erfährt die Welt als wundersamen Ort der Selbstverwirklichung.

Bewusstsein für Schwächen & Fokus auf Stärken

Die Wertschätzung von Wissen

Dem Feuerzeichen Schütze werden der Glaube an eine höhere Kraft sowie alles Religiöse und Philosophische zugeschrieben. Denn im menschlichen Glauben und philosophischen Ansätzen spiegelt sich das Bestreben wider, der menschlichen Existenz Sinn zu verleihen. Der Schütze geht in dieser Suche beispielhaft voran: Er begibt sich auf eine unermüdliche Sinnsuche, bereist fremde Länder, taucht in unbekannte Kulturen ein und tauscht sich mit den unterschiedlichsten Menschen aus. Doch immer wieder stößt er auf Grenzen. Schließlich kann er nie mit letzter Sicherheit sagen, ob seine Erkenntnisse wirklich der absoluten Wahrheit entsprechen oder ob er sich nur mit Vermutungen abspeisen lässt. Auf der unbewussten Ebene kann seine Jagd nach Wissen leicht zur Besessenheit werden. Er forscht, recherchiert und lernt unaufhörlich, doch bleibt in ihm stets das Gefühl, nicht genug zu wissen. Oft macht er andere Menschen oder das Leben selbst dafür verantwortlich, dass er eine innere Leere verspürt, die er partout nicht auffüllen kann. Wenn Wissen frei macht, warum fühlt er sich dann so eingeschränkt durch die Grenzen des aktuellen Wissens? Es beunruhigt ihn, dass das Wissen in 100 Jahren ganz andere Dimensionen erreicht haben wird als das von heute.

Ein wichtiges Lernfeld für den Schützen besteht darin, Geduld und Genügsamkeit zu entwickeln. Anstatt Erklärungen und Antworten hinterherzujagen, darf er darauf vertrauen, dass alle Erkenntnisse ihn zur richtigen Zeit ganz von selbst finden werden. Das ergibt auch Sinn, schließlich erhalten wir die Geschenke des Universums genau dann, wenn wir die

Arme ausbreiten, um unsere innere Bereitschaft zu signalisieren. Das Nimmersatt-Prinzip des Schützen steht hierzu im klaren Widerspruch. Um diesem unstillbaren Verlangen in sich Einhalt zu gebieten, darf er sich immer wieder bewusst machen, wie viel er bereits weiß. Auf diese Weise kann er sich bewusst für die Eingebungen und Hinweise öffnen, die ihn intuitiv zu den Antworten führen, die er im jeweiligen Moment benötigt.

Der Zauber des Alltäglichen

Aufmerksamkeit schenkt der unbewusste Schütze nur den wirklich bedeutenden Dingen, alles weniger Wichtige fällt seiner Unachtsamkeit zum Opfer. Wie ein Hans Guck-in-die-Luft, der mit seinen Gedanken stets woanders ist, wandelt der Schütze gedankenversunken durch das Leben. Dadurch wirkt er unzuverlässig und in seiner Kopflosigkeit unverbesserlich. Er nimmt noch nicht einmal wahr, dass er seine Mitmenschen mit seinem Verhalten enttäuscht oder ihnen auf die Nerven geht. Der unbewusste Schütze übersieht das Offensichtliche und fügt sich nur unter größtem Protest in einen strukturierten Alltag ein. Triviales ist ihm zuwider, und so blendet er es einfach aus, um sich Größerem zu widmen. Lästigen Papierkram, Besorgungen oder organisatorische Aufgaben schiebt er gerne auf andere ab, mit der Begründung, dafür kein Händchen zu haben. Auf seine Mitmenschen wirkt er dadurch weltfremd, unerwachsen und sonderbar, da für ihn selbst die normalsten Dinge des Alltags unüberwindbare Hürden darstellen, gegen die er sich vehement zur Wehr setzt.

Ein Wendepunkt im Leben des Schützen ist erreicht, wenn er die Rolle des verrückten Professors gegen den strukturierten Alltagshelden eintauscht. Dabei geht es nicht darum, dass er plötzlich zu einem waschechten Organisationstalent mutiert, sondern vielmehr darum, die Erfordernisse des täglichen Lebens ernst zu nehmen und keine Aversion gegen sie zu entwickeln. Ein Weg, dies zu erreichen, besteht darin, alltägliche Aufgaben in kleine Rituale zu verwandeln, die ihnen eine besondere Bedeutung verleihen. So könnte der Schütze beispielsweise das morgendliche Kaffee- oder Teezubereiten zu einem Moment der Ruhe und Reflexion machen. Solche kleinen Rituale geben dem Alltag Struktur und bieten die Gelegenheit, innezuhalten und den Moment zu genießen. Auch das Haus zu putzen, Rechnungen abzulegen oder den Inhalt von Schubladen zu sortieren, kann eine spirituelle Praxis darstellen, die eine befreiende und meditative Wirkung entfaltet.

Das Lesen zwischen den Zeilen

Der Schütze besitzt viel Power, Temperament und Selbstbewusstsein. Meist kennzeichnen ihn eine ausgeprägte Extrovertiertheit und ein starker Bewegungsdrang. Oft platzt er mit seinen Erzählungen heraus, fällt anderen ins Wort oder hört nur mit einem Ohr zu. Vielen ist er zu laut, zu kopflos, zu touchy oder zu schrill. Da er auf der unbewussten Ebene so sehr mit sich beschäftigt ist, bemerkt er gar nicht, dass seine Mitmenschen immer stiller werden, nur noch gezwungen über seine Witze lachen oder schon mehrfach versucht haben, das Gespräch zu beenden. Dezente Hinweise, ihn zum Gehen zu bewegen, bleiben meist wirkungslos, da man beim Schützen mit »dezent« nicht weit kommt. Dieser Archetyp benötigt klare Ansagen und deutliche Worte.

Auch wenn der Schütze aufrichtige Kommunikation sehr schätzt, sollte er sich darin üben, auch die subtilen Signale seiner Mitmenschen wahrzunehmen. Konstruktives Feedback aus seinem Umfeld kann ihm dabei helfen, sein Selbstverständnis zu wandeln und mehr Rücksicht auf die Bedürfnisse anderer zu nehmen. Ein wichtiges Lernfeld für ihn besteht darin, im zwischenmenschlichen Bereich auf kleinste Nuancen und Feinheiten zu achten. Während der unbewusste Schütze pfeifend und gedankenverloren durch das Leben spaziert, lernt er im Rahmen seiner Bewusstseinsentwicklung, zunehmend auf Details zu achten, zwischen den Zeilen zu lesen und andere Menschen besser einzuordnen. Hierdurch agiert er rücksichtsvoller, ohne dabei seinen Humor und seine Lebendigkeit einzubüßen.

Die Chancen des Füreinanders

Der Schütze reagiert sehr empfindlich auf jede Form der Ungerechtigkeit und sieht es als seine Pflicht an, sich für Fairness, Aufklärung und Gleichberechtigung einzusetzen. Daran ist auch gar nichts auszusetzen, da unsere Welt mutige Menschen braucht, die sich genau für diese Werte starkmachen. Das Problem besteht jedoch darin, dass der Schütze im Kampf um Gerechtigkeit oft fanatische Züge entwickelt und zum Moralapostel wird, der jede Gelegenheit nutzt, um anderen ihr Fehlverhalten vorzuwerfen. Lautstark wettert er gegen all jene, die nicht dasselbe Engagement zeigen wie er selbst, und wirft mit Vorwürfen um sich. Dabei ergreift er jede Chance, um gegen etwas anzukämpfen, ohne zu erkennen, dass nicht das Gegeneinander, sondern das Füreinander das Zielführendste ist. Es besteht nämlich ein riesiger Unterschied darin, ob man gegen den Krieg oder für den Frieden ist. Statt gegen etwas zu sein, sollte man für das eintreten, was imstande ist, die Situation zu verbessern. Denn jedes Gegeneinander schwächt die Gemeinschaft, während das Füreinander sie stärkt.

Der Schütze darf also lernen, seinen Visionsgeist darauf zu richten, neue Wege und Ansätze ausfindig zu machen, die zu mehr Gerechtigkeit, Chancengleichheit und Freiheit führen und auf friedvolle Weise nachhaltige Veränderungen bewirken. Dadurch wird das Bedürfnis, Kämpfe auszutragen, obsolet, und die Energie, die zuvor darauf verwendet wurde, sich über Missstände aufzuregen, kann direkt in die Verbesserung selbst einfließen.

Der Wunsch, gehört zu werden

Der Schütze trägt den starken Wunsch in sich, gehört zu werden. Er investiert viel Zeit in die eigene Bildung, sammelt Erfahrungen und erweitert stetig sein Wissen. Es ist daher verständlich, dass er seine geistigen Errungenschaften auch mit anderen teilen möchte. Wenn ihm ein Licht aufgeht, drängt es ihn, seine Erkenntnisse weiterzugeben, oft in der Überzeugung, die alleinige Wahrheit gefunden zu haben.

Hat der Schütze sich erst einmal eine Meinung gebildet, ist er kaum zu bremsen. Seine Begeisterung und sein Selbstvertrauen hindern ihn oft daran, seine Ansichten selbstkritisch zu hinterfragen. Daher neigt er im Extremfall zu Verblendung und Selbstüberschätzung, wobei der schmale Grat zwischen einem aufgeschlossenen Kosmopoliten und einem eifernden Missionar deutlich wird. Auf der unbewussten Ebene ist es seine Spezialität, ungefragt Ratschläge zu erteilen, ohne zu bemerken, wie unangemessen seine Belehrungen sind. Doch mit zunehmender Bewusstheit entwickelt er ein feineres Gespür für das richtige Timing und erkennt, wann es besser ist, bestimmte Anmerkungen zurückzuhalten, weil sie in der jeweiligen Situation völlig fehl am Platz wären. Um dieses Gespür weiter zu verfeinern, sollte der Schütze vor einem Ratschlag kurz innehalten und die Reaktionen sowie die Körpersprache seines Gegenübers bewusst wahrnehmen. Die Frage, ob die Person überhaupt um Rat gebeten hat oder offen und interessiert wirkt, kann ihm helfen, den richtigen Moment zu erkennen. Wirkt die Person eher zurückhaltend oder gestresst, ist es oft klüger, den Ratschlag zurückzuhalten und stattdessen zuzuhören oder unterstützende Worte anzubieten. Diese Achtsamkeit für die Stimmung des Gegenübers hilft dem reflektierten Schützen dabei, besser zu unterscheiden, wann ein Ratschlag angebracht ist und wann es besser ist, ihn zurückzuhalten.

Bewusstseinsentwicklung mithilfe des veränderlichen Kreuzes

Entwicklung von Gründlichkeit (Jungfrau)

Der unbewusste Schütze besitzt nur wenig Blick für die kleinen, eher unscheinbaren Dinge. Selbst wenn man ihn auf wichtige Dinge hinweist, dauert es nicht lange, bis er genau das tut, von dem man ihn gebeten hatte, es zu unterlassen. Doch das geschieht nicht absichtlich, sondern weil er nicht aufmerksam genug zugehört hat. Vielleicht war er in Gedanken gerade bei einer bahnbrechenden Idee oder hat einen glorreichen Zusammenhang entdeckt, der ihm neue Horizonte eröffnet. Im Kopf eines Schützen ist immer was los!

Doch häufig bleiben seine Ideen im Entwicklungsstadium stecken und schaffen es nicht in die konkrete Umsetzung. Zu mühsam erscheint es dem Schützen, an alle Details zu denken, sie in Einzelschritte zu unterteilen und mit Durchhaltevermögen zu realisieren. Da kommt die emsige Jungfrau mit ihrem Sinn für Struktur wie gerufen. Durch ihre Unterstützung kann der Schütze Präzision entwickeln, am Ball bleiben und eine Idee nicht nur deshalb verwerfen, weil ihre Umsetzung länger dauert als gewünscht. Der Pragmatismus der Jungfrau bringt die abstrakten Theorien des Schützen in eine konkrete Form, sodass sie den Weg in die Verwirklichung und damit in die Materie finden. Der Visionsgeist des Schützen, gepaart mit der Präzision und Verlässlichkeit der Jungfrau, lässt jedes Vorhaben gelingen und führt selbst die theoretischsten Ansätze in die reale Welt.

Unterstützende Übung

Finde zunächst einen ruhigen Ort und eine bequeme Position. Schließe die Augen und atme tief ein und aus, um zur Ruhe zu kommen. Lenke dann deine Aufmerksamkeit auf deinen Atem. Atme tief durch die Nase ein, halte den Atem kurz an und atme dann langsam durch den Mund wieder aus. Wiederhole diesen Zyklus mehrmals, bis deine Gedanken zur Ruhe kommen und sich deine Konzentration auf den Atem fokussiert.

Stelle dir nun vor, du befindest dich auf einem stabilen Schiff, das über ein weites Meer segelt. Dieses Meer symbolisiert die Welt der Ablenkungen und Herausforderungen, die dich von deinem Kurs abbringen könnten. Die Wellen stehen für die täglichen Gedanken, Aufgaben und Sorgen, die versuchen, deine Aufmerksamkeit zu erregen. Doch dein Schiff ist stark und solide, getragen von deiner inneren Entschlossenheit und deinem Fokus. In der Mitte deines Schiffes siehst du einen schweren, sicheren Anker. Dieser Anker symbolisiert deine Fähigkeit, im Moment präsent zu bleiben, unabhängig davon, wie stark die Wellen der Ablenkung um dich herum toben.

Wenn diese Wellen besonders stark werden und dich vom Kurs abzubringen drohen, stelle dir vor, wie du den Anker deines Schiffes ins Wasser lässt, um Stabilität zu finden. Visualisiere, wie der Anker den Meeresgrund erreicht und sich fest in ihm verankert. Spüre, wie er dein Schiff in Position hält, damit du dich sammeln und wieder auf das Wesentliche konzentrieren kannst. Der Anker gibt dir die Sicherheit, trotz der äußeren Einflüsse ruhig und konzentriert zu bleiben, bis die Wellen sich beruhigen.

Sobald du deinen Fokus wiedergefunden hast, stelle dir vor, wie du den Anker lichtest. Spüre, wie dein Schiff nun ruhig und zielgerichtet weiterfährt, stabilisiert durch die Ruhe, die du durch das Setzen des Ankers gewonnen hast. Lenke deine Aufmerksamkeit auf das Ziel deiner Reise, einen leuchtenden Punkt am Horizont. Dieses Ziel steht für das, was du erreichen möchtest – sei es eine Aufgabe, ein Projekt oder ein persönliches Vorhaben. Spüre, wie du mit jedem Atemzug dem Ziel näherkommst.

Während du weiter tief ein- und ausatmest, wiederhole innerlich die Affirmation: »Mein Anker der Ruhe hält mich stabil, egal, wie stark die Wellen der Ablenkung sind.« Wiederhole diese Affirmation einige Male und spüre, wie sie deine Entschlossenheit und deinen Fokus stärkt. Zum Abschluss nimm dir einen Moment, um die Energie und den Fokus, die du durch diese Übung gefunden hast, zu integrieren. Stelle dir vor, wie du dein Schiff weiterhin ruhig und entschlossen in Richtung deiner Ziele steuerst.

Entwicklung von intuitiver Weisheit (Fische)

Auf der unbewussten Ebene nutzt der Schütze sein Wissen, um seine Überlegenheit zu demonstrieren. Nur zu gerne verbessert er andere, führt ihnen vor Augen, was sie falsch machen, und geht wie selbstverständlich davon aus, dass er selbst die Wahrheit kennt. Mit Menschen, die das Nicht-Sichtbare mit einbeziehen, kann er nicht viel anfangen und begegnet ihnen mit Unverständnis und Skepsis.

Doch mit zunehmender Bewusstseinsentwicklung und unter dem Einfluss der Fische-Energie beginnt er vorsichtig über den Tellerrand zu blicken. Er öffnet sich immer mehr für seine Intuition und erkennt die Potenziale, die seine geistigen Fähigkeiten mit sich bringen. Spirituelle Ansätze gewinnen für ihn an Bedeutung, da sie ihm helfen, die vielfältigen Facetten des Lebens zu entdecken und den höheren Sinn der menschlichen Existenz zu erforschen. Er beginnt, seinen Empfindungen, körperlichen Reaktionen und seiner Intuition eine große Bedeutung beizumessen, da er ihre Wichtigkeit im Gesamtgefüge erkennt. Außerdem möchte er eine Antwort auf sein »Ich bin« erhalten und seine Rolle in der Welt besser erfassen. Der Gedanke, dass alles miteinander korreliert und wir Geschehnisse energetisch lenken können, fasziniert ihn, und er erweitert seinen Blick, um auch im Überirdischen nach Antworten zu suchen.

Dank der Fische-Energie strebt er nicht mehr nur nach theoretischem Wissen, sondern nach intuitiver Weisheit. Immer öfter erkennt er, dass seine Gedanken die Kraft haben, Einfluss auf seine Umwelt zu nehmen und den Verlauf von Entwicklungen zu beeinflussen, um das zu kreieren, was er sich als Intention gesetzt hat. Seine Intuition wird zu einem verlässlichen Navigationsinstrument in seinem Leben, und seine Manifestationskraft hilft ihm, das Leben zu erschaffen, das er sich von ganzem Herzen wünscht.

Unterstützende Übung

Schließe die Augen und atme tief ein und aus, um dich im gegenwärtigen Moment zu verankern. Spüre, wie du mit jedem Atemzug ruhiger wirst und deine Gedanken sich klären. Lass alle Anspannungen los und richte deine Aufmerksamkeit auf dein Herz. Stelle dir vor, dass dort eine Flamme brennt – die Flamme deiner inneren Schöpferkraft. Diese Flamme repräsentiert deine Fähigkeit, das Leben nach deinen Wünschen zu gestalten. Mit jedem Einatmen wird diese Flamme heller und strahlender, während du mit jedem Ausatmen alle Zweifel und Ängste loslässt, die dich daran hindern könnten, deine Träume in die Realität umzusetzen. Spüre, wie sich diese Flamme ausdehnt und dich mit ihrem warmen, goldenen Licht vollständig erfüllt, während sie dir die Macht deiner kreativen Energie bewusst macht.

Richte deine Aufmerksamkeit auf einen aktuellen Wunsch oder ein Ziel, das du in deinem Leben manifestieren möchtest. Erlaube deiner Fantasie, sich frei zu entfalten, und stelle dir dieses Ziel so lebendig wie möglich vor, als wäre es bereits Wirklichkeit geworden. Erträume dir dein Leben in allen Details, lasse keine Grenzen zu. Spüre, wie es sich anfühlt, wenn deine Vision Realität geworden ist, und lass die positiven Emotionen von Freude, Euphorie und Zufriedenheit in dir aufsteigen. Nutze deine schöpferische Magie, um dein Leben bewusst in die Bahnen zu lenken, die du dir wünschst. Frage dich: Wer bin ich, wenn mein Wunsch in Erfüllung gegangen ist? Wie denke, spreche und handle ich? Beginne bereits jetzt, dich so zu verhalten, als ob dein Wunsch bereits Wirklichkeit wäre. Nutze deine Magie, um deine Visionen mit ganzer Kraft in die reale Welt zu bringen.

Während du weiterhin die Kraft deiner Manifestation spürst, verspüre tiefe Dankbarkeit. Danke dem Universum für die Erfüllung deiner Wünsche, als ob sie bereits Realität geworden wären. Spüre tiefes Vertrauen in den Prozess und wisse, dass alles, was du brauchst, um deine Vision zu verwirklichen, bereits auf dem Weg zu dir ist. Dankbarkeit und Vertrauen öffnen dich für die Fülle an Möglichkeiten, die das Leben dir bietet. Wiederhole innerlich die Affirmation: »Meine schöpferische Kraft ist grenzenlos. Ich nutze meine Magie und vollbringe Wunder.«

Zum Abschluss dieser Meditation lass das Bild deines erfüllten Wunsches sanft verblassen, während du das Gefühl von Freude und Erfüllung in deinem Herzen behältst. Spüre weiterhin das goldene Licht deiner Manifestationskraft in dir und nimm dieses Gefühl mit in deinen Alltag.

Entwicklung von Meinungsvielfalt (Zwillinge)

Das Bedürfnis des Schützen, recht zu haben, speist sich aus dem Wunsch, sich Gehör zu verschaffen und anderen überlegen zu sein. Diskussionsfreudig stürzt er auf seine Mitmenschen los, immer bereit, sie umzustimmen und zu missionieren. Es scheint fast so, als müsste er sich selbst die Validität seines Standpunkts beweisen, indem er möglichst viele Menschen für seine Auffassung gewinnt. Doch eine Meinung gewinnt nicht deshalb an Gewicht, nur weil sich ihr mehr Menschen anschließen.

Sein Gegenzeichen Zwillinge, das für Aufgeschlossenheit, Neutralität und Toleranz bekannt ist, hilft dem Schützen bei seiner Bewusstseinsentwicklung dabei, von seinem hohen Ross herabzusteigen und auch Andersdenkenden vorurteilsfrei zuzuhören. Dadurch wird er offener dafür, den Ansichten anderer ehrliches Interesse entgegenzubringen. So lernt der Schütze, sich für die Vielfalt an Betrachtungsweisen zu öffnen, die ihn umgibt, ohne sofort ein Urteil zu fällen oder gegenläufigen Ansichten kritisch zu begegnen. Wenn der Schütze tief verinnerlicht, dass jeder Mensch das Recht hat, an das zu glauben, was er möchte, und jede beliebige Meinung vertreten kann, erkennt er, wie bunt und vielfältig das menschliche Miteinander ist. Er öffnet sich zunehmend für die Weltsicht anderer, lässt sich neugierig und interessiert von unterschiedlichen Standpunkten inspirieren, erweitert damit seinen Wissensschatz und verspürt kein Bedürfnis mehr, andere zu belehren oder zu missionieren.

Unterstützende Übung

Suche dir einen Platz, an dem du für dich bist und setze dich bequem hin. Schließe deine Augen und atme tief ein und aus. Stelle dir nun eine Situation vor, in der du das Bedürfnis hattest, andere zu korrigieren oder von deinem Standpunkt zu überzeugen. Erinnere dich daran, wie du dich in diesem Moment gefühlt hast. Welche Emotionen sind dabei in dir aufgestiegen? Welche körperlichen Reaktionen hast du wahrgenommen? Wenn wir andere ins Unrecht setzen oder ihre Fehler hervorheben, erzeugt das oft Trennung. Atme tief ein, und während du ausatmest, lass die Vorstellung los, dass dein Weg der einzig richtige ist. Spüre, wie diese Überzeugung mit jedem Ausatmen sanft verblasst.

Lenke deine Aufmerksamkeit nun auf den Gedanken, dass jeder Mensch seine eigene Wahrheit hat, die für ihn genauso wertvoll ist wie deine für dich. Stelle dir vor, wie du dich in einem offenen Raum befindest, in dem verschiedene Meinungen und Perspektiven nebeneinander existieren können. Während du ausatmest, lass alle Urteile und den Drang los, die Ansichten anderer zu bewerten oder zu ändern. Richte deinen Fokus auf das Verbindende. Stelle dir vor, dass du in dieser offenen Haltung mit deinem Gegenüber verbunden bist, unabhängig von den Unterschieden in euren Ansichten. Atme tief ein und visualisiere, wie ein warmes, goldenes Licht von deinem Herzen ausgeht und das Herz deines Gegenübers erreicht. Dieses Licht symbolisiert die Verbundenheit, die entsteht, wenn man anderen mit Respekt und Akzeptanz begegnet.

Während du weiterhin tief ein- und ausatmest, erinnere dich daran, dass jeder Mensch das Recht hat, seine eigenen Fehler zu machen und daraus zu lernen. Schaffe diesen Raum der Freiheit, in dem andere ihre eigenen Wege gehen dürfen, ohne dass du eingreifen musst. Spüre, wie sich durch diese Haltung dein Herz öffnet und du innerlich frei wirst von dem Bedürfnis, alles kontrollieren oder beeinflussen zu müssen. Wiederhole nun innerlich die Affirmation: »Ich lasse los und erlaube jedem, seinen eigenen Weg zu gehen. Hierdurch erzeuge ich Freiheit für meine Mitmenschen und letztlich auch für mich.« Zum Abschluss dieser Übung atme noch einmal tief ein und aus und spüre die Ruhe und Akzeptanz, die in dir erzeugt wurde.

Wie du als Schütze über dich hinauswächst

REFLEXIONSFRAGEN, DIE DEINE SELBSTWAHRNEHMUNG STÄRKEN

- Glaube ich daran, dass Wunder in meinem Leben geschehen?
- Was bedeutet es für mich, im Vertrauen zu sein?
- Was stärkt mein Vertrauen, und was schwächt es?
- Welche große Vision habe ich von meinem Leben?
- Nutze ich meine Gedankenkraft ganz gezielt, um mein Leben zu formen?
- Was motiviert mich, und was raubt mir Antrieb?
- Wie wichtig ist es mir, andere von meinen Ansichten zu überzeugen?
- Wie gehe ich mit Andersdenkenden um?
- Kann ich Dinge einfach stehen lassen oder beharre ich auf meinem Recht?
- Welchen Gesetzmäßigkeiten unterliegt mein Leben?
- Welches Land ruft mich?
- Fällt es mir leicht, meine Gedanken auszudrücken und auf den Punkt zu bringen oder schweife ich dabei ab?
- Zeige ich bei Gesprächen echtes Interesse an meinem Gegenüber?
- Fühle ich mich intellektuell gefordert oder verspüre ich ein Wissensdefizit?
- Über was möchte ich noch viel mehr wissen?
- Wie kann ich meinen geistigen Horizont erweitern?
- Welche Tätigkeiten frustrieren mich und lassen ein Gefühl der Sinnlosigkeit in mir aufsteigen?
- Was lösen alltägliche Dinge in mir aus? Gelingt es mir, meinen Alltag zu strukturieren?

Die oberste Bewusstseinsstufe
Der bewusste Schütze

Auf dieser Bewusstseinsebene sind Idealismus, Glaube und Vertrauen die treibenden Kräfte hinter den Zielsetzungen des Schützen. Sein gesamtes Leben richtet sich danach aus, dem Kollektiv zu helfen, die übergeordneten Zusammenhänge des Lebens zu erkennen, den tieferen Sinn hinter scheinbar zufälligen Begebenheiten zu entschlüsseln und ein harmonischeres, gerechteres Miteinander zu schaffen. In diesem Prozess fungiert er als Wegweiser, der nicht nur die Richtung vorgibt, sondern auch die verbindende Kraft verkörpert, die notwendig ist, um das große Ganze zu erfassen.

Der bewusste Schütze hat erkannt, dass sein Wissensdrang, seine rhetorischen Fähigkeiten und sein Forschergeist ihn zu einem geduldigen und inspirierenden Lehrer machen, der Wissen auf lebendige Weise vermittelt. Gleichzeitig versteht er sich als ewigen Schüler, der in der Schule des Lebens stetig Neues lernt und eine Lektion nach der anderen meistert. Er hat verinnerlicht, dass Wahrheit universell ist und jede Meinung sowie jedes Weltbild ihre Daseinsberechtigung haben. So ist es ihm möglich, alle Ansichten zu verbinden und seinen Mitmenschen wahre Toleranz vorzuleben, woraus ein buntes, friedvolles und kosmopolitisches Miteinander erwachsen kann. Voller Lebensoptimismus sucht er den Kontakt zu seinen Mitmenschen und lockert mit seiner frischen, unkonventionellen Art jede Gruppe auf.

Seine lebendigen Erzählungen und sein herzlicher Charme öffnen ihm viele Türen und sorgen dafür, dass man seinen Worten großes Gewicht beimisst. Für den bewussten Schützen ist es ein Leichtes, andere in seinen Bann zu ziehen, sie mitzureißen und ihnen das Gefühl zu geben, bedeutend zu sein. Dabei liegt ihm besonders am Herzen, die Visionen anderer voranzutreiben, ihnen Mut zu machen und durch den Glauben an sie ihre größten Potenziale zum Leben zu wecken. Seine zuversichtliche, freudvolle Art wirkt motivierend und bestärkend auf seine Mitmenschen. Daher verwundert es nicht, dass er für sie zum Hoffnungsträger wird.

Für den Schützen gibt es keine aussichtslosen Momente, gescheiterten Projekte oder ungünstigen Zeitpunkte. Er weiß, dass alles im Leben seinen Sinn hat und dass Krisen lediglich Gelegenheiten sind, um daran zu wachsen. Seine Positivität nimmt entscheidenden Einfluss auf sein Leben. Seine Rolle als Glückspilz des Tierkreises ist auf das Resonanzgesetz zurückzuführen: Wer heiter, positiv und mit der felsenfesten Überzeugung durch die Welt spaziert, dass das Leben auf seiner Seite ist, kann nicht scheitern. Er schwebt auf der Füllefrequenz und weiß genau, dass alles, was er aussendet, seinen Weg zu ihm zu-

Seine Positivität nimmt entscheidenden Einfluss auf sein Leben.

rückfindet. Deshalb gibt er großzügig, handelt voller Zuversicht und ist überzeugt davon, alles erreichen zu können. Seine optimistische Lebenseinstellung erwächst aus seinem tiefen Urvertrauen. Der bewusste Schütze spürt tief in seinem Innern eine unerschütterliche Verbundenheit zum Göttlichen. Diese Verbundenheit ermöglicht es ihm, darauf zu vertrauen, dass sich das Leben immer zum Guten wendet. »Und wenn es nicht gut ist, dann fehlt noch etwas. Dann muss man dem Leben noch ein bisschen mehr Zeit geben, und dann lösen sich alle Hindernisse in Luft auf.« – Zitat eines mir gut bekannten Schützen.

Auf dieser Bewusstseinsebene gelingt es dem Schützen, Intellekt und Intuition harmonisch zu verbinden. Ihm eröffnet sich dadurch eine Perspektive auf das Leben, die von Ganzheit und Weitblick gekennzeichnet ist. Seine globale Weltsicht und sein starkes Gerechtigkeitsempfinden ermöglichen es ihm, zu erkennen, dass jeder einzelne Mensch Teil eines großen Ganzen ist. Niemand kann sich der gemeinsamen Verantwortung entziehen, denn wir alle sitzen im selben Boot. Der Schütze setzt sich leidenschaftlich für Ethik und Moral ein und schafft ein Bewusstsein für Chancengleichheit, Gleichberechtigung und Umweltschutz. Er betont, dass jeder Einzelne seinen Beitrag leisten muss, um Verbesserungen zu bewirken und nachhaltige Veränderungen zu erzielen.

In diesem Stadium hat der Schütze verinnerlicht, dass es neben all den vielen unterschiedlichen Ansichten und Meinungen eine übergeordnete Wahrheit gibt. Diese wird einem erst zugänglich, wenn man die Selbstsicherheit entwickelt hat, auf sein Wahrheitsgefühl zu vertrauen, ihm zu folgen und seinen ganz individuellen Weg einzuschlagen. Deshalb greift der bewusste Schütze anderen dabei unter die Arme, ihre Seelenmission ausfindig zu machen und mit ganzer Kraft für das loszugehen, was sie im Herzen erfüllt. Er bringt ihnen nahe, wie sie die eigene Manifestationskraft in ihrem Leben aktivieren und für all ihre Vorhaben nutzen können. Nicht nur, dass er sie anleitet, ihnen Übungen zeigt oder mit ihnen gemeinsam manifestiert, er eröffnet ihnen vielmehr ein völlig neues Verständnis der Möglichkeiten des menschlichen Geistes, der weit über den Intellekt hinausreicht und letztlich der Schöpfer der eigenen Realität ist.

Wie du als Schütze deinen Lebenssinn findest

Als Schütze findest du deinen Lebenssinn, indem du dich mutig ins Leben stürzt und so viel von der Welt entdeckst wie nur möglich. Du bist ein echter Weltenbummler, den es hinaus in die Ferne zieht und den das Abenteuer ganz laut ruft. Gut möglich, dass du nach einer Reise zurückkommst und dein gesamtes Leben auf den Kopf stellst.

Das Leben eines Schützen ist definitiv nicht 08/15. Wie auch immer es im Einzelfall aussehen mag, dein Leben besitzt jede Menge Extravaganz. Ob du nun als Reisejournalist die entlegensten Orte der Welt erkundest, als Professor in deinem Elfenbeinturm sitzt und in die höchsten Sphären eines Wissensgebiets vordringst oder als Musiker um den Globus tourst und das wilde Leben eines Rockstars führst – dein Leben ist anders als das der anderen. Auch wenn du reist, geht es für dich weniger um exklusive Luxushotels, sondern vielmehr darum, in fremde Kulturen einzutauchen, ungewöhnliche Speisen zu probieren und mit Einheimischen ins Gespräch zu kommen. Vielleicht fasziniert dich auch die Idee, ohne Flugzeug um die Welt zu reisen, den Atlantik mit einem Ruderboot zu überqueren oder mit dem Fahrrad durch Indien zu radeln.

Deine größte Stärke bildet dein unerschütterlicher Optimismus. Er lässt dich auf der Füllewelle surfen und auf wundersame Weise die größten Erfolge in dein Leben ziehen. Nutze deine Schöpferkraft ganz gezielt, um Wunder geschehen zu lassen und dir deine Wünsche zu erfüllen. Wenn du nicht schon ganz von alleine ein wahres Ass in Sachen Manifestation bist, beschäftige dich tiefgehend mit diesem Thema. Setze die Kraft der Visualisierung ganz gezielt für deine Vorhaben ein, und beginne dir proaktiv das Leben zu erschaffen, das du dir wünschst.

♑

DAS ERDZEICHEN

STEINBOCK

21. Dezember bis 19. Januar

Zeichen	♑
Element	Erde
Herrscher	Saturn
Kreuz	Kardinal
Stärken	· Konzentration · Ehrgeiz · Durchhaltevermögen · Pflichtbewusstsein
Schwächen	· Unnachgiebigkeit · Geiz · Pessimismus · Gefühlskälte
In diesen Berufsfeldern findet man den Steinbock	· Verwaltungsbeamt:in · Landschaftsgärtner:in · Lehrer:in · Buchhalter:in · Anwalt/Anwältin · Wirtschaftsprüfer:in · Projektleiter:in

»Jenseits der Vorstellungen von Richtig und Falsch liegt ein Ort. Dort werde ich Dich treffen.«

RUMI

Der Steinbock ist der Gipfelstürmer des Tierkreises. Mit unvergleichlicher Präzision erklimmt er die steilsten Hänge und gebraucht seinen unermüdlichen Ehrgeiz, um seine Ziele mit Besonnenheit und Geduld in Angriff zu nehmen – ganz egal, wie lange ihre Realisierung auch in Anspruch nehmen mag. Er weiß genau, was er möchte, und ist bereit, alle Hebel in Bewegung zu setzen, um sein Ziel zu verwirklichen. Dabei achtet er stets darauf, dass sein Einsatz im Verhältnis zu dem steht, was er erreichen möchte. Nicht selten erscheint dieser Archetyp wie eine Art Übermensch, der sich scheinbar mühelos in komplexe Wissensgebiete einarbeitet und noch dazu praktische Begabungen mitbringt. Selbst in Zeiten der Entbehrung bleibt der Steinbock standhaft, bereit, alles Notwendige zu ertragen, um sein großes Endziel zu erreichen.

Auf den Steinbock ist stets Verlass. Er steht zu seinem Wort, scheut sich nicht davor, Verantwortung zu übernehmen, und steht felsenfest für seine Überzeugungen ein. Sein Standpunkt ist dabei konservativ und vernünftig. Er mag es, wenn die Dinge in geregelten Bahnen verlaufen, vorhersehbar sind und seinen Erwartungen entsprechen. Störenfriede, die Unruhe stiften oder seine Betrachtungsweisen in Frage stellen, sind ihm ein Dorn im Auge. Deshalb setzt er sich dafür ein, dass Regeln klar definiert und eingehalten werden. Ordnung hat oberste Priorität für ihn. Sein Gedanke dabei: »Wo kämen wir denn hin, wenn jeder machen würde, was er will?!«

Der Steinbock ist smart, vorausschauend und lösungsorientiert. In Windeseile hat er alle möglichen Entwicklungen vorhergesehen, die beste Handlungsstrategie entworfen und einen Plan geschmiedet, wie man am effizientesten ans Ziel gelangt. Seine Welt dreht sich um Fakten, Zahlen und Normen. Er liebt es, sich tief in Strukturen, Abläufe oder Gesetzmäßigkeiten hineinzudenken, akribisch Aufgaben abzuarbeiten oder die Einhaltung von bestimmten Regeln zu gewährleisten. Kommt er nach seiner eingehenden Überprüfung zum Ergebnis, alles sei in bester Ordnung, kann man sich sicher sein, dass die Sache niet- und nagelfest ist.

Dieser Archetyp hält nicht nur, was er verspricht, sondern übertrifft die Erwartungen sogar bei Weitem, da er ein echter Tiefstapler ist. Zurückhaltend und bescheiden, lässt er sein Können oft nur beiläufig durchblicken und versetzt sein Umfeld in Staunen über seine Fähigkeiten. Für ihn reicht es nicht aus, etwas einfach nur gut zu machen – er strebt nach

Perfektion. Mit seinem unerschütterlichen Durchhaltevermögen und seiner enormen Zähigkeit überwindet er jede noch so große Hürde auf dem Weg zu seinem Ziel. Aufgeben kommt für ihn nicht in Frage. Er hält durch, beißt die Zähne zusammen und bringt sich dabei nicht selten an seine Belastbarkeitsgrenzen.

Gibt man ihm eine Aufgabe, erledigt er sie mit Bravour – je komplexer, desto besser. Denn so kann er wenigstens seine Intelligenz, Konzentrationsfähigkeit und Ausdauer unter Beweis stellen. Niemals würde er jemanden hängen lassen. Wenn ein Projekt fertig gestellt werden muss, leistet er, ohne mit der Wimper zu zucken, Überstunden und stellt alles andere hinten an. Sein ausgeprägtes Pflichtbewusstsein würde es ihm nie gestatten, sich einfach aus der Affäre zu ziehen. Auch privat unterstützt er seine Mitmenschen, wo er nur kann. Denn das Wohl seiner Liebsten hat oberste Priorität für ihn, und so gibt er alles, um zu gewährleisten, dass es ihnen gut geht.

Der Steinbock macht das Unmögliche möglich – eine Eigenschaft, die er mit dem Schützen gemeinsam hat. Beide sind in der Lage, Berge zu versetzen, doch ihre Herangehensweisen könnten nicht unterschiedlicher sein: Während der Schütze den Berg durch seinen tiefen Glauben und seine grenzenlose Manifestationspower auf magische Weise in Luft auflöst, trägt der Steinbock mühsam Kieselstein für Kieselstein ab, bis nichts mehr von ihm übrig ist. In anderen Worten: Der Steinbock setzt sich ein Ziel und arbeitet geduldig und unbeirrbar auf dessen Verwirklichung hin, wohingegen der Schütze voller Leichtigkeit und Optimismus seine Vision verfolgt. Für den Steinbock stehen Leistung und Disziplin an oberster Stelle. Angetrieben von seinem Streben nach Anerkennung und dem Wunsch, Verantwortung zu übernehmen, arbeitet er unermüdlich daran, die Stufenleiter des Erfolgs zu erklimmen. Sein Bedürfnis nach beruflichem Aufstieg ist groß, doch sein Lebensstil bleibt bescheiden. Luxus und Statussymbole bedeuten ihm wenig; vielmehr hält er sein Geld pedantisch zusammen, um stets für Notzeiten oder unerwartete Ausgaben gewappnet zu sein. Charakteristisch für ihn ist außerdem, dass er seine gesamten Kräfte auf ein Ziel konzentrieren kann. Unermüdlich verfolgt er seine Pläne und trotzt allen Widerständen, die sich ihm auf dem Weg zur Verwirklichung seiner Vorhaben entgegenstellen.

KARDINALES KREUZ: WIDDER, KREBS, WAAGE UND STEINBOCK

Seine Entwicklungsreise führt den Steinbock über die Qualitäten des Widders, der Waage und des Krebses. Diese drei Zeichen bilden mit dem Steinbock das kardinale Kreuz. Der vernünftige, zuverlässige und ehrgeizige Steinbock darf sich im Rahmen seiner Bewusstseinsentwicklung Optimismus (Widder), Kompromissbereitschaft (Waage) und Sanftmut (Krebs) aneignen. Hierdurch baut er immer deutlicher die innere Härte ab, die er sich selbst entgegenbringt, und es wird ihm möglich, leichtfüßiger und friedvoller durch das Leben zu gehen. Das Zeichen Widder unterstützt den Steinbock dabei, mehr Dynamik in sein Leben einzuladen und mit weniger Widerständen auf Veränderungen zu reagieren. Die Waage erweicht den Steinbock in seinen starren Ansichten, sodass er neutraler auf seine Mitmenschen und ihre Vorschläge reagiert. Und der Krebs leitet den Steinbock an, vom Kopf mehr ins Herz zu finden und seine Gefühlswelt in seine Lebensführung mit einzubinden.

Die untere Bewusstseinsstufe
Der unbewusste Steinbock

Zu Beginn seiner Entwicklung ist der Steinbock ehrgeizig, unnachgiebig und fordernd, da er entschlossen ist, es in seinem Leben zu etwas zu bringen und sich Schritt für Schritt nach oben zu arbeiten. Er legt keinen Wert auf Vitamin B oder sonstige Abkürzungen, weil es ihm wichtig ist, seinen Erfolg aus eigener Kraft zu erzielen. Ausgelassenheit oder spontanes Handeln haben für ihn wenig Bedeutung, denn seiner Meinung nach gibt es weitaus Wichtigeres als Vergnügen oder Faulenzen. Ein allgegenwärtiger innerer Appell zur Pflichterfüllung begleitet ihn, der sich in Sätzen wie »Das tut man nicht!« oder »Das darfst du nicht!« ausdrückt. Oft steht er resigniert vor der Mauer, die sein innerer Kritiker um sein Herz errichtet hat, und fragt sich, wie er sie jemals überwinden soll.

Dieser Archetyp hat etwas Belehrendes an sich, weshalb nur selten eine entspannte Stimmung in seiner Gegenwart aufkommt. Er verunsichert seine Mitmenschen durch die Unnahbarkeit, mit der er auftritt, und löst in ihnen das Gefühl aus, sich keine Unachtsamkeit leisten zu können. Kein Fehler oder Missgeschick bleibt von ihm unbemerkt. Er fühlt sich dazu berufen, andere zu verbessern, zu disziplinieren oder zu ermahnen, um zu gewährleisten, dass alles seinen geregelten Gang geht und Gesetze, Vorschriften sowie Hinweisschilder Beachtung finden. Sich über Bürokratie, Absperrbänder oder rote Ampeln hinwegzusetzen, ist für ihn undenkbar. Auf unbewusster Ebene übernimmt dieser Archetyp oft die Rolle des Spielverderbers. Ausgelassenes Herumalbern ist ihm unangenehm, da ihm die Fähigkeit fehlt, über sich selbst zu lachen und sich einer lockeren Atmosphäre hinzugeben.

Das Denken dieses Archetyps ist sehr gründlich und pragmatisch, jedoch oft von Pessimismus durchzogen. Hoffnung verbietet er sich meist, da er sie als etwas betrachtet, das unweigerlich zu Enttäuschungen führt. Diese Grundhaltung lässt die innere Schwere erahnen, die in ihm herrscht. Er geht sehr streng mit sich ins Gericht, stellt hohe Erwartungen an sich und ist selten mit dem zufrieden, was er hervorgebracht hat. Diese Strenge kann zwanghafte Züge annehmen und dazu führen, dass er sich kasteit, großem Druck aussetzt oder regelmäßig an seine körperlichen Belastbarkeitsgrenzen drängt. Exzessiver Sport, strenge Diäten und getaktete Tagesabläufe finden sich bei diesem Archetyp auf der untersten Bewusstseinsebene. Er gönnt sich nur wenig und wenn überhaupt, sind seine Genussmomente an konkrete Leistungsziele geknüpft, sodass er sich die schönen Dinge des Lebens, wie alles andere auch, hart erarbeiten muss.

Auch Lob oder Komplimente kann er nur schwer annehmen, weil er das Gefühl hat, dass andere seine Leistung nicht kritisch genug beleuchten. Er macht sich selbst klein und findet immer etwas, das er noch besser hätte machen können. Auf der untersten Bewusstseinsebene zeigt sich der Steinbock als Nörgler, Pedant und Pessimist. Er entdeckt ständig das Haar in der Suppe, fixiert sich auf kleinste Unstimmigkeiten und misst ihnen übermäßige Bedeutung bei. Eine Kleinigkeit, ein Fauxpas oder eine Unvollkommenheit genügt, um eine Welle der Unzufriedenheit in ihm auszulösen. Der Steinbock ist neben dem Skorpion das Tierkreiszeichen, das die größte Schwermut besitzt. Mit einem unfehlbaren Radar für das Unvollkommene sieht er immer nur, was man verbessern könnte, und übersieht dabei, wie gut die Dinge bereits sind.

Er findet immer etwas, das er noch besser hätte machen können.

Mit jeder Form von Schwäche steht der Steinbock auf Kriegsfuß, schließlich stellen sie eine Gefahr für seinen persönlichen Leistungsanspruch dar. Schwächen unterdrückt er konsequent, indem er sich nicht erlaubt, ihnen nachzugeben. Da Gefühle aus seiner Sicht die Leistungsfähigkeit beeinträchtigen, betrachtet er sie ebenfalls als Schwäche und fegt über sie hinweg. »Gefühle sind nur etwas für diejenigen, die sie sich leisten können.«, denkt sich der Steinbock und beugt sich wieder tief über seinen Schreibtisch. Es ist daher wenig überraschend, dass er nur schwer Zugang zu seiner eigenen Gefühlswelt findet und, wenn überhaupt, eher sachlich über seine Gefühle spricht.

Sein Herz hat selten die Oberhand über seinen Kopf. Unvernünftigen Liebesbekundungen, kopflosen Schwärmereien oder leidenschaftlichen Affären kann der Steinbock wenig abgewinnen, denn für ihn ist Liebe eine ernst zu nehmende Angelegenheit. Schließlich weiß er genau, was auf dem Spiel steht, wenn er sich seinen Gefühlen und denen anderer öffnet: sein Fokus – sein höchstes Gut. Deshalb agiert er in zwischenmenschlichen Verbindungen vorsichtig und bedacht. Er ist sich der Tragweite von Beziehungen bewusst und geht nicht leichtfertig eine Partnerschaft ein. Stattdessen beobachtet er aus sicherer Distanz, wägt sorgfältig ab und lässt sich viel Zeit, um zu entscheiden, was er wirklich will.

Größte Angst

Der Steinbock setzt sich selbst unter enormen Druck, weil er große Angst davor hat, zu scheitern und seinen eigenen hohen Erwartungen nicht zu genügen. Er strebt danach, alles perfekt zu machen und die Anerkennung seines Umfelds zu verdienen, in der Hoffnung, dadurch seinen eigenen Wert zu beweisen. Dabei ist er so sehr davon überzeugt, dass er alle Erwartungen übertreffen und makellose Arbeit leisten muss, dass er vollkommen übersieht, dass er sich damit nur von seinem schlechten Selbstbild ablenkt – ein Selbstbild, das unabhängig von seinen Erfolgen immer im Defizit bleibt.

Um dieser Spirale aus Angst und Selbstkritik zu entkommen, darf der Steinbock lernen, sich mit mehr Nachsicht zu begegnen. Erst wenn er erkennt, dass seine größte Angst von seinen eigenen überhöhten Ansprüchen genährt wird, kann er sich von der Last der Selbstverurteilung befreien.

Die mittlere Bewusstseinsstufe Der reflektierte Steinbock

Auf dieser Ebene entwickelt der Steinbock zunehmend Sanftmut und Weichheit. Er verringert seine Kontrollversuche und Perfektionsansprüche und schenkt sich selbst Raum, um innezuhalten und seine inneren Empfindungen zu erkunden. Sein Fokus verschiebt sich vom Außen hin zum Innen. Dabei hinterfragt er sein Streben nach Anerkennung und Wertschätzung und beginnt, sich selbst mit mehr Liebe und Verständnis zu begegnen. Auch seine vermeintlichen Schwächen, vor denen er sich zuvor abgeschottet hat, betrachtet er nun mit Neugier, um zu verstehen, was sie ihm über sich selbst verraten. Der Wunsch, alles perfekt machen zu müssen, immer stark zu erscheinen und ein Bild nach außen zu wahren, das ihm nicht entspricht, beginnt sich aufzulösen.

Bewusstsein für Schwächen & Fokus auf Stärken

Die Liebe zu sich selbst entdecken

Dieser Archetyp zeichnet sich durch seinen stählernen Ehrgeiz und seine unerschütterliche Selbstdisziplin aus. Geduldig und zielstrebig steigt der Steinbock die Stufenleiter des Erfolgs empor, wobei er alles andere seinen Zielen unterordnet. Doch diese Entschlossenheit kann schnell in unerbittliche Strenge umschlagen, wenn sie das richtige Maß überschreitet. Und genau das geschieht im Leben des unbewussten Steinbocks. Ohne mit der Wimper zu zucken, übergeht er seine Belastbarkeitsgrenzen und riskiert Erschöpfungszustände.

Ein wichtiger Wendepunkt im Leben des Steinbocks tritt ein, wenn er erkennt, dass seine Härte gegenüber sich selbst aus einem mangelnden Selbstwertgefühl resultiert. Der Schlüssel zu seiner Weiterentwicklung liegt darin, sich selbst mehr Wohlwollen entgegenzubringen und seine Stärken bewusst wahrzunehmen, anstatt sich nur auf die Schwächen zu fokussieren. Er darf sich bewusst machen, dass die 100 % eines Steinbocks für alle anderen Menschen bereits 200 % darstellen. Deshalb genügen 75 % seines Einsatzes, um die Erwartungen aller anderen bei Weitem zu erfüllen.

Der reflektierte Steinbock lernt, Fehler als Lernmöglichkeiten zu betrachten, statt sie als Versagen zu werten. Indem er regelmäßig reflektiert, was er bereits erreicht hat, und sich auf seine Fortschritte konzentriert, kann er beginnen, seine eigenen Erfolge mehr zu würdigen. Das Praktizieren von Achtsamkeit und Selbstmitgefühl hilft ihm, den inneren Kritiker zurückzudrängen und sich selbst mit mehr Nachsicht zu begegnen. Er erkennt, dass es nicht darum geht, perfekt zu sein, sondern darum, sein eigenes Wachstum und die Akzeptanz seiner Menschlichkeit in den Vordergrund zu stellen. Diese Schritte ermöglichen es ihm, eine gesündere Beziehung zu seinen Ansprüchen und Erwartungen zu entwickeln und sich selbst mehr wertzuschätzen.

Die befreiende Wirkung des Loslassens

Der Steinbock hat klare Vorstellungen davon, wie die Dinge sein sollten, und empfindet sie nur dann als zufriedenstellend, wenn sie seinen Maßstäben entsprechen. Da er so genau weiß, wie das Leben zu sein hat, überlässt er nichts dem Zufall und entwickelt ausgeklügelte Kontrollstrategien, um das Unvorhersehbare zu vermeiden – und damit letztlich gegen den natürlichen Fluss des Lebens anzukämpfen. Unflexibel in seiner Lebensanschauung versucht er, alle Abweichungen von seinen Plänen abzuwehren. Andere Menschen werden genauestens instruiert und regelmäßig überprüft, um sicherzustellen, dass alles nach seinen Vorstellungen verläuft. Schon Kleinigkeiten, die anders laufen als erwartet, können ihn innerlich in Aufruhr versetzen.

Sein Kontrollstreben führt dazu, dass er glaubt, alles selbst in die Hand nehmen zu müssen. So muss er zumindest nicht die Nachlässigkeit anderer fürchten oder deren Fehler ausbügeln. Auf der unbewussten Ebene fehlt es dem Steinbock also schlichtweg an Vertrauen. Er ist der Überzeugung, dass nur er selbst gewährleisten kann, dass alles perfekt verläuft, und so bürdet er sich immer noch mehr auf. Ein wichtiges Übungsfeld für ihn besteht darin, die Kontrolle zunehmend loszulassen, Verantwortung abzugeben und Vertrauen in das Leben und seine Mitmenschen zu entwickeln.

Um diesen Prozess zu unterstützen, kann der Steinbock sich jeden Abend kurz Zeit nehmen, um zu reflektieren, was am Tag anders als geplant verlaufen ist und welche positiven oder neutralen Ergebnisse daraus entstanden sind. Mit der Zeit wird ihm dadurch bewusst, dass nicht alles genau nach seinem Plan laufen muss, um erfolgreich zu sein. Indem er diese Erfahrungen sammelt, baut er langsam Vertrauen in den natürlichen Fluss des Lebens auf und erkennt, dass er nicht immer alles kontrollieren muss, um gute Resultate zu erzielen.

Die Verantwortung für sich selbst

Der Steinbock hat ein besonderes Talent, Verantwortung zu übernehmen, und da er seine Sache so gut macht, vertrauen ihm seine Mitmenschen nur zu gerne die Führung an. Getrieben von seinem starken Bedürfnis nach Anerkennung und Wertschätzung, nimmt der Steinbock diese Aufgaben bereitwillig an und trägt am Ende die Verantwortung für eine Vielzahl von Dingen gleichzeitig. Oberflächlich betrachtet, scheint dies eine Win-win-Situation zu sein: Der Steinbock liebt es, Verantwortung zu übernehmen, und sein Umfeld gibt sie bereitwillig an ihn ab.

Doch diese Win-win-Situation kann zu bedenklichen Abhängigkeitsverhältnissen führen. Während der Steinbock immer mehr auf sich lädt, wird sein Umfeld zunehmend unselbstständiger. Seine Mitmenschen werden geradezu abhängig von seiner Unterstützung und seinen Anweisungen. Zudem verliert der Steinbock in seinem Bestreben, anderen Stabilität zu bieten, aus dem Blick, was seine eigenen Wünsche und Bedürfnisse sind. Am Ende stellt er überrascht fest, dass er die Verantwortung für alles und jeden übernommen hat – außer für sein eigenes Wohlbefinden.

Um diese Dynamik zu durchbrechen, darf er lernen, Verantwortung zu teilen. Indem er sein eigenes Wohlergehen priorisiert und die Führung aus der Hand gibt, ermöglicht er seinen Mitmenschen, in die Eigenverantwortung zu treten und selbstständige Entscheidungen zu treffen.

Authentische Nahbarkeit

Seinen Mitmenschen gegenüber verhält sich der Steinbock häufig reserviert und zurückhaltend. Sie nehmen ihn als unnahbar wahr und schließen aus seinem Verhalten, dass er sich in ihrer Gegenwart nicht wohlfühlt. Dabei ist seine distanzierte Art eigentlich ein Schutzmechanismus, denn der Steinbock möchte anderen gegenüber nichts falsch machen. Hinter dieser kühlen Fassade verbirgt sich große Unsicherheit und die Angst, nicht gemocht zu werden. Aus dieser Unsicherheit heraus kontrolliert er sein Verhalten im Beisein anderer sehr streng und versucht, keine Schwäche zu zeigen. Alles Emotionale und auch die eigene Verletzlichkeit betrachtet er als seine Privatsache, die niemanden außer ihm etwas angeht. Deshalb vertraut er sich kaum jemandem an und macht die meisten Dinge mit sich selbst aus.

Ein besonderes Wachstumsfeld eröffnet sich für den Steinbock, wenn er beginnt, diesen Schutzmechanismus zu hinterfragen und seinen Gefühlen mehr Raum zu geben. Indem er sich den verdrängten Emotionen stellt und untersucht, welche früheren Erlebnisse dazu geführt haben, dass er sich so sehr über Leistung definiert und seine Schwächen vor anderen verbirgt, kann er beginnen, ein neues, authentischeres Verhältnis zu sich selbst und seinen Mitmenschen zu entwickeln.

Engagierter Hüter der Ordnung

Der unbewusste Steinbock würde Falschparkern am liebsten sofort ein Knöllchen verpassen oder Jugendliche festnehmen, die in ihrem Übermut öffentliches Eigentum beschädigen. Wenn jemand darauf achtet, dass in der Supermarktschlange niemand drängelt, oder auf der Rolltreppe Personen höflich auf die Schulter tippt, die links stehen, ist es wahrscheinlich ein Steinbock, der durch solches Fehlverhalten alarmiert wurde und es als seine Pflicht ansieht, einzuschreiten.

Dieses Verhalten entspringt einem tief verwurzelten Bedürfnis des Steinbocks, Dinge richtig zu machen und seine Mitmenschen darin zu unterstützen, dasselbe zu tun. Er nimmt seine Rolle in der Gesellschaft ernst und strebt danach, ein Vorbild zu sein. Daraus resultiert ein starkes Bedürfnis, bei Fehlern – sei es bei der Aussprache von Fachbegriffen oder im alltäglichen Verhalten – korrigierend einzugreifen. Für ihn ist es selbstverständlich, andere darauf hinzuweisen, wie es richtig gemacht wird, da er überzeugt ist, dass dies dem gemeinsamen Wohl dient.

Doch der reflektierte Steinbock lernt, diesen Drang zu hinterfragen. Er beginnt, bewusst darauf zu achten, wann er den Impuls verspürt, andere zu verbessern, und wägt ab, ob dies wirklich dem Gespräch dient oder ob es eher aus einem eigenen Bedürfnis nach

Sicherheit und Kontrolle entspringt. Durch einen Perspektivwechsel, bei dem er sich in die Lage des anderen versetzt, erkennt er, wie verunsichernd ständige Korrekturen für den anderen sein können. Indem der Steinbock in solchen Momenten mehr Verständnis und Toleranz zeigt, eröffnet sich ihm die Möglichkeit, nicht nur seine Beziehungen zu vertiefen, sondern auch eine größere innere Gelassenheit zu entwickeln.

Schließlich erkennt der Steinbock, dass wahre Stärke nicht darin liegt, immer alles perfekt zu machen, sondern darin, mit dem Unvollkommenen zu leben und ein verständnisvolles Miteinander zu fördern. Indem er lernt, kleine Fehler zu akzeptieren, kann er eine tiefere Verbindung zu anderen Menschen aufbauen und gleichzeitig eine entspanntere, friedlichere Haltung einnehmen.

Bewusstseinsentwicklung mithilfe des kardinalen Kreuzes

Entwicklung von Optimismus (Widder)

Der Steinbock agiert und reagiert strategisch und besonnen. Er lässt sich nicht leicht zu etwas hinreißen, sondern überdenkt seine nächsten Schritte gründlich und bringt die Geduld mit, den richtigen Zeitpunkt abzuwarten. Nie würde er etwas überstürzen, schließlich hat er ganz deutlich die Konsequenzen seines Handelns vor Augen.

Im Rahmen seiner Bewusstseinsentwicklung steht der Steinbock jedoch vor der Herausforderung, seine Vorsicht zu überwinden und gelegentlich ganz spontan und optimistisch einfach »Ja!« zu rufen. Seine Angst vor Restrisiken lässt ihn zögerlich auf all die Chancen reagieren, die ihm das Leben bietet. Seine pessimistische Grundhaltung führt dazu, dass er vom Schlimmsten ausgeht und sein Vorhaben bereits als gescheitert betrachtet, bevor er es überhaupt in Angriff genommen hat. »Einfach machen und schauen, was dabei herauskommt!« Bei diesem Satz verfällt der Steinbock direkt in Schockstarre. Doch wenn er den ersten Schreck erst einmal überwunden hat und sich traut, diesen Ansatz auszuprobieren, entdeckt er, dass im vertrauensvollen Handeln oft die größten Erfolgschancen liegen.

Woher hat er diese Erkenntnis? Vom spontanen, risikofreudigen und optimistischen Widder. Der Widder hat ihm nämlich verraten, dass man auch ohne Masterplan gut durchs Leben kommt und dabei jede Menge Zeit und Energie spart, wenn man sich nicht mit unnötigen Sorgen belastet. Laut dem Widder ergeben sich beim spontanen Handeln die angenehmsten Begegnungen, und man scheint immer zur richtigen Zeit am richtigen Ort zu sein. Indem der Steinbock es wagt, spontaner zu handeln und mit mehr Vertrauen an seine Vorhaben heranzugehen, merkt er, wie viel leichter sich diese verwirklichen lassen und wie viel mehr Freude er bei ihrer Umsetzung empfindet. Statt aus allem eine Doktorarbeit zu machen, unzählige Youtube-Videos zu schauen und alles akribisch zu ergoogeln, lernt er mit der Hilfe des Widders, einfach locker zu lassen – und bemerkt, wie leicht plötzlich alles sein kann.

Unterstützende Übung

Setze dich zunächst in eine bequeme Position und schließe die Augen. Beginne mit tiefen Atemzügen, atme langsam durch die Nase ein, halte den Atem kurz an und atme dann sanft durch den Mund wieder aus. Lasse alle Gedanken los, die mit Planung oder Kontrolle zu tun haben, und erlaube dir, einfach nur im gegenwärtigen Moment zu sein und diesen bewusst zu genießen. Stell dir nun vor, du befindest dich in einem wunderschönen Heißluftballon. Der Ballon hebt sich sanft vom Boden ab, und du spürst, wie du leicht und frei in die Lüfte aufsteigst. Der Wind trägt dich sanft in die Richtung, die er für dich wählt. Du lässt jede Kontrolle los und übergibst dich dem natürlichen Fluss des Lebens, während du dich vom Wind treiben lässt. Während du in die Höhe schwebst, siehst du von oben auf die Welt unter dir herab. Du beobachtest die Autos, die sich auf den Straßen bewegen, die Menschen, die ihrem Alltag nachgehen, und all die Bewegungen, auf die du keinen Einfluss hast. Du erkennst, dass alles in eine größere Ordnung eingebettet ist. Du brauchst nichts zu kontrollieren, denn alles verläuft harmonisch, auch ohne dein Zutun.

In dieser Höhe erfährst du eine tiefe Ruhe und Gelassenheit. Du fühlst dich frei und getragen, während der Wind dich sanft weiterträgt. Genieße diesen Moment der Freiheit, in dem du nichts tun musst, außer zu vertrauen und die Reise zu genießen. Während der Ballon dich weiterträgt, verinnerlichst du das Gefühl der Ruhe und des Vertrauens. Du nimmst es in dir auf und erkennst, dass du aus dieser Gelassenheit heraus viel mehr Offenheit und Neugierde für unerwartete Gelegenheiten entwickelst. Spüre, wie sich in dir eine positive Erwartungshaltung entwickelt, die dich einlädt, spontaner und optimistischer auf die Chancen des Lebens zu reagieren.

Langsam beginnt der Ballon, sich dem Boden zu nähern, und du spürst, wie du sanft und sicher wieder landest. Nimm dir einen Moment, um zu reflektieren, wie es sich angefühlt hat, die Kontrolle loszulassen und dem Leben zu vertrauen. Öffne langsam die Augen und nimm das Gefühl der Leichtigkeit, der Gelassenheit und des Optimismus mit in deinen Alltag.

Entwicklung von Kompromissbereitschaft (Waage)

Der Steinbock hat, ähnlich wie der Schütze, eine belehrende Ader. Wenn man viel Zeit damit verbringt, alles bis ins kleinste Detail zu planen, gründlich vorzubereiten und perfekt umzusetzen, glaubt man genau zu wissen, was zu beachten und was zu vermeiden ist. Der Steinbock hat durch seine Erfahrungen präzise ermittelt, welche Strategien erfolgversprechend sind und wo die größten Fehlerquellen liegen. Deshalb sieht er es als seine Pflicht an, andere an seinem Wissen und seiner Erfahrung teilhaben zu lassen. Ungefragt gibt er Empfehlungen, welche Route am schnellsten zum Ziel führt, welcher Lappen das Kochfeld am besten reinigt und welcher Trick es ermöglicht, beim Buchen einer Reise gleich zwei Rabattcodes zu nutzen.

Wenn seine Ratschläge auf Widerstand stoßen oder er auf Menschen trifft, die anderer Meinung sind, beharrt der Steinbock stur auf seiner Position. Er hält lange Vorträge darüber, warum die anderen falschliegen, ohne nachzugeben oder einen vermittelnden Standpunkt einzunehmen. Das fällt ihm schwer, weil er überzeugt ist, genau zu wissen, wie die Dinge laufen – Irrtum ausgeschlossen! Bei einer Diskussion zu unterliegen, kommt für ihn nicht in die Tüte, weil es für ihn um weitaus mehr geht, als sich durchzusetzen. Für ihn geht es darum, recht zu behalten und wer recht hat, hat Macht, und wer Macht hat, hat die Kontrolle.

Der Steinbock darf im Rahmen seiner Entwicklungsreise lernen, kompromissbereit und nachsichtig mit seinem Umfeld umzugehen und sich nicht ungefragt in die Angelegenheiten seiner Mitmenschen einzumischen. Dabei kann ihm das kompromissbereiteste Zeichen des Tierkreises hilfreich zur Seite stehen: die Waage. Sie ist zur Stelle, wenn es darum geht, Streitigkeiten zu schlichten und Konflikte zu lösen. Die Waage hilft dem Steinbock, seine starren Ansichten zu erweichen, sodass er neutraler auf die Meinungen und Vorschläge anderer reagiert und nicht mehr das unbedingte Bedürfnis verspürt, seine Auffassung durchzusetzen.

Unterstützende Übung

Setze dich bequem hin und schließe die Augen. Atme tief ein und aus und lasse dabei alle Spannungen mit jedem Ausatmen los. Erlaube dir, tiefe Ruhe in deinem Inneren zu spüren, während du dich auf deinen Atem konzentrierst und merkst, wie du mit jedem Atemzug tiefer in einen entspannten Zustand gelangst.

Stell dir nun vor, dass du in einem Raum mit einer anderen Person bist, die dir freundlich und offen gegenübersteht. Diese Person spricht zu dir und teilt ihre Gedanken oder ihren Standpunkt mit. Anstatt sofort zu reagieren oder deine eigenen Ansichten einzubringen, konzentriere dich darauf, der Person wirklich zuzuhören. Nimm ihre Worte auf, ohne zu bewerten oder zu korrigieren. Während du tief und gleichmäßig weiter atmest, beobachte deine inneren Reaktionen. Spürst du den Drang, etwas zu sagen, zu korrigieren oder deine eigene Meinung durchzusetzen? Erkenne diese Impulse, lasse sie aber bewusst los. Erlaube dir, einfach zuzuhören und die Meinung der anderen Person so anzunehmen, wie sie ist, ohne den Wunsch, etwas verändern zu müssen.

Visualisiere, wie die Worte der anderen Person in dein Bewusstsein eintreten und dort Raum finden. Spüre, wie sich dein Geist öffnet, um neue Perspektiven zu akzeptieren, selbst wenn sie von deinen eigenen Überzeugungen abweichen. Erkenne, wie du ein tieferes Verständnis für die Sichtweise der anderen Person entwickelst, ohne das Bedürfnis, etwas zu korrigieren.

In diesem Moment kannst du dir die Waage vorstellen, das Symbol für Ausgleich und Harmonie, das in deinem Inneren erwacht. Diese innere Waage hilft dir, in Balance zu bleiben, wenn du den Meinungen anderer begegnest. Spüre, wie sie dir dabei hilft, neutral und offen zu bleiben, statt belehrend oder korrigierend zu wirken. Nimm dir einen Augenblick Zeit, um das Gefühl der Akzeptanz und des Verständnisses zu genießen, das in dir entsteht. Spüre, wie es sich anfühlt, ohne Urteil zuzuhören und die Gedanken anderer zu respektieren. Verankere dieses Gefühl in deinem Bewusstsein und nimm es mit in deinen Alltag.

Nimm abschließend einen tiefen Atemzug, öffne die Augen und reflektiere kurz, wie sich diese Übung auf deine Haltung gegenüber anderen Meinungen auswirken könnte. Erinnere dich daran, dass es nicht darum geht, immer recht zu haben, sondern darum, die Einzigartigkeit und die unterschiedlichen Perspektiven anderer respektvoll anzunehmen.

Entwicklung von Sanftmut (Krebs)

Emotionale Ausbrüche, hingebungsvolle Liebesbekundungen oder wutentbrannte Auseinandersetzungen sucht man beim Zeichen Steinbock vergebens. Alle Gefühle werden zunächst einer Zweckmäßigkeitskontrolle unterzogen und beiseitegeschoben, wenn sie nicht angemessen erscheinen oder nicht zielführend sind. Oft befürchtet er, dass seine Empfindungen ihn in die Irre führen und ihm den klaren Blick auf seine Umgebung verstellen könnten. Damit liegt er nicht ganz falsch, schließlich lassen Gefühle einen Menschen häufig sehr unvernünftig agieren. Doch genau diese Unvernunft ist wichtig, damit man am Ende seines Lebens nicht feststellt, dass man zwar alles »richtig«, aber nichts im Einklang mit seinem Herzen entschieden hat.

Herz und Verstand sind nur in ihrem Zusammenspiel wirklich funktionstüchtig. Für sich allein bleibt das jeweilige Gegenstück auf der Strecke, und wir können nicht verlässlich durch das Leben navigieren. Daher ist es für den Steinbock entscheidend, mehr Sanftmut sich selbst und anderen gegenüber zu entwickeln, einen verlässlichen Zugang zu seinen eigenen Gefühlen zu finden und auch dann zu handeln, wenn seine Gefühle ihn auf scheinbar irrationale Wege führen. Wenn der Verstand übermäßig viel Raum einnimmt, hat man immer das Gefühl, stark sein zu müssen, und assoziiert alles, was mit dem Herz und der eigenen Gefühlswelt zu tun hat, als Schwäche. Der Steinbock möchte keine Angriffsfläche bieten oder sich die Blöße geben. Er akzeptiert Dinge, selbst wenn sie ihn innerlich schmerzen, nur weil er sich vor anderen nicht klein machen möchte. Das Bedürfnis, stark zu sein, hindert ihn daran, seine Gefühle einzugestehen, sei es sich selbst oder anderen gegenüber. Gefühle zu zeigen macht verletzlich, und diese Verletzlichkeit möchte sich der Steinbock nicht erlauben, da sie im Widerspruch zu dem Bild steht, das er nach außen vermitteln möchte – das Bild eines starken Alleskönners.

Hier kommt sein Gegenzeichen, der Krebs, ins Spiel, das einen klaren Kontrast zu dieser Haltung bildet. Der sensible, empfindsame und verletzliche Krebs hat eine tiefe Verbindung zu seiner Gefühlswelt und lässt sich bei seinen Entscheidungen von seinen Empfindungen und Instinkten leiten. Auch der Krebs hat Angst, sich verletzlich zu zeigen, jedoch aus einem anderen Grund als der Steinbock: Während der Krebs fürchtet, durch seine Verletzlichkeit zurückgewiesen zu werden, hat der Steinbock Angst, als schwach wahrgenommen zu werden, wenn er seine Verletzlichkeit offenbart. Der Krebs vermeidet also Verletzungen, während der Steinbock darauf bedacht ist, nicht schwach zu erscheinen. Durch den Einfluss des Krebses kann der Steinbock eine neue Perspektive auf seine Emotionen gewinnen und Wege ausfindig machen, den Zugang zu seinem Herzen freizulegen. So wird es dem Steinbock möglich, eine Balance zwischen Kopf und Herz zu erzeugen und damit ganzheitliche Entscheidungen zu treffen, die sowohl seinen emotionalen Bedürfnissen als auch seinem Verlangen nach Klarheit und Vernunft gerecht werden.

Unterstützende Übung

Setze dich an einen ruhigen Ort und schließe die Augen. Beginne, tief ein- und auszuatmen, und spüre, wie jede Anspannung mit dem Ausatmen von dir abfällt. Lass den Alltagsstress los und erlaube dir, in eine tiefe Ruhe einzutauchen.

Stell dir nun vor, dass dein Verstand in deinem Kopf klar und strukturiert wie eine weiträumige Bibliothek sitzt. Hier sind alle deine Gedanken, Erinnerungen und Pläne sorgfältig geordnet, bereit, dir Orientierung zu geben. Diese Bibliothek ist dein sicherer Hafen, der Ort, an dem du deine Entscheidungen triffst. Spüre die Kraft, die von dieser geordneten Welt ausgeht, und die Sicherheit, die sie dir vermittelt. Doch während du hier verweilst, erkennst du, dass es an der Zeit ist, die Sphäre deines Verstandes für einen Moment zu verlassen, um noch mehr deines Inneren zu entdecken.

Lenke nun deine Aufmerksamkeit auf dein Herz, das tief in deiner Brust schlägt, warm und lebendig wie ein pulsierendes Licht. Dein Herz ist das Zentrum deiner Gefühle, ein Ort voller Mitgefühl, Liebe und tiefer Empfindungen. Spüre die Wärme, die von dem Licht deines Herzens ausgeht, und lass sie deinen ganzen Körper durchströmen. Dein Herz lädt dich ein, all deine Gefühle zu spüren und anzunehmen, ohne sie zu bewerten oder wegzuschieben. Es zeigt dir, dass in der Tiefe deiner Emotionen eine Weisheit liegt, die dir den Weg zu dem weist, was dir wirklich am Herzen liegt.

Stell dir nun vor, dass ein sanfter Lichtstrahl zwischen deinem Kopf und deinem Herzen entsteht. Dieses Licht ist wie eine Brücke, die beide Welten miteinander verbindet – die Klarheit deines Verstandes und die Wärme deines Herzens. Spüre, wie dieses Licht stärker wird, sich ausbreitet und schließlich deinen gesamten Körper erfüllt. Es ist, als ob dein ganzer Körper in einem harmonischen Gleichklang schwingt, in dem Verstand und Gefühl Hand in Hand gehen.

Während du dieses Licht in dir trägst, spüre, wie sich dein inneres Gleichgewicht vertieft. Du erkennst, dass du die Klarheit deines Verstandes und die Tiefe deiner Gefühle gleichermaßen annehmen kannst. Beide sind wichtige Wegweiser, die dir helfen, deinen Lebensweg mit Weisheit und Mitgefühl zu gestalten.

Vielleicht kommt dir nun eine Situation in den Sinn, in der du deine Gefühle bisher unterdrückt hast. Erlaube dir, diese Gefühle jetzt vollständig zu spüren, als ob du eine Blume betrachtest, die sich vor deinen Augen entfaltet. Lass die Emotionen aufsteigen und nimm sie in ihrem vollen Umfang an, spüre, wie sie dir wichtige Einsichten schenken und dich innerlich heilen.

Atme tief ein und aus und nimm wahr, wie diese harmonische Verbindung von Kopf und Herz in dir verankert ist. Genieße für einen Moment dieses Gefühl der Ganzheit und des inneren Friedens, bevor du langsam wieder in die Welt um dich herum zurückkehrst.

♑

Wie du als Steinbock über dich hinauswächst

REFLEXIONSFRAGEN, DIE DEINE SELBSTWAHRNEHMUNG STÄRKEN

- In welchem Lebensbereich wünsche ich mir mehr Klarheit?
- Für was möchte ich die Verantwortung übernehmen?
- Und wo würde ich gerne Verantwortung abgeben?
- Fühle ich mich überlastet?
- Höre ich auf die Stimme meines Herzens?
- Wie sehr berücksichtige ich meine Gefühle bei Entscheidungen?
- Wie streng gehe ich selbst mit mir ins Gericht?
- In welcher Situation habe ich meine eigenen Erwartungen nicht erfüllt?
- Wie gehe ich damit um, wenn ich Erwartungen, die an mich gestellt werden, nicht erfülle?
- In welchem Bereich würde ich gerne die Zügel lockern?
- Welche Perfektionsansprüche setzen mich ganz besonders unter Druck?
- Wann verurteile ich mich oder andere?
- Welche Selbstzweifel stehen mir bei meinen Vorhaben am meisten im Weg?
- Welche Gefühle machen mir Angst?
- Wie könnte ich mich diesen Empfindungen annähern?
- Was assoziiere ich mit Scheitern?
- Wie könnte ich mir das Leben leichter machen?
- Wie kann ich mehr Lebendigkeit und Freude in mein Leben einladen?

Die oberste Bewusstseinsstufe
Der bewusste Steinbock

Auf der höchsten Bewusstseinsstufe setzt der Steinbock seinen stählernen Ehrgeiz, seine unerschöpfliche Energie und seinen scharfsinnigen Verstand in den Dienst kollektiver Ziele. Mit tiefem Verantwortungsbewusstsein und unerschütterlicher Selbstdisziplin engagiert er sich voll und ganz dafür, eine Gemeinschaft mit fairen Regeln und durchdachten Strukturen zu etablieren. Mit Weitblick initiiert er die notwendigen Veränderungen, um ein gerechteres System zu schaffen. Dabei wird er zum Sinnbild von Weisheit und Reinheit und trägt dazu bei, eine Welt zu gestalten, die von größerer Einfachheit und Klarheit geprägt ist.

Der bewusste Steinbock weiß nun, dass sein eindrucksvoller Verstand und sein breitgefächertes Wissen ihn stets unterstützen und dass er durch die Einbeziehung seines Herzens wahre Größe und Reife erlangt. Während ihn auf der niedrigeren Entwicklungsebene die Angst vor dem Scheitern zu Höchstleistungen angetrieben hat, erreicht er seine Ziele nun mit einer bemerkenswerten Leichtigkeit. Er gibt nach wie vor sein Bestes, doch hat er die Angst vor dem Versagen überwunden. Seine gesamte Kraft investiert er in die Weiterentwicklung seiner geistigen Fähigkeiten und teilt sein Wissen und seine Erkenntnisse großzügig mit anderen. Als weiser Lehrer vermittelt er seine Lebenserfahrungen mit einer ruhigen Autorität und ist stets bemüht, seinen Mitmenschen eine solide Basis für ihren eigenen Entwicklungsweg zu bieten.

Er hat seinen Platz in der spirituellen Evolution gefunden und sorgt dafür, dass entscheidende Positionen von Menschen besetzt werden, die nicht nur das nötige Know-how, sondern auch den Weitblick besitzen, um mit Macht verantwortungsvoll umzugehen. Sein Gespür dafür, was in der jeweiligen Situation das Beste ist, lässt ihn intuitiv das Richtige tun und die Konsequenzen für sein Handeln tragen. Mit unermüdlichem Einsatz setzt er sich für gesellschaftliche Ideale ein und leistet einen wesentlichen Beitrag, um notwendige Veränderungen voranzutreiben und gerechtere Ansätze zu entwickeln. Er beteiligt sich aktiv daran, neue Regeln und Gesetze aufzustellen, die bestehende Missstände beseitigen und langfristige Lösungen für aktuelle Herausforderungen garantieren. Sein Ziel ist es, aus den Fehlern vergangener Generationen zu lernen und das Miteinander auf eine höhere Stufe zu heben, sodass künftige Generationen stabilere und gerechtere Bedingungen vorfinden.

Seine Führungsqualitäten zeigen sich nun darin, dass er imstande ist, der guten Sache zu dienen und seinen Fokus nicht mehr allein auf seinen weltlichen Status zu richten. Er hat verstanden, was es bedeutet, sich durch Niederknien zu erheben und zu siegen, indem man sich ergibt. Er fürchtet sich nicht mehr davor, verletzlich oder schwach zu sein, sondern ist fähig, aus einer Position der Stärke heraus zu dienen und sich dem Fluss des Lebens hinzugeben. Sein größtes Ziel ist es, die Entwicklung anderer zu fördern und ihnen Wege zu eröffnen, in die Eigenverantwortung zu finden. Er unterstützt sie dabei, Klarheit darüber zu gewinnen, was sie wirklich vom Leben erwarten, und hilft ihnen, sich an ihre wahre Mission auf der Erde zu erinnern.

Der Steinbock besitzt die außergewöhnliche Fähigkeit, im größten Chaos Ordnung zu schaffen und alles, was aus seiner Struktur gefallen ist, wieder in geordnete Bahnen zu lenken. Er verhilft wertvollen Ideen in die Umsetzung und sorgt dafür, dass große Vorhaben durch eine Reihe kleiner, aber entscheidender Schritte realisiert werden. Oft hält der bewusste Steinbock die Welt für seine Mitmenschen im Gleichgewicht, ohne viel Aufhebens darum zu machen. Er hat auf der bewussten Ebene die Härte, die er einst gegen sich selbst richtete, in tiefe Selbstliebe und Sanftmut transformiert. Mit einem klaren Bewusstsein für seine eigene Gefühlswelt gelingt es ihm nun, verantwortungsvoll Beziehungen zu gestalten und anderen zu helfen, ihre inneren Kritiker zum Verstummen zu bringen. Er öffnet sein Herz weit für seine Mitmenschen, drückt sich authentisch und aufrichtig aus und ist trotz der Gefühlstiefe, die er entwickelt hat, in der Lage, auf vernünftige Weise zu lieben und eine reife Form der Liebe zum Ausdruck zu bringen.

> **Er besitzt die Fähigkeit, im größten Chaos Ordnung zu schaffen.**

Zusammenfassend lässt sich sagen, dass der bewusste Steinbock eine beeindruckende geistige Reife erreicht und sich von seinen Ängsten sowie Kontrollmechanismen befreit hat. Er hat Demut und Selbstakzeptanz ausgebildet und setzt sich engagiert für seine hohen Ideale ein. Er hat verstanden, dass man umso freier durch das Leben geht, je weniger Erwartungen man an das Leben stellt. Für ihn geht es nicht mehr um persönliche Erfolge, sondern darum, einen bedeutenden Beitrag zu leisten, um die Welt zu einem gerechteren Ort zu machen. Seine Bestrebungen gehen über persönliche Erfolge hinaus; er möchte aktiv Einfluss auf kulturelle, wirtschaftliche und finanzielle Strukturen nehmen und sie zum Wohl der Allgemeinheit transformieren. Sein Ziel ist es, eine neue Ordnung zu etablieren, die mit der kosmischen Ordnung im Einklang steht. Mit seinem klaren, ungetrübten Verstand, seiner Gabe, aufmerksam zuzuhören und seiner treffsicheren Analyse unterstützt er seine Mitmenschen dabei, an ihren inneren Themen zu arbeiten und Heilung zu finden. Er zeigt ihnen einen Weg aus der oberflächlichen, von Leistung geprägten Welt und führt sie in eine Sphäre der Weisheit, Klarheit und Ganzheitlichkeit. Sein fundierter Wissensschatz, seine Kompetenz und seine Weitsicht machen ihn sowohl in der rationalen als auch in der spirituellen Welt zu einem kompetenten Ansprechpartner, sodass er ein bedeutendes Bindeglied dieser beiden Welten ist und sie letztlich zusammenführt.

Wie du als Steinbock deinen Lebenssinn findest

Mit einer Betonung des Steinbocks benötigst du eine verantwortungsvolle Aufgabe, die dir ermöglicht, aktiv mitzugestalten und Großes in Bewegung zu setzen. Du möchtest Einfluss nehmen und dein Können unter Beweis stellen. Schon von klein auf strebst du danach, etwas aus dir zu machen, weshalb deine Ziele stets hochgesteckt waren und du eine starke Motivation verspürst, diese zu erreichen. Neue Herausforderungen ziehen dich an; du möchtest gefordert werden und kontinuierlich über dich hinauswachsen. Wenn du jedoch das Gefühl hast, auf der Stelle zu treten oder dass dein Einsatz nicht ausreichend gewürdigt wird, kann sich schnell Frustration einstellen. Obwohl du grundsätzlich sehr geduldig und treu bist und dein starkes Pflichtbewusstsein dich daran hindert, leichtfertig bestehende Verpflichtungen für neue Ziele aufzugeben, brichst du zu neuen Ufern auf, wenn du das Gefühl hast, einer Tätigkeit nachzugehen, die weder dich noch andere weiterbringt.

Außerdem begrüßt du es, wenn dich deine Aufgaben zu Beginn überfordern und du durch ernsthaftes, ehrgeiziges Bemühen einen Weg finden musst, sie zu meistern. Du willst es dir nicht zu leicht machen und suchst nach einem gewissen Schwierigkeitsgrad, um von einer Sache voll und ganz gefesselt zu werden. Solche Überforderungssituationen reizen dich und lassen dich über dich hinauswachsen. Suche dir also am besten anspruchsvolle Tätigkeiten, bei denen du deine Grenze ausloten und gleichzeitig einen wertvollen Beitrag für die Gemeinschaft leisten kannst. Gestalte mit und mache die Welt zu einem besseren Ort. Denn du bringst alles mit, was erforderlich ist, um etwas in der Welt zu bewegen und Veränderungen zu bewirken, die zunächst niemand für möglich gehalten hätte.

DAS LUFTZEICHEN

WASSERMANN

20. Januar bis 18. Februar

Zeichen	♒
Element	Luft
Herrscher	Uranus
Kreuz	Fix
Stärken	· Gruppenbewusstsein · Objektivität · Individualität · Originalität
Schwächen	· Zerstreutheit · Unverbindlichkeit · Emotionslosigkeit · Distanziertheit
In diesen Berufsfeldern findet man den Wassermann	· Erfinder:in · Visionär:in · Architekt:in · IT-Pionier:in · KI-Entwickler:in · Produkt-Forscher:in · Nachhaltigkeits-expert:in

»The people who are crazy enough to think they can change the world are the ones who do.«

STEVE JOBS

Der Wassermann zeichnet sich durch einen starken Reformeifer, eine ausgeprägte Innovationsfreude und eine hohe Wandlungsfähigkeit aus. Im Tierkreis nimmt er die Rolle des Zukunftsarchitekten ein, da seine revolutionären Ideen und fortschrittlichen Ansätze Schritt für Schritt die Zukunft errichten. Eine ausgeprägte Freiheitsliebe und das starke Bedürfnis nach Unabhängigkeit prägen sein Wesen. Vorgegebene Bahnen meidet er, stattdessen bevorzugt er es, eigene Wege zu gehen – abseits der ausgetretenen Pfade. Nichts liebt er mehr als Veränderungen und Neuerungen. Das Bekannte beengt seine geistigen Höhenflüge, seine kreativen Einfälle und seinen Sinn für Innovation. Daher ist sein Leben durchzogen von zahlreichen Neuorientierungen, die sein Improvisationstalent auf die Probe stellen und ihm immer wieder die Gelegenheit bieten, sich vollkommen neu zu erfinden.

Am liebsten lässt er sich vom Fluss des Lebens mitreißen. Der Wassermann erwartet nicht, dass Dinge Bestand haben oder für die Ewigkeit bestimmt sind. Schließlich weiß er, dass starre Rahmenbedingungen ihn ohnehin nur langweilen und einengen würden. Sein starker Drang nach Veränderung führt zu häufigen Befreiungsschlägen und Verwandlungen. Seine Betrachtungsweisen und Blickwinkel werden vom Zeitgeist geprägt, weshalb er in der Lage ist, sich schnell auf das Brandaktuelle einzulassen. Sein innerer »Radiosender« ist auf Zukunftsmusik eingestellt. Daher neigt der Wassermann dazu, lieber über das Morgen zu philosophieren, als sich dem gegenwärtigen Moment zu widmen.

Typisch für den Wassermann ist auch, dass er äußere Autoritäten nur ungern anerkennt; viel lieber rebelliert er aus Prinzip gegen alle Anweisungen und Vorschriften, die ihn in seiner Selbstbestimmtheit beschränken. Es liegt ihm im Blut, die Rolle des Opponenten einzunehmen, denn es ist seine Spezialität, das Gängige und Normale mit scharfsinnigen und provokanten Thesen herauszufordern. Es bereitet ihm regelrecht Freude, konservativ Denkende aus der Reserve zu locken und ihr Weltbild zu hinterfragen. Dabei fühlt er sich oft intellektuell überlegen und genießt es, seinem Umfeld mit seinen Perspektiven die Sprache zu verschlagen.

Sein innerer »Radiosender« ist auf Zukunftsmusik eingestellt.

In der Gegenwart eines Wassermanns sollte man immer darauf gefasst sein, einen

Stromschlag zu bekommen, weil seine innere Elektrizität manchmal auch auf andere überspringt. Vielen Menschen ist dieser Archetyp daher zu intensiv, zu schnell und zu spannungsreich. Der Wassermann zeichnet sich durch eine hohe innere Drehzahl aus, die ihn dazu antreibt, ständig nach geistiger Anregung zu suchen, was es ihm schwer macht, zur Ruhe zu kommen und die Hände in den Schoß zu legen.

Der Wassermann denkt sowohl analytisch als auch intuitiv, was es ihm leicht macht, tiefere Einsichten zu gewinnen und seinen inneren Horizont stetig zu erweitern. Mit seinem feinen Gespür für zukünftige Entwicklungen scheint er manchmal förmlich in der Lage zu sein, diese vorherzusehen. Seine Offenheit für das Neue führt zu einem großen Interesse an technischem Fortschritt und innovativen Technologien. Er widmet sich gerne der Frage, wie das menschliche Leben durch technische Hilfsmittel vereinfacht werden kann. Im Handumdrehen fuchst er sich in neue Küchengeräte, Computer, Smart-Home-Anlagen oder AI (Artificial Intelligence) hinein. Sein brillanter Geist befähigt ihn, selbst diffizile Wissenschaften zu durchdringen, indem er neue Informationen mit seinem vorhandenen Wissen verknüpft und wie von selbst die kompliziertesten Zusammenhänge erfasst. Es überrascht daher nicht, dass ihn vieles schnell langweilt und intellektuell unterfordert.

Von anderen wird der Wassermann oft als Genie betrachtet, das an Wahnsinn grenzt. Denn viele Menschen betrachten das, was sie nicht kennen oder nachvollziehen können, als unnormal oder stufen es gar als wahnsinnig ein. Der Wassermann nimmt daher häufig die Rolle des Außenseiters, Querulanten oder Systemsprengers ein. Dies liegt daran, dass er »out of the box« denkt, progressive Ansichten vertritt und sich nicht in herkömmliche Schubladen stecken lässt.

Im Rahmen der französischen Revolution forderte das Volk mit der Parole »Liberté, Égalité, Fraternité« mehr Freiheit, Gleichheit und Brüderlichkeit. Ähnlich wie das französische Volk strebt das Zeichen Wassermann nach mehr Selbstbestimmung – sowohl für sich selbst als auch für die Gemeinschaft. Der Wassermann denkt in großen, überpersönlichen Dimensionen. Sein Ziel ist es, eine gerechtere, fairere und freiere Welt zu erschaffen, die nicht nur Einzelne bevorzugt. Seine Lebensphilosophie basiert auf Prinzipien der Chancengleichheit und sozialistischen Idealen, die soziale Gerechtigkeit und Fortschritt betonen. Daher zeigt er ein starkes Interesse an sozialem Fortschritt und den Grundideen einer wahren Demokratie.

FIXES KREUZ: STIER, LÖWE, SKORPION UND WASSERMANN

Im Verlauf seiner Entwicklungsreise wird der Wassermann von den weiteren fixen Zeichen Stier, Skorpion und Löwe unterstützt, die ihm Wege eröffnen, bestehende Defizite auszugleichen, um seine individuellen Stärken noch mehr zur Geltung zu bringen. Diese drei Zeichen bilden mit ihm das fixe Kreuz. Der kommunikative, rationale und rebellische Wassermann darf bei seiner Bewusstseinsentwicklung Gewahrsein (Stier), Verbindlichkeit (Skorpion) und Nahbarkeit (Löwe) entwickeln. Dabei zeigt der Stier dem Wassermann, was es bedeutet, zur Ruhe zu kommen, sich im gegenwärtigen Moment zu verankern und das einfache Leben zu genießen. Der Skorpion hilft ihm, von Distanziertheit zu Verbindlichkeit zu gelangen. Und der Löwe führt den Wassermann aus den luftigen Höhen seines Intellekts in die Tiefen seines Herzens. Dank des Löwen lernt der Wassermann zunächst ein starkes Ich auszubilden, um daran anschließend ein starkes Wir zu formen.

Die untere Bewusstseinsstufe
Der unbewusste Wassermann

Auf der untersten Entwicklungsebene ist der Wassermann unverbindlich, distanziert und abgehoben. Er selbst hat das Gefühl, über den Dingen zu stehen und sich von allem Weltlichen gelöst zu haben. Für ihn ist es ein Leichtes, sich aus dem Geschehen herauszuzoomen, in geistige Sphären abzuheben und die Welt aus der Vogelperspektive zu betrachten. Aus dieser sicheren Distanz erscheinen ihm viele Dinge, die andere emotional belasten, als belanglos und unwichtig. So entwickelt er ein Gefühl der Überlegenheit gegenüber anderen, grenzt sich von ihnen ab und hält sich für etwas Besseres. Besonders diejenigen, die sich ohne eigene Überlegungen der Mehrheit anschließen, sind ihm ein Dorn im Auge. Daher schließt er sich mit Gleichgesinnten zusammen, die seinen extravaganten Theorien beipflichten, und bildet mit ihnen einen elitären Kreis an Eingeweihten.

Sein Lebensstil ist unkonventionell, bis hin zu exzentrisch. Er weigert sich, einfach das zu übernehmen oder fortzuführen, was andere vor ihm getan haben, oder Meinungen zu vertreten, die auf traditionellen Werten basieren. Sein Auftrag besteht vielmehr darin, Traditionen zu durchbrechen und kulturelle Gepflogenheiten zu hinterfragen. Den höchsten Stellenwert hat für ihn, die Grenzen des Bekannten zu erweitern und Fortschritte zu bewirken, ohne Rücksicht auf die daraus resultierenden Konsequenzen.

Sein starkes Bedürfnis nach Eigenständigkeit und Unabhängigkeit verhindert in diesem Stadium noch, dass er seinen Blick auf das Kollektiv und dessen Wohlergehen richtet. Zwar hat er den Wunsch, sich einzubringen und Reformen anzustoßen, doch sobald es darum geht, sich in den Dienst der Allgemeinheit zu stellen und persönliche Freiheiten zu opfern, überkommt ihn ein Fluchtimpuls, und er nimmt Reißaus. Der egalitären Grundeinstellung dieses Archetyps steht sein Bedürfnis nach Unabhängigkeit gegenüber, das andere Menschen auf Distanz hält. Um jeden Preis versucht er, seine Eigenart und Originalität zu bewahren. Er betrachtet sich selbst als etwas Besonderes – ähnlich wie der Löwe – und so ist es ihm unmöglich, sich als einer von vielen zu begreifen. Doch während der Löwe seine Besonderheit durch Beliebtheit und Popularität definiert, geht der Wassermann einen anderen Weg. Er empfindet sich als besonders, weil er anders ist als die anderen, da er sich weder in Schubladen stecken lässt noch dem Mainstream anpasst.

In Wahrheit schmerzt es den Wassermann, von anderen nicht angenommen und akzeptiert zu werden. Insgeheim wünscht er sich, so beliebt, charismatisch und begehrt zu sein wie sein Gegenzeichen, der Löwe. Doch weil er so speziell ist und Eigenarten hat, die von anderen oft als schrullig empfunden werden, klappt das mit dem Löwe-Sein nicht. Selbst wenn er sich die imposanteste Mähne aufsetzt, sich erhaben und stolz bewegt und wie ein Löwe brüllt, erzielt er nicht den gewünschten Effekt. Seine Mitmenschen betrachten ihn nur verwundert, schenken ihm aber gerade nicht die ersehnte Bewunderung. Enttäuscht denkt sich der Wassermann: »Na gut, ich hab's versucht! Wenn ihr nicht wollt, möchte ich auch nicht mehr!« Er wendet sich ab und wird zum Revoluzzer, der das Normale ablehnt, vielleicht sogar verachtet und im Extremfall bekämpft. So erhält er endlich die Beachtung, nach der er sich von Anfang an gesehnt hat – er hebt sich von der Masse ab und fühlt sich als etwas Besonderes. Denn auch wer negativ auffällt, sticht aus der Menge hervor.

In jungen Jahren macht der Wassermann oft als Klassenclown auf sich aufmerksam, der durch seine frechen Bemerkungen die Ruhe stört. Während der Pubertät überschreitet er gerne die Grenzen der Legalität, um sich in Schwierigkeiten zu bringen und so Aufmerksamkeit zu erlangen. Mit größter Freude drückt er die Triggerpunkte seiner Eltern und nutzt seine Schlagfertigkeit, um jedes Wortgefecht zu gewinnen. Dank seines genialen Geistes ist er bereits in seiner Kindheit und Jugend vielen intellektuell überlegen, was es ihm leicht macht, Lehrer, Eltern oder andere Autoritätspersonen vorzuführen und sie mit seinen spitzen Bemerkungen zur Weißglut zu bringen. Auch im Erwachsenenalter bleibt der unbewusste Wassermann seiner rebellischen Natur treu: Er bildet bei jeder Gelegenheit die Opposition, liebt den Widerspruch um des Widerspruchs willen und lässt keine Diskussion aus.

Obwohl er ein brillanter Stratege mit zukunftsweisenden Ideen ist, fehlt ihm oft das praktische Geschick, um seine Visionen in die Tat umzusetzen. Tollpatschig, zerstreut und mit zwei linken Händen ausgestattet, scheitern seine Vorhaben häufig bereits im Versuchsstadium. Die Fülle an Geistesblitzen, gepaart mit mangelndem Umsetzungstalent, lässt ihn auf sein Umfeld sprunghaft, unzuverlässig und weltfremd wirken. Aus seinem Elfenbeinturm heraus entwickelt er ausschweifende Konzepte, ohne zu bemerken, dass sich diese in der Realität nicht so umsetzen lassen, wie er es sich theoretisch vorgestellt hat.

Größte Angst

Die Ur-Angst des Wassermanns liegt in der Furcht, sich auf etwas festzulegen und dadurch seine Freiheit zu verlieren. Diese Angst zeigt sich nicht nur in zwischenmenschlichen Beziehungen, sondern in jeder Form des Sich-Einlassens – sei es das Anmieten einer Wohnung, die Zusage zu einer Geburtstagsfeier oder das Buchen eines Kurzurlaubs.

Alles, was auf herkömmliche Weise emotionale Sicherheit vermittelt, wie Kontinuität, Treue und Nähe, sind für den unbewussten Wassermann bedrohliche Minenfelder. Er strebt danach, sich von allen Anhaftungen loszulösen und maximale Unabhängigkeit zu bewahren. Wohl fühlt er sich erst, wenn er die Einflussnahme anderer auf seine Lebensführung auf ein Minimum reduziert hat. Dafür nimmt er auch in Kauf, ein Einzelgänger zu sein, der sich hinter dem Deckmantel der Gruppenzugehörigkeit versteckt, ohne jedoch tiefere emotionale Bindungen einzugehen. Diese Vermeidung von Bindungen führt dazu, dass der Wassermann im zwischenmenschlichen Kontext als äußerst unzuverlässig wahrgenommen wird. Schließlich erfordert das menschliche Zusammenleben immer auf irgendeine Weise, dass man sich festlegt und bindende Entscheidungen fällt. Gerade hier wird der Wassermann auf die Probe gestellt: Wann immer er nicht so handeln kann, wie er es gerne möchte, oder seine eigenen Erwartungen mit denen seiner Mitmenschen kollidieren, gerät er in einen inneren Konflikt und entzieht sich.

Für den Wassermann ist es entscheidend, einen Mittelweg zwischen seiner persönlichen Freiheit und den Anforderungen des sozialen Lebens zu finden. Dieser Mittelweg ermöglicht es ihm nicht nur, erfüllendere Beziehungen einzugehen, sondern auch, seine Lebensführung entspannter zu gestalten. Schließlich ist derjenige, der ständig wegrennt, immerzu auf der Flucht – doch wer sich stellt, findet die Freiheit, die er sucht.

Die mittlere Bewusstseinsstufe Der reflektierte Wassermann

Während der unbewusste Wassermann es bevorzugt, seine avantgardistischen Ideen im Kreis von Gleichgesinnten theoretisch zu erörtern, beginnt er auf der mittleren Bewusstseinsebene ihre praktische Umsetzung in seine Überlegungen mit einzubeziehen. Mit zunehmender Reife verlässt er seine schützende Isolation und ist bereit, die Distanz zu anderen zu verringern, indem er persönliche Freiheiten zugunsten gemeinschaftlicher Ziele in den Hintergrund stellt. Obwohl seine Individualität und Eigenständigkeit für ihn weiterhin von großer Bedeutung sind, setzt er seine brillanten geistigen Fähigkeiten nun gezielt dafür ein, die Gemeinschaft voranzubringen. Indem er seine visionären Einfälle mit anderen teilt, erkennt er den Wert des Gruppenlebens und wie viel er aus der Zusammenarbeit für sich selbst gewinnen kann.

Bewusstsein für Schwächen & Fokus auf Stärken

Die Brücke zur Gemeinschaft

Wie bereits erwähnt, empfindet sich der unbewusste Wassermann oft als Außenseiter, was ihn in die Rolle des Querulanten drängt und im Extremfall dazu führt, dass er sich als Anarchist gegen die Gesellschaft stellt. Er verbündet sich mit Gleichgesinnten, die seine Ideale teilen, während er alle anderen ablehnt. Um die eigene Position zu festigen, sucht er also nach einem Gegenpol, einem Feindbild, das ihm als Ankerpunkt dient. Es spielt dabei keine Rolle, ob es sich um »die da oben« oder »die da unten« handelt – der Wassermann strebt nach Abgrenzung, um seine eigenen Erfahrungen des Andersseins zu kompensieren. Ein wesentlicher Entwicklungsschritt für ihn besteht darin, mehr Verständnis und Mitgefühl für andere zu entwickeln, selbst wenn deren Meinungen von seinen eigenen abweichen. Er darf lernen, seine ablehnende Haltung gegenüber denen abzubauen, die er als unwissend oder unkritisch betrachtet, und anerkennen, dass jeder Mensch in seinem eigenen Tempo wächst und entscheidet, wann er sich für bestimmte Themen öffnet oder aktiv wird, um Veränderungen zu bewirken.

Die Herausforderung für den Wassermann besteht darin, seine Andersartigkeit nicht als Mittel zur Abgrenzung zu nutzen, sondern als Brücke zu betrachten, die ihm hilft, eine Verbindung zu anderen herzustellen. Anstatt sich mit Gleichgesinnten zu verbünden und von anderen abzuspalten, darf er erkennen, dass seine Einzigartigkeit auch in einer vielfältigen Gemeinschaft ihren Platz findet. Indem er sich auf den Austausch einlässt und offen für neue Perspektiven bleibt, wird ihm klar, dass seine Individualität am stärksten zum Ausdruck kommt, wenn sie in Verbindung mit anderen steht. So kann er seine ursprüngliche Neigung zur Separierung überwinden und ein Zugehörigkeitsgefühl entwickeln, das auf gegenseitigem Respekt und Wertschätzung basiert.

Gemeinsam frei sein

Besonders reizvoll erscheint es dem Wassermann, in einem Team kreativ zu arbeiten, in ein Netzwerk eingebunden zu sein oder in einer Gemeinschaft mitzuwirken, die neue Lebensformen erprobt und alternative Lebensmodelle entwickelt. Doch beim Zusammenwirken mit anderen können schnell Herausforderungen entstehen. Denn so faszinierend diese Kooperationen auch sein mögen, nehmen sie doch unweigerlich Einfluss auf seine persönliche Freiheit.

Der eigenständige Wassermann hat eine ausgeprägte Aversion gegen das Wort »muss«. Sobald er das Gefühl hat, zu etwas gedrängt, verpflichtet oder überredet zu werden, weckt das in ihm innere Widerstände, und er distanziert sich, um sich der Vereinnahmung zu entziehen. Seine feinen Antennen nehmen genau wahr, ob seine Mitmenschen seine Grenzen respektieren, seine flexible Lebensweise akzeptieren und seine Autonomie achten. Dieser Archetyp steht bei der Zusammenarbeit oder der gemeinsamen Kreation mit anderen also vor der Hürde, seine tief verwurzelte Abneigung gegen Verpflichtungen und Bindungen zu überwinden.

Um diese Herausforderungen zu bewältigen, darf der Wassermann sich vor Augen führen, dass Kompromisse nicht zwangsläufig bedeuten, seine Freiheit aufzugeben. Bei der Planung von gemeinsamen Aktivitäten oder Projekten könnte er aufrichtig kommunizieren, was ihm wichtig ist und wo seine Grenzen verlaufen, um ein achtsames Miteinander zu gewährleisten. Darüber hinaus könnte er regelmäßige Treffen vorschlagen, bei denen alle Beteiligten abwechselnd eine Idee einbringen oder eine Aktivität vorschlagen. Auf diese Weise bleibt Raum für spontane Impulse und persönliche Freiheit, während gleichzeitig eine Struktur geschaffen wird, die das gemeinsame Vorankommen unterstützt.

Bye bye Over-Thinking-Labyrinth

Der unbewusste Wassermann ist oft ein Gefangener seines eigenen Geistes, der in den Höhen seiner theoretischen Überlegungen kreist. Er neigt dazu, sich in endlosen Gedankenschleifen zu verlieren, was ihn in einen Zustand ständiger innerer Unruhe versetzt. Diese gedankliche Überaktivität, gepaart mit seiner hohen inneren Drehzahl, führt dazu, dass er nervös und unsicher durchs Leben geht. Auf dieser Entwicklungsstufe fällt es dem Wassermann schwer, seinen Gedankenstrom zu beruhigen. Er verstrickt sich in Abwägungen und theoretischen Szenarien, ohne einen klaren Fokus oder ein Gefühl der Sicherheit zu finden. Es fehlt ihm an innerem Halt und einer stabilen Basis, die ihm die nötige Sicherheit schenkt, um mit den Herausforderungen des Lebens gelassen umzugehen.

Durch gezielte Erdung und mehr Vertrauen in das Leben lernt der Wassermann, seinen Geist zu beruhigen und seine innere Drehzahl zu senken. Er entwickelt Strategien, um in die Gelassenheit zu finden und seinen Gedankenfluss zu regulieren. Er integriert Praktiken in seinen Alltag, die ihn in den gegenwärtigen Moment zurückholen und ihm helfen, seine Nerven zu entspannen. Dies können einfache Achtsamkeitsübungen, Atemtechniken oder regelmäßige Spaziergänge in der Natur sein, bei denen er sich bewusst mit der Erde verbindet. Hierdurch gewinnt er Stabilität, und es gelingt ihm, aus dem Kreislauf des Over-Thinkings auszubrechen.

Indem der Wassermann Vertrauen in das Leben entwickelt, beginnt er zu verstehen, dass nicht alles vollständig durchdacht werden muss. Seine mentale Rastlosigkeit tritt zurück und macht den Weg frei für eine intuitive Lebensführung. Daneben ermöglicht es ihm die innere Ruhe, die in seinem Geist Einzug hält, die eigenen Visionen und Ideen klarer zu erkennen und zielgerichteter umzusetzen.

Vom Beobachter zum Mitfühlenden

Das Zeichen Wassermann zoomt sich häufig aus Geschehnissen heraus und blickt von der Peripherie auf das Zentrum des Lebens, ohne sich wirklich hineinzubegeben. Das Positive daran ist, dass er aufgrund der Distanz nahezu immer einen objektiven Standpunkt einnehmen kann. Ohne emotional involviert zu sein, betrachtet er, was sich um ihn herum abspielt, und behält einen rationalen Blick auf das Geschehen. Dies gilt sowohl für äußere Umstände als auch für persönliche Belange. Auf seine Mitmenschen wirkt das oft befremdlich, da er auch über seine eigenen Gefühle vollkommen sachlich, kühl und emotionslos sprechen kann. So beteuert er beispielsweise im Rahmen eines Trennungsgesprächs vollkommen gefasst und nüchtern, dass es das Beste sei, getrennte Wege zu gehen, während für sein Gegenüber eine Welt zusammenbricht.

Seelische Unberührbarkeit und emotionale Distanziertheit sind typische Merkmale des Wassermanns, die er mit zunehmender Bewusstheit überwinden darf. Es scheint, als hätte er emotionale Öffnungszeiten, während derer er für seine Gefühle und die seiner Mitmenschen zur Verfügung steht. Sobald diese Öffnungszeiten überschritten sind, dreht er das Schild auf »closed«, schließt die Tür ab und begibt sich wieder zurück in seinen Elfenbeinturm. Ab diesem Moment erreicht man nur noch seinen Anrufbeantworter.

Um dieser Distanziertheit entgegenzuwirken, kann der Wassermann gezielt daran arbeiten, emotional präsenter zu sein. Statt Gespräche schnell auf eine sachliche Ebene zu lenken, könnte er sich vornehmen, aktiv zuzuhören und seine eigenen Gefühle offen zu teilen, ohne sie sofort zu rationalisieren. Außerdem könnte der Wassermann bei emotionaler Belastung den bewussten Kontakt zu ihm vertrauten Menschen suchen, da ihn das Teilen von Sorgen und Ängsten oder ein klärendes Gespräch dabei unterstützen können, emotionale Brücken zu bauen und das Gefühl der Isolation zu überwinden.

Genialität im Alltag

Der unbewusste Wassermann verliert sich oft in seinen Gedanken und vergisst dabei die Welt um sich herum. In seinem brillanten Kopf sprudeln ständig neue Ideen und geniale Ansätze, doch diese gedankliche Vielfalt führt häufig dazu, dass er den Fokus verliert und von einer Idee zur nächsten springt, ohne sie tatsächlich umzusetzen. Statt den Fokus zu wahren und Prioritäten zu setzen, verfängt er sich in endlosen Gedankenschleifen, die ihm Energie rauben und seine Produktivität beeinträchtigen.

Um seine Konzentrationsfähigkeit zu stärken, könnte der Wassermann tägliche Rituale einführen. Ein achtsamer Start in den Tag, etwa durch eine kurze Meditation oder das Führen eines Tagebuchs, hilft ihm, Klarheit zu gewinnen und den Tag fokussiert zu beginnen. Morgens könnte er sich bewusst machen, welche Aufgaben heute seine volle Aufmerksamkeit benötigen. Während sich abends die Gelegenheit bietet, zu reflektieren, was seinen Fokus tagsüber am meisten beeinträchtigt hat.

Durch diese Maßnahmen kann der Wassermann lernen, seine Zerstreutheit zu zähmen und seine Energie gezielt auf das Wesentliche zu lenken. So gelingt es ihm, seine brillanten Ideen nicht nur gedanklich zu entwickeln, sondern sie auch erfolgreich in die Tat umzusetzen, ohne sich von seiner inneren Unruhe ablenken zu lassen.

Bewusstseinsentwicklung mithilfe des fixen Kreuzes

Entwicklung von Gewahrsein (Stier)

Für den Wassermann ist es nicht einfach, zur Ruhe zu kommen, seinen Geist zu beruhigen und vollkommen gewahr zu sein. Immer, wenn er versucht, zu meditieren oder voll und ganz im gegenwärtigen Augenblick zu versinken, füllen unzählige Gedanken die zuvor mühsam aufgebaute innere Leere auf. Seine Ungeduld erschwert es ihm zusätzlich, gelassen und entspannt zu sein, und so scheitern viele seiner Bemühungen, mehr Gegenwärtigkeit in seinen Alltag zu integrieren.

Um sich in den Tiefen des eigenen Selbst zu verankern und die Kostbarkeit des Hier und Jetzt zu entdecken, assistiert dem Wassermann das genügsame, friedvolle und besonnene Zeichen Stier. Der Stier weiß genau, wie man das Tempo drosselt, die Einfachheit des Lebens auskostet und die eigenen Gedanken zum Verstummen bringt. Im Laufe seiner Entwicklungsreise darf der Wassermann erkennen, dass er selbst entscheidet, ob er unruhig und getrieben durch das Leben hetzt und sich von äußeren Faktoren unter Strom setzen lässt, oder ob er Ruhe und Zentriertheit praktiziert, die ihn gelassen auf Geschehnisse im Außen reagieren lassen.

Der Stier, als Meister der Achtsamkeit und Ruhe, zeigt dem Wassermann, wie schön es ist, einfach nur durch die Natur zu schlendern oder auf einer Bank im Grünen zu sitzen. Plötzlich bemerkt der Wassermann, wie viel besser das Essen schmeckt, wenn man sich voll und ganz auf die einzelnen Geschmackskomponenten konzentriert, wie viel Verbundenheit entsteht, wenn man anderen mit voller Aufmerksamkeit zuhört und wie wertvoll die kleinen Momente im Leben sind, die man nur allzu rasch versäumt, wenn man mit seinen Gedanken ganz woanders ist.

Unterstützende Übung

Eine Gehmeditation stellt für den Wassermann eine wirkungsvolle Alternative zur traditionellen Meditation dar. Anstatt still zu sitzen und zu versuchen, deine Gedanken zu beruhigen, kannst du dich in der Bewegung erden und Achtsamkeit praktizieren.

Beginne, indem du einen ruhigen Ort in der Natur wählst – sei es ein Park, ein Waldweg oder ein Strandabschnitt. Gehe langsam und bewusst, lasse deine Arme locker an den Seiten hängen und lasse deinen Atem in einem gleichmäßigen Rhythmus fließen. Mit jedem Schritt spürst du, wie deine Füße den Boden berühren, und du bringst deine Bewegungen in Einklang mit deinem Atem. Diese bewusste Synchronisation von Atem und Bewegung hilft dir, tiefer in den Moment einzutauchen und deine Gedanken zur Ruhe zu bringen.

Während du gehst, kannst du innerlich Affirmationen wiederholen, die dir helfen, deinen Fokus zu stärken und dich im Hier und Jetzt zu verankern. Bei der Einatmung sagst du dir: »Ich verankere mich im Hier und Jetzt«, und bei der Ausatmung: »Ich bin genau da, wo ich sein soll.« Diese einfachen Sätze erinnern dich daran, präsent zu bleiben und die Gedanken loszulassen, die dich sonst ablenken würden. Indem du bei jedem Atemzug diese Affirmationen vertiefst, wirst du immer bewusster in der Wahrnehmung deiner Umgebung und deines Körpers.

Konzentriere dich während der Gehmeditation auf die Sinneseindrücke um dich herum – das Rauschen der Blätter, den Duft der Erde oder das Gefühl des Windes auf deiner Haut. Diese achtsame Wahrnehmung verstärkt deine Verbindung zur physischen Welt und hilft dir, die Hektik deines Geistes zu beruhigen. Am Ende der Gehmeditation bleibst du stehen, schließt die Augen und nimmst ein paar tiefe Atemzüge, um die Praxis abzuschließen. Spüre, wie du nun ruhiger, geerdeter und klarer bist, bereit, den Tag mit neuer Energie und einem fokussierten Geist fortzusetzen.

Entwicklung von Verbindlichkeit (Skorpion)

Der luftige Wassermann liebt Spontanität, Agitiertheit und Flexibilität. Er möchte jederzeit dazu in der Lage sein, alle Chancen zu ergreifen, die sich ihm bieten. Daher versucht er alles, was seine Bewegungsfreiheit begrenzt, weiträumig zu umschiffen. Denn nur so kann er garantieren, dass er all die unerwarteten Angebote, die ihm das Leben unterbreitet, wahrnehmen kann. Lässt er sich zu verbindlichen Zusagen überreden, engt das seinen Entscheidungsradius ein und er fühlt sich letztlich in seiner freien Lebensgestaltung beschnitten. Aufgrund seiner Angst, etwas zu verpassen, lässt er sich erst gar nicht ein – weder auf das Leben noch seine Mitmenschen. Typisch für ihn ist ein ständiges »Auf-dem-Sprung-Sein«, weil es ihm ermöglicht, zu allem, was ein Commitment von ihm fordern könnte, großzügigen Abstand zu halten. Seine Mitmenschen lässt er nur so nahe an sich heran, wie er es für angemessen hält, und beim kleinsten Anzeichen, dass sie zu hohe Ansprüche an ihn stellen, weicht er zurück und entzieht sich ihrer Einflussnahme.

Die Emotionslosigkeit, mit der der Wassermann sich zwischenmenschlichen Verbindungen widmet, und der Sicherheitsabstand, mit dem er sich allem nähert, was ihn in seinen Freiheiten einschränken könnte, rauben ihm deutlich mehr Möglichkeiten als ein Commitment es je könnte. Denn wer immer nur das tut, was ihn nicht einschränkt, limitiert seinen Handlungsspielraum ganz erheblich. Vermeidet man aus der Angst heraus, Möglichkeiten einzubüßen, keine Zusage, beschränkt man seinen Handlungsradius ebenso stark wie durch eine bindende Entscheidung.

Das profunde Zeichen Skorpion sensibilisiert den Wassermann für diese Problematik. Es zeigt ihm auf, dass sein Mangel an Hingabefähigkeit und Verbindlichkeit ihm die wirklich großen Dinge des Lebens vorenthält. Durch den Skorpion entwickelt der Wassermann die Bereitschaft, das Risiko einzugehen, persönliche Freiräume einzubüßen. Die Unerschrockenheit des Skorpions, mit der er sich den menschlichen Abgründen widmet, und seine Stärke, die Konsequenzen seiner Handlungen und Entscheidungen zu tragen, inspirieren den Wassermann dazu, seine Fluchtmanöver kritisch zu beleuchten und sich den Tiefen des Lebens hinzugeben.

Unterstützende Übung

Nimm dir einen Moment Zeit und finde einen Ort, der dich mit Ruhe und Geborgenheit erfüllt. Setze dich bequem hin und schließe deine Augen. Dann lenke deine Aufmerksamkeit nach innen, spüre den ruhigen Fluss deines Atems.

Lenke dann deine Gedanken auf deine zwischenmenschlichen Verbindungen – sei es eine Freundschaft, Partnerschaft, berufliche Allianz oder die Beziehung zu Familienmitgliedern. Reflektiere darüber, wie du in diesen Beziehungen Distanz schaffst. Frage dich: »Wozu nutze ich meine Distanziertheit und Unnahbarkeit? Welche Rolle spielen sie in meinem Leben?« Erlaube dir, diese Fragen ehrlich und ohne Vorurteile zu beantworten. Spüre in dich hinein und erkenne an, dass deine Distanziertheit eine Funktion erfüllt hat – sie hat dir Kontrolle und Sicherheit gegeben.

Bringe dann deine Aufmerksamkeit zu dem Gefühl der Sicherheit in deinen Beziehungen. Denke an eine Situation, in der du dich in einer Beziehung unsicher gefühlt hast. Frage dich: »Welche Ängste trage ich in mir, wenn es darum geht, mich voll und ganz zu öffnen und hinzugeben?« Erkenne, dass diese Ängste oft mit dem Verlust von Kontrolle verbunden sind. Lass dir Zeit, diese Angst zu spüren, ohne sie zu bewerten.

Stelle dir nun eine Person vor, der du vertraust oder der du vertrauen möchtest. Visualisiere, wie du dich dieser Person mit offenem Herzen näherst. Spüre, wie du deine innere Sicherheit nicht mehr aus der Distanz, sondern aus der Verbindung zu dieser Person schöpfst. Schaue dieser Person nun in die Augen und sage zu ihr: »Ich vertraue dir und ich gebe die Kontrolle ab. Ich bin sicher in dieser Beziehung.«

Um diesen Gedanken weiter zu vertiefen, wiederhole innerlich folgende Affirmationen, während du ruhig atmest:

»Ich lasse die Angst los, abgelehnt oder verlassen zu werden.«
»Ich vertraue meiner Fähigkeit, eine gesunde und sichere Beziehung aufzubauen.«
»Ich finde meine innere Sicherheit in der Beziehung, nicht in der Distanz.«
»Ich bin bereit, mich voll und ganz auf diese Verbindung einzulassen.«

Atme noch einmal tief ein und aus, während du das Gefühl von Ruhe und Vertrauen in deinem Inneren festigst. Lasse diesen Zustand für einen Moment in Stille nachwirken. Wenn du bereit bist, kehre langsam mit deiner Aufmerksamkeit in den Raum zurück. Öffne sanft deine Augen und nimm dir einen Moment, um die Stille nachklingen zu lassen. Gehe gestärkt aus dieser Übung hervor und beobachte, wie sich dein Umgang mit Nähe und Vertrauen allmählich verändert.

Entwicklung von Nahbarkeit (Löwe)

Ein wichtiger Lernschritt für den Wassermann ist es, sich mitten in das Leben zu stürzen und Erfahrungswerte zu sammeln, anstatt nur abstrakt über das Leben zu philosophieren. Dabei hat er die Möglichkeit, sich selbst zu entdecken, ein starkes Persönlichkeitszentrum auszubilden und zu erkennen, dass seine Einzigartigkeit seine größte Stärke ist. Sobald er diese Verbindung zu sich selbst gefunden hat, strömen Herzenswärme und Lebensfreude aus ihm heraus, und er findet seinen Platz in der Gemeinschaft.

Sein Gegenzeichen, der Löwe, unterstützt ihn dabei, eine klare Selbstwahrnehmung zu entwickeln und warmherzig auf andere zuzugehen. Die Lebensfreude, der Frohsinn und die Heiterkeit, mit denen sich der Löwe dem Leben widmet und die Sympathie seiner Mitmenschen gewinnt, inspirieren den Wassermann, aus sich herauszukommen und echte Herzensverbindungen einzugehen. Freundlich und selbstbewusst sucht er nun den Kontakt zu anderen und erkennt, wie positiv sich ein gefestigtes Ich-Bewusstsein auf das Miteinander auswirkt. Er realisiert, dass es nicht mehr nötig ist, mit Rückzug und Distanz zu reagieren, um eigene Interessen zu wahren und seine Bedürfnisse zu sichern. Stattdessen kann er in sicheren Verbindungen ehrlich kommunizieren, was er braucht und was er sich wünscht.

Durch diese Entwicklung gewinnt der Wassermann Vertrauen in die Stärke seiner zwischenmenschlichen Beziehungen und begreift, dass diese mit seiner Freiheitsliebe in Einklang gebracht werden können. Dieses Vertrauen ermöglicht es ihm, sich selbst mit all seinen Eigenheiten, seiner Originalität und Individualität authentisch zum Ausdruck zu bringen. Der Löwe hilft dem Wassermann also dabei, sich mit seiner Andersartigkeit auszusöhnen und darauf zu vertrauen, dass seine Mitmenschen ihn so akzeptieren, wie er ist.

Unterstützende Übung

Als Wassermann-betonte Person darfst du deine Herzenswärme entdecken und diese in die Verbindung mit anderen einfließen lassen. Durch deine Reserviertheit nimmst du anderen oft die Chance, dich besser kennenzulernen und wahrzunehmen, welcher weiche

Kern in dir verborgen liegt. Die Löwe-Energie hilft dir dabei, der Melodie deines Herzens zu lauschen, wodurch es dir möglich wird, dich zu öffnen und andere mit deiner Einzigartigkeit zu verzaubern.

Um diese Übung zu beginnen, komme bewusst in deiner Umgebung an. Setze dich hin und lasse deinen Blick einen Moment lang in die Ferne schweifen, während du tief durchatmest. Schließe dann deine Augen und horche nach innen, während du den natürlichen Rhythmus deines Atems wahrnimmst.

Frage dich nun, wie oft du versuchst, deine Andersartigkeit zu verstecken. Überlege: »Wann passe ich mich an, um dazuzugehören, obwohl ich mich innerlich anders fühle?« Erkenne, dass das Verbergen deiner Einzigartigkeit dich davon abhält, authentisch zu sein und tiefere Verbindungen zu anderen aufzubauen. Nimm dir einen Moment, um in dich hineinzuspüren und anzuerkennen, dass deine Andersartigkeit ein wertvoller Teil von dir ist, der es verdient, akzeptiert und ausgedrückt zu werden. Erlaube dir, diesen Aspekt deiner Persönlichkeit zu umarmen, anstatt ihn zu verbergen.

Richte nun deine Aufmerksamkeit auf dein authentisches Ich. Stelle dir vor, wie du in allen Lebenssituationen wirklich du selbst bist, ohne dich zu verbiegen oder eine Rolle zu spielen. Visualisiere, wie du dich mit deinem wahren Wesen zeigst, frei von der Angst, abgelehnt zu werden. Denke dann an Alltagssituationen, in denen du nicht ganz du selbst bist. Gehe diese Situationen in deinem Geist durch und frage dich: »Wann spiele ich eine Rolle? Und wann bin ich ganz ich selbst?« Sei ehrlich zu dir und nimm dir die Zeit, gründlich darüber nachzudenken. Visualisiere, wie du dich in Zukunft in diesen Situationen authentisch verhältst. Stelle dir vor, wie du in deinem vollen Selbstvertrauen agierst und deinen Überzeugungen treu bleibst. Spüre, wie gut es sich anfühlt, ehrlich zu dir selbst und zu anderen zu sein.

Lenke deine Aufmerksamkeit zurück zu deinem Herzen und stelle dir vor, dass du dich vollständig auf seine Melodie einstimmst. Lausche dieser inneren Musik, die deine wahren Gefühle und Bedürfnisse widerspiegelt. Spüre, wie sie dich ermutigt, deine Herzenswärme mit anderen zu teilen und dich ohne Angst zu zeigen. Erkenne, dass du, indem du der Melodie deines Herzens folgst, andere mit deiner Einzigartigkeit in den Bann ziehen kannst.

Wenn du bereit bist, öffne langsam deine Augen. Nimm dir einen Moment, um zu reflektieren, was du in dieser Übung in Erfahrung gebracht hast. Schreibe deine Erkenntnisse in deinem Journal auf und beobachte, wie sich deine Beziehungen und deine Selbstwahrnehmung im Laufe der Zeit verändern. Feiere die kleinen Schritte, die dich näher zu deinem wahren Selbst bringen.

Wie du als Wassermann über dich hinauswächst

REFLEXIONSFRAGEN, DIE DEINE SELBSTWAHRNEHMUNG STÄRKEN

- Wie kann ich die ausgetrampelten Pfade verlassen und meinen individuellen Weg einschlagen?
- Welche Vision reizt mich ganz besonders?
- Welche ausgefallene Fähigkeit besitze ich?
- Gibt es einen Lebensbereich, in dem ich mich beengt fühle?
- Wie fühle ich mich, wenn jemand anderes mich bevormundet?
- Flüchte ich in die Zukunft, um der Gegenwart auszuweichen?
- Was brauche ich, um mich auf das Hier und Jetzt einzulassen?
- In welchem Bereich meines Lebens sehne ich mich nach mehr Unabhängigkeit?
- Fühle ich mich von bestimmten Gewohnheiten beengt?
- Welcher Bereich in meinem Leben benötigt dringend frischen Wind?
- Bin ich in eine Gruppe von Gleichgesinnten eingebunden?
- Habe ich einen Freundeskreis, auf den ich mich verlassen kann?
- Können sich meine Freund:innen auf mich verlassen?
- Gibt es Menschen, mit denen ich mich gerne vernetzen würde?
- Welche Visionen würde ich gerne gemeinsam mit anderen verfolgen?
- Welcher Community würde ich mich gerne anschließen?
- Was würde ich gerne unterstützen?
- Was ist mein Beitrag für eine bessere Welt?

Die oberste Bewusstseinsstufe
Der bewusste Wassermann

Auf der höchsten Bewusstseinsstufe erkennt der Wassermann, dass es seine Berufung ist, sich für Humanität und Mitmenschlichkeit einzusetzen. Sein universelles und intuitives Denken stellt er in den Dienst der Allgemeinheit und trägt wesentlich dazu bei, das menschliche Leben durch technologische Innovationen und fortschrittliche Konzepte zu vereinfachen. Die Menschen in seinem Umfeld profitieren von seiner Fähigkeit, Lösungen für Probleme zu finden, die sie selbst aufgrund ihrer Emotionalität oder persönlichen Involviertheit nicht aufspüren konnten. Die Schlüsselbegriffe dieses Archetyps auf der höchsten Bewusstseinsebene sind bewusster technologischer Fortschritt, tatkräftiger Einsatz für die globale Vision der Menschheit und universelle Liebe.

Der Wassermann hat in diesem Stadium verstanden, dass Innovation und Fortschritt nicht nur auf wissenschaftliche Errungenschaften beschränkt sind, sondern dass die zentrale Frage darin besteht, wie die Menschheit Technik auf innovative Weise in die Entwicklung ihrer geistigen Fähigkeiten einbinden kann. Durch sein intuitives Denken gelangt der Wassermann zu der Einsicht, dass technischer Fortschritt seit jeher Dinge vorweggenommen hat, die dem menschlichen Geist auf kurz oder lang auch ohne technische Hilfe möglich wurden. Er versteht, dass Technik zwar ein wichtiges Instrument zur Entdeckung und Förderung menschlicher Fähigkeiten ist, ihre wahre Aufgabe jedoch darin besteht, den Menschen aufzuzeigen, was im Bereich des Möglichen liegt. So wird ein Bewusstsein geschaffen, das den Menschen zeigt, dass sie all diese Dinge eines Tages allein durch ihre mentale Kraft erreichen können.

Der bewusste Wassermann hat zudem die Aufgabe, die Illusion des Getrenntseins zu durchbrechen und im Kollektiv die Gewissheit zu festigen, dass alles miteinander in Verbindung steht. Er fördert das Bewusstsein, dass wir alle energetisch verknüpft sind und dass unsere Überzeugungen, Hoffnungen und Erwartungen letztlich zusammenfließen, um ein gemeinsames kulturelles Energiefeld zu formen. Je mehr man sich dieses Umstands bewusst wird, desto mehr realisiert man, wie wichtig es ist, die eigene Energie auf einem hohen Niveau zu halten, um einen positiven Effekt auf dieses kollektive Energiefeld auszuüben.

Durch die Weitergabe seines Wissens und die vielen genialen, zukunftsweisenden Impulse, die der Wassermann in die Gemeinschaft einbringt, trägt er dazu bei, ein Bewusstsein dafür zu schaffen, dass wir alle unseren Platz in der geistigen Evolution haben. Jeder Einzelne von uns nimmt eine wichtige Rolle in der Bewusstseinsentwicklung des Kollektivs ein. Durch die Erfahrungswerte, die wir im Laufe unseres Lebens machen, wählen wir für uns ein ganz bestimmtes Lebensmodell, das unseren Kernwerten entspricht und von unseren Idealen getragen wird. Wir entdecken unsere Berufung, finden ein Partnerschaftsmodell, das uns tief erfüllt, und wählen Erziehungsansätze für unsere Kinder, die unseren Vorstellungen von einem gesunden, liebevollen Aufwachsen entsprechen. Vollkommen intuitiv kreieren wir uns ein Leben, das der Lebensphilosophie vorheriger Generationen etwas hinzufügt und das Ausdruck unseres individuellen Selbst ist. Unsere Existenz ist von zentraler Bedeutung, um das weiterzuentwickeln, was wir bei unserer Ankunft in dieser Welt vorgefunden haben. Jede unserer Erfahrungen, unsere innere Haltung und unser Bewusstseinsgrad tragen entscheidend zur globalen Vision bei. Auf vollkommen einzigartige Weise dehnen wir das Wissen, das wir bei unserer Geburt vorfanden, aus und geben es an nachfolgende Generationen weiter, wodurch die geistige Evolution vorangetrieben wird, in der jeder von uns seinen unverwechselbaren Platz hat. Dieser Grundidee ist sich der Wassermann auf der höchsten Entwicklungsebene bewusst. Seine Aufgabe besteht darin, dieses Wissen an andere weiterzureichen und ihnen zu verdeutlichen, wie bedeutsam ihr Beitrag für das Gesamtgefüge ist. Letztlich geht es ihm also darum, daran mitzuwirken, eine spirituelle Kultur zu erschaffen, die den Prozess des Lebens verstanden und die Mysterien der menschlichen Existenz gelüftet hat.

All unsere Überzeugungen, Hoffnungen und Erwartungen fließen zusammen.

Darüber hinaus setzt sich der Wassermann in allen Bereichen für dezentrale Systeme ein, um sicherzustellen, dass Macht nicht in den Händen Einzelner konzentriert ist, sondern gleichmäßig auf viele verteilt wird. Er engagiert sich leidenschaftlich für gemeinnützige Zwecke und ruft Verbände ins Leben, um sicherzustellen, dass alle helfenden Hände gebündelt und mobilisiert werden, um ihre Kräfte bestmöglich einzusetzen. Denn schließlich können viele immer mehr erreichen als ein Einzelner.

Er hat begriffen, dass sich zwar jeder Mensch zu einer unabhängigen Persönlichkeit mit einzigartigen Fähigkeiten und Qualitäten entwickeln soll, dass es aber gerade diese einzigartigen Fähigkeiten sind, die einen besonderen Nutzen für die Allgemeinheit haben und mit denen jeder Einzelne einen individuellen Beitrag für das Kollektiv leisten kann. Der ursprüngliche Wunsch des Wassermanns nach persönlicher Unabhängigkeit und Freiheit hat sich auf dieser Bewusstseinsebene in das Bestreben gewandelt, etwas Nützliches für die Menschheit zu tun und humane Projekte zu verfolgen.

Wie du als Wassermann deinen Lebenssinn findest

Materiellen Dingen kannst du wenig abgewinnen; viel wichtiger ist es dir, deinen Idealen treu zu bleiben und einen spürbaren Beitrag zu leisten. Anstatt deinen persönlichen Erfolg zu forcieren, strebst du danach, die Welt zu verbessern und die Gemeinschaft voranzubringen. Daher leistest du Aufklärungsarbeit, mobilisierst andere, sich ebenfalls der guten Sache anzuschließen, und sensibilisierst dein Umfeld auf bestehende Missstände. Soziale Verantwortung ist für dich nicht nur ein Konzept, sondern eine Verpflichtung, und du erwartest von deinem Umfeld, dass sie sich ebenfalls für das Gemeinwohl einsetzen. Egal, ob regional, überregional oder global – du verstehst, dass alle Menschen im selben Boot sitzen und gemeinsam die Verantwortung für unseren Planeten tragen.

Daneben solltest du darauf achten, selbstbestimmt und unabhängig zu sein. Bevormundung raubt dir nicht nur Energie, sondern auch deine Kreativität. Daher solltest du dir berufliche Rahmenbedingungen schaffen, in denen du ein hohes Maß an Mitspracherecht hast. Im Angestelltenverhältnis fühlst du dich meist nicht besonders wohl, und selbst flache Hierarchien können dich unter Druck setzen.

Eine deiner größten Stärken ist dein Händchen für ungewöhnliche, noch völlig unbekannte, aber vielversprechende Trends. Du bist meist der Erste, der erkennt, dass es sich lohnt, in ein bestimmtes Projekt zu investieren, Vermögen auf eine innovative Weise anzulegen oder sich tiefergehend mit einer bestimmten Branche auseinanderzusetzen. Verlasse dich also unbedingt auf dein Bauchgefühl und deinen intuitiven Riecher für zukünftige Entwicklungen.

♓

DAS WASSERZEICHEN

FISCHE

19. Februar bis 20. März

Zeichen	♓
Element	Wasser
Herrscher	Neptun
Kreuz	Veränderlich
Stärken	· Hingabefähigkeit · Medialität · Sensitivität · Hilfsbereitschaft
Schwächen	· Entscheidungsschwäche · Selbsttäuschung · Passivität · Strukturlosigkeit
In diesen Berufsfeldern findet man die Fische	· Musiker:in · Pflegefachfrau/ Pflegefachmann · Reiki-Meister:in · Medium · Künstler:in · Drehbuchautor:in · Sozialarbeiter:in

»Ich träume meine Malerei,
und dann
male ich meinen Traum.«

VINCENT VAN GOGH

Die Fische sind das letzte Zeichen des Tierkreises, weshalb ihnen eine Sonderrolle zukommt. Die Fische schließen ab, was mit dem feurigen Widder einen Anfang nahm. Dieser Archetyp verkörpert die Auflösung alles Weltlichen, und nicht zuletzt auch die Auflösung des Selbst sowie die Rückkehr in das Alleinsein. Das auflösende Prinzip, das diesem Zeichen immanent ist, führt letztlich dazu, dass die Grenzen zu anderen Sphären verwischt werden. Die Fische sind Weltenwanderer, die zwischen verschiedenen Dimensionen hin und her wechseln und mit tiefen Einsichten, visionären Bildern und kreativen Einfällen von ihren geistigen Ausflügen zurückkehren. Ihre Wahrnehmung reicht weit über das hinaus, was die menschlichen Sinne erfassen können, und sie haben ein verlässliches Radar, welchen Menschen sie vertrauen können. Ihre Fähigkeit, sich in andere hineinzuversetzen, ist so ausgeprägt, dass sich die Grenzen zwischen ihnen und ihren Mitmenschen regelrecht auflösen und sie Mühe haben, zu unterscheiden, was sie von außen absorbiert haben und was ihrer eigenen Gefühlswelt entspringt. Intuitiv erfassen sie alles Atmosphärische und erkennen schnell, was unter der Oberfläche verborgen liegt.

Dieser Archetyp denkt in Bildern und erfasst Zusammenhänge ohne viele Worte. Deshalb fällt es ihm oft schwer, Wissen auf herkömmliche Weise aufzunehmen oder seine komplexen Gedanken in Worte zu kleiden. Fische besitzen eine besondere Offenheit für Botschaften, Fügungen und Synchronizitäten, die sie über Träume, Meditationen und Déjà-vus erreichen und ihnen den Weg weisen. Ihre medialen Fähigkeiten machen sie zu herausragenden Heilerinnen, Künstlern, Musikern und Poetinnen. Das emotionale Spektrum der Fische ist vielschichtig und weitreichend – sie erleben durch die Betrachtung der Natur Momente grenzenloser Verbundenheit oder heben durch berührende Musik in andere Dimensionen ab.

Ihre starke Intuition und ihr tiefes Urvertrauen bewirken, dass sie sich leicht dem Fluss des Lebens hingeben und sich voll und ganz auf das einlassen können, was sie vorfinden. Sie wünschen sich eine intuitive Lebensführung, ohne das immerwährende Gefühl, funktionieren zu müssen. Sie lieben es, kreativen Tätigkeiten nachzugehen, bei denen sie das, was sie in ihrer inneren Welt erleben, verarbeiten. Sie umgeben sich gerne mit Menschen, die ebenso rücksichtsvoll sind, wie sie selbst, und mit denen sie teilen können, was sie innerlich bewegt.

Dem empfindsamen, fantasievollen Zeichen Fische geht es weniger darum, was in der Außenwelt passiert, sondern vielmehr darum, was im Inneren eines Menschen vor sich geht. Sie erkunden ihre Emotionen und erforschen die verschiedenen Dimensionen des Seins, dabei schwelgen sie in ihren Erinnerungen und tauchen in ihre reichen Fantasiewelten ab. Diese Empfindsamkeit und Gefühlstiefe sind der Nährboden ihrer künstlerischen Talente. Beim kreativen Schöpfungsprozess tauchen sie in ihr inneres Reich ab und schöpfen aus der grenzenlosen Weite ihrer inneren Räume. Durch Bilder, Fotos, Musikstücke oder Poesie bringen sie zum Ausdruck, was sie nicht in Worte fassen können, und berühren die Herzen derer, die in Berührung mit ihren Kunstwerken kommen.

Ihr besonderes Einfühlungsvermögen lässt sie behutsam, hilfsbereit und aufopferungsvoll mit anderen umgehen. Häufig findet man sie in sozialen oder heilenden Berufen, im Rahmen derer sie das Leid anderer lindern oder zur Steigerung ihres Wohlbefindens beitragen können. Sie fühlen sich mit ihrer Umwelt tief verbunden und wissen vollkommen intuitiv, dass sie Teil eines viel größeren Ganzen sind. Ihre medialen Fähigkeiten und ihr tiefer Glaube prädestinieren sie dazu, spirituelle Berufe zu ergreifen und ihren Mitmenschen Heilung auf allen Ebenen zu schenken. Allumfassende Liebe und bedingungslose Hingabe an das Leben sind die höchsten Ideale dieses Archetypen, und so setzt er alles daran, seine Mitmenschen dafür zu sensibilisieren, sich mehr auf die verbindende Kraft, die hinter allem steckt, zu konzentrieren.

Die Fische streben ihr Leben lang nach einem Zustand, der am besten mit dem Begriff »Nirwana« beschrieben werden kann. Nirwana, ein Schlüsselbegriff des Buddhismus, beschreibt den Zustand, in dem der Mensch durch Erwachen den ewigen Kreislauf des Leidens durchbricht und in ein Gefühl der Glückseligkeit eintritt. Der Archetyp Fische erlebt solche Momente des Erwachens regelmäßig, doch die Erfahrungen, die er dabei macht, lassen sich nicht in Worte fassen. Denn Worte sind nicht imstande, zu beschreiben, was er in diesen Momenten wahrnimmt. Daher kann er sich anderen nicht so leicht verständlich machen, wie er es gerne würde. Das Gefühl, von anderen nicht verstanden zu werden, ist der treue Begleiter der Fische und so sind sie lange Zeit auf der Suche nach ihrer wahren Seelenfamilie – Menschen, die die Welt auf ähnliche Weise erleben und sie so annehmen, wie sie sind.

VERÄNDERLICHES KREUZ: ZWILLINGE, JUNGFRAU, SCHÜTZE UND FISCHE

Die Entwicklungsreise der Fische führt sie über die Qualitäten der Zwillinge, des Schützen und der Jungfrau. Diese drei Zeichen bilden mit den Fischen das veränderliche Kreuz. Auf ihrem Weg der Bewusstseinsentwicklung dürfen die mitfühlenden, hilfsbereiten und verträumten Fische klare Kommunikation (Zwillinge), Entschlusskraft (Schütze) und Struktur (Jungfrau) erlernen. Die Zwillinge lehren die Fische, sich klar und deutlich auszudrücken, um für andere besser greifbar zu sein. Der Schütze unterstützt sie dabei, ihre Ziele präzise zu definieren und sich voller Elan an ihre Umsetzung zu machen. Die Jungfrau bringt schließlich Struktur in den Alltag der Fische, sodass sie sich mit den weltlichen Anforderungen aussöhnen und sich zuverlässig ihren Vorhaben widmen können.

Die untere Bewusstseinsstufe
Die unbewussten Fische

In diesem Stadium zeichnen sich die Fische durch Träumereien, Naivität und Passivität aus. Sobald ihnen etwas zu viel wird oder die Welt lieblos und freudlos erscheint, legen sie den Rückwärtsgang ein und ziehen sich in ihre eigene Welt zurück. Sie flüchten sich aus der Realität, spielen auf Zeit oder begeben sich in den Opfermodus. Dann betrachten sie sich selbst als zu sanft und ihre Mitmenschen als zu unsensibel, um sich in sie hineinzuversetzen. Auf der untersten Bewusstseinsebene sind die Fische begnadete Verdrängungskünstler, die von einer besseren Welt träumen, sich leicht von anderen täuschen lassen und sich darüber beklagen, den ganzen Tag nur prokrastiniert zu haben.

Die Passivität der Fische führt dazu, dass sie in Ungewissheit, Unklarheit und Unsicherheit ausharren, in der Hoffnung, dass sich alles von selbst regeln wird. Alles erscheint ihnen besser, als Gefahr zu laufen, in einer Konfrontation zu landen und die Gefühle ihrer Mitmenschen zu verletzen, da der Schmerz der anderen für sie immer auch eigenen Schmerz bedeutet. Ihre enorme Sensitivität zwingt sie regelrecht dazu, mit anderen mitzufühlen, ob sie wollen oder nicht. Aus diesem Grund ist ihr Bemühen um das Wohlergehen anderer und ihre Opferbereitschaft meist nicht ganz so selbstlos, wie es auf den ersten Blick erscheinen mag. Indem sie anderen helfen, versuchen sie auch, sich selbst zu helfen. Denn solange jemand anderes leidet, sind sie dem Schmerz, der Trauer oder der Wut dieser Person ausgesetzt und leiden wie selbstverständlich mit. Wenn sie selbst der Auslöser für die negativen Emotionen ihres Gegenübers sind, weil sie klare Grenzen gesetzt oder ihren Willen durchgesetzt haben, geht es den Fischen doppelt schlecht; sie fühlen nicht nur den Schmerz der anderen Person, als wäre es ihr eigener, sondern haben zudem auch noch ein schlechtes Gewissen. Da dieses Szenario für die Fische deutlich schlimmer ist, als sich von vornherein dem Willen des anderen zu beugen, legen sie keinen besonderen Wert auf die Durchsetzung ihrer persönlichen Interessen und geben sich bereitwillig dem hin, was ihr Umfeld fordert. Daraus erwächst eine gewisse Labilität, aber auch das Gefühl, den Stimmungen anderer schutzlos ausgeliefert zu sein.

Die mangelnde Initiative und das geringe Durchhaltevermögen dieses Archetypen lassen ihn prokrastinieren und auf der Stelle treten. Alles scheint ihm wichtiger zu sein als das Abarbeiten von To-do-Listen, das Einhalten bestimmter Deadlines oder das pünktliche Erscheinen zu Verabredungen. Die schönen, weniger anstrengenden Dinge des Lebens lösen einfach eine viel zu große Faszination auf ihn aus, und so verliert er sich in seinen Tagträumereien, verfällt ungeplant in ein tiefes Mittagsschläfchen oder greift zur Gitarre, die ihn viel zu verlockend aus der Ecke anlächelt. Unzuverlässigkeit ist daher ein markantes Merkmal der unbewussten Fische, was ihnen in den unterschiedlichsten Lebensbereichen Schwierigkeiten bereitet und den Unmut ihrer Mitmenschen nach sich zieht.

Auf der untersten Bewusstseinsstufe weigern sich die Fische häufig, erwachsen zu werden. Sie scheuen sich davor, Verantwortung zu übernehmen, auf eigenen Beinen zu stehen und sich in die kühle Realität hinauszuwagen. Um der lieblosen Wirklichkeit zu entkommen, greifen sie zu verschiedenen Fluchtmöglichkeiten wie Drogen, Alkohol, Computerspielen oder exzessivem Schlaf. Diese Flucht in andere Welten dient dazu, die Probleme des Alltags beiseitezuschieben, was zu einer starken Suchtanfälligkeit führen kann.

Obwohl dieser Archetyp seinen Willen nicht auf direktem Wege äußert und sehr konfliktscheu ist, hat er trotzdem zielführende Methoden entwickelt, um zu bekommen, was er will. Diese Methoden sind zwar sehr subtil, aber nicht minder effektiv. Er bedient sich der Taktik, anderen ein schlechtes Gewissen zu machen und reagiert übermäßig emotional, wenn sie sich seiner Einflussnahme entziehen wollen. Auf kaum merkliche Weise und oft aus dem Verborgenen heraus lenken die Fische so ihr Umfeld, ohne dass dies auf den ersten Blick ersichtlich ist, geschweige denn die Betroffenen etwas davon mitbekommen.

Darüber hinaus nehmen es die Fische auf der untersten Bewusstseinsstufe mit der Wahrheit nicht so genau. Sie greifen zu Notlügen, um sich konfliktfrei aus der Affäre zu ziehen und die Gefühle ihrer Mitmenschen zu schonen. Ihre große Anpassungsfähigkeit führt dazu, dass sie sich je nach Umfeld unterschiedlich verhalten. Ihr fluider Charakter lässt sie wie ein Fähnchen im Wind erscheinen, das jede beliebige Betrachtungsweise annimmt. Auf ihre Mitmenschen wirken sie dadurch kantenlos und schwer greifbar. Man weiß nie mit letzter Sicherheit, ob das, was die Fische sagen, ihrer inneren Überzeugung entspringt oder sie diesen Standpunkt nur vertreten, um Unstimmigkeiten zu vermeiden und ihrem

Gegenüber Verständnis entgegenzubringen. Unehrlichkeiten und Täuschungen sind ein großes Thema im Leben der unbewussten Fische. Sie glauben so sehr an das Gute im Menschen, dass sie leichtgläubig alles für bare Münze nehmen, was ihnen erzählt wird. Eine Art selektive Wahrnehmung führt dazu, dass sie aus dem Verhalten ihres Gegenübers nur das herausfiltern, was ihrer inneren Vorstellung entspricht, während sie alles andere einfach ausblenden. Irgendwann überkommt sie das Gefühl, aus einem diffusen Traum aufzuwachen, der sie lange Zeit glauben ließ, sie besäßen die Fähigkeiten, aus einem anderen einen besseren Menschen zu machen. Sie haben die Tendenz, bestimmte Ereignisse oder Menschen zu glorifizieren und sind nicht selten enttäuscht, wenn sich herausstellt, dass die Realität hinter ihren Erwartungen zurückbleibt.

Unehrlichkeiten und Täuschungen sind ein großes Thema.

Größte Angst

Die Ur-Angst der Fische besteht im Gefühl des Abgetrennt-Seins. Da dieser Archetyp nach Anbindung, Verschmelzung und Einswerdung strebt, ist es für ihn ein elementares Bedürfnis, andere um sich zu haben und mit ihnen in einer engen, liebevollen Verbindung zu stehen. Die Fische brauchen andere Menschen zur Orientierung, da sie durch deren Impulse, Anstöße und Lebensweise auch ihren eigenen Weg finden. Ohne diese Verbindungen fühlen sie sich oft richtungslos und verloren.

Zudem spüren die Fische sehr deutlich, dass sie mit ihrer Umwelt, ihren Mitmenschen und dem gesamten Universum in enger Verbindung stehen. »Alleinsein« ist für sie nicht nur ein abstrakter Begriff, der in östlichen Traditionen eine zentrale Rolle spielt, sondern ein real erlebbarer Zustand, der sich für die Fische wie ein Nach-Hause-Kommen anfühlt. Bis sie tiefgehend realisiert haben, dass sie immer verbunden und damit nie allein sind, kann sich für sie die Vorstellung des Alleinseins sehr stark nach Einsamkeit und Verlassenheit anfühlen.

Die mittlere Bewusstseinsstufe
Die reflektierten Fische

Auf der mittleren Bewusstseinsebene beginnen die Fische, ihre sensitive Wahrnehmung und Empfindsamkeit zu transformieren. Sie begreifen sich selbst als Weltenwanderer, eine Art Verbindungsglied zwischen verschiedenen Dimensionen, das nicht nur die Emotionen anderer wahrnehmen, sondern auch Botschaften und Zeichen aus höheren Sphären empfangen kann. Mit wachsendem Bewusstsein wird ihnen klar, dass ihre Inkonsequenz, Ausweichstrategien und Prokrastination sie daran hindern voranzukommen. Durch kritische Selbstreflexion gewinnen sie zunehmend Klarheit darüber, was sie wirklich brauchen und wollen. Sie lösen sich aus emotionalen Abhängigkeiten und setzen sich verstärkt für ihr großes Ideal der allumfassenden Liebe ein.

Bewusstsein für Schwächen & Fokus auf Stärken

Die Begegnung mit sich selbst

Die Fische nehmen ganz automatisch nonverbale Botschaften, die Stimmungen ihrer Mitmenschen und atmosphärische Veränderungen wahr. Die Grenzen zwischen ihrem eigenen Erleben und dem ihrer Mitmenschen sind fließend, was dazu führt, dass sie ihre Absichten, Meinungen und Interessen schnell an die jeweilige Stimmungslage ihrer Umgebung anpassen. Halten sich die Fische im »falschen« Umfeld auf, können sie zur Marionette ihrer Mitmenschen werden. Um mit sich selbst in Kontakt zu kommen, sollten die Fische sich regelmäßig in sich zurückziehen. Denn in der Gegenwart anderer werden sie so sehr von deren Ansichten und Bedürfnissen vereinnahmt, dass sie immer weiter von sich abdriften.

Hilfreich ist es daher, wenn sich die Fische immer wieder fragen, was sie gerade brauchen, welche Bedürfnisse sich zeigen, wobei sie ein Störgefühl empfinden und vor allen Dingen, ob sie anderen erlauben, ihre Themen auf sie zu projizieren. Aufgrund ihrer Gutmütigkeit, Anpassungsfähigkeit und Manipulierbarkeit sind die Fische oft ideale Projektionsflächen für ihre Mitmenschen. Mit den richtigen Argumenten können andere ihnen leicht ein schlechtes Gewissen machen oder sie verunsichern. Sie bemerken lange Zeit gar nicht, dass andere sie in negativer Weise beeinflussen, Machtspiele spielen oder sie für ihre Zwecke instrumentalisieren.

Um Klarheit darüber zu gewinnen, was sie brauchen und was sie womöglich auf ungesunde Weise beeinflusst, sollten sich die Fische regelmäßig ganz bewusst in ihr Ich-Zentrum zurückziehen. In der Stille finden sie die Möglichkeit, alle äußeren Einflüsse abzustreifen und herauszufinden, was sie wirklich wollen. Me-Time kann für diesen Archetypen wahre Wunder bewirken, weshalb er regelmäßige Erholungsphasen einplanen sollte, in denen er sich Zeit zum Lesen, Musikhören, Malen, Journaling oder Spazierengehen nimmt.

Auf den Spuren des eigenen Ichs

Die Fische sind die Verdrängungskünstler des Tierkreises – selbst die Waage kann ihnen in dieser Disziplin kaum das Wasser reichen. Doch was verdrängen die Fische eigentlich? Die Antwort lautet: sich selbst, ihr eigenes Ich.

Jeder Mensch kommt per se mit gleich viel Ich beziehungsweise Ego auf die Welt. Die Anlagen des Geburtscharts entscheiden jedoch darüber, wie dieses »Ich« ausgestaltet ist und vor allen Dingen, wie viel »Ich« er auslebt. Feuerzeichen besitzen ein klar definiertes Persönlichkeitszentrum. Menschen mit einer starken Feuer-Anlage wissen, wer sie sind, und drücken sich authentisch aus. Wasserzeichen hingegen sind introvertierter, bevorzugen es, sich eine sichere Basis zu schaffen, die ihnen Geborgenheit schenkt, und stellen ihr Ich zurück, um auf andere Rücksicht zu nehmen.

Das Zeichen Fische beginnt schon recht früh damit, sein Ich und damit die eigenen Bedürfnisse, Anlagen und Fähigkeiten beiseitezuschieben. Wird das eigene Ich verdrängt, entsteht im Inneren ein leerer Raum, der leicht von Fremdeinflüssen aufgefüllt werden kann. Ohne es zu bemerken, opfern die Fische auf diese Weise ihr Ich und lassen die Meinungen, Vorlieben und Ziele anderer an dessen Stelle treten. Dadurch wissen die Fische oft lange nicht, wer sie in Wirklichkeit sind, was sie konkret ausmacht und welche Fähigkeiten sie besitzen.

Außerdem folgt aus der Verdrängung des eigenen Ichs, dass die Fische immer eine Art Leitstern in Form eines anderen Menschen benötigen, da sie ohne ein Du vollkommen orientierungslos sind. Ihre Sehnsucht nach symbiotischer Verbindung mit einem anderen Menschen ist so stark, dass sie bereit sind, alles für diesen Menschen zu tun, was häufig zu toxischen Abhängigkeitsverhältnissen führt. Es kann viel Kraft kosten, sich dieser Mechanismen bewusst zu werden und sich auf die Suche nach der eigenen Identität zu begeben, die sich für die Fische gewissermaßen in einem undurchsichtigen Nebel befindet. Doch wenn die Fische beginnen, wieder mehr ihres Ichs zum Vorschein kommen zu lassen, erwecken sie damit auch all ihre Talente und Fähigkeiten zum Leben und können sie endlich zur vollen Entfaltung bringen.

Intuitive Alltagsgestaltung

Den Fischen fällt es nicht leicht, sich in der getakteten und von Leistung bestimmten Welt zurechtzufinden. Sie beobachten ihr Umfeld dabei, wie es sich leichtfüßig durch das Leben bewegt, und haben den Eindruck, alle anderen seien deutlich besser für die Alltagsbewältigung gewappnet als sie. Als eine Art Kompensation versuchen sie, in der realen Welt umso bestimmter Fuß zu fassen, verbarrikadieren den Eingang zu ihren spirituellen

Fähigkeiten und sensitiven Wahrnehmungen und bemühen sich, Struktur und Ordnung in ihr Leben zu bringen. Niemand bemerkt, dass hinter der perfekten Fassade ausgeprägte Versagensängste lauern. Diese Ängste sind darauf zurückzuführen, dass sie tief in ihrem Inneren ganz genau wissen, dass sie einen Weg eingeschlagen haben, der sie immer weiter von sich selbst fortführt.

Im Grundsatz empfindet dieser Archetyp die meisten Aspekte des herkömmlichen Lebens und eines »normalen« Alltags als belastend. Tätigkeiten wie Aufräumen, Wäsche waschen, Rechnungen bezahlen oder Lebensmittel einkaufen erscheinen ihm als reine Zeitverschwendung. Oft ignoriert er diese lästigen alltäglichen Anforderungen einfach oder schiebt sie auf, in der Hoffnung, dass sie sich von selbst lösen oder jemand anderes sich ihrer annimmt. Die Fische besitzen ein unerschütterliches Vertrauen in den natürlichen Lauf der Dinge, was dazu führt, dass sie abwarten und darauf hoffen, dass sich die Dinge letztlich von selbst regeln.

Ein bedeutendes Lernfeld für das Zeichen Fische besteht darin, sich mit den alltäglichen Pflichten auszusöhnen und einen Weg zu finden, trotz all der unliebsamen Alltagspflichten die Magie des Lebens zu erfahren. Das bedeutet konkret, dass die Fische einen Sinn für das Praktische entwickeln und lernen dürfen, vernünftig vorzugehen. Anstatt direkt auf eine ihrer raffinierten Wegduck-Taktiken zurückzugreifen, sollten sie sich der Lösung von Problemen und der Erledigung notwendiger Aufgaben stellen. Mit der Zeit bemerken sie, dass ihr unerschütterliches Vertrauen ihnen dabei eine wertvolle Unterstützung ist. Ihre intuitive Vorgehensweise und ihr Glaube daran, dass alles wie am Schnürchen laufen wird, helfen ihnen, ihre Vorhaben auf den allerbesten Weg zu bringen und zu verstehen, wie viel Einfluss sie auf die reibungslose Entwicklung ihrer Projekte haben.

Das Geschenk der Hypersensibilität

Die Gefühlstiefe der Fische und ihre enorme, intuitive Wahrnehmung sorgen dafür, dass sie ein völlig anderes Weltverständnis aufweisen als ihr Umfeld. Schon früh machen sie die Erfahrung, von ihren Mitmenschen nicht verstanden zu werden, und beginnen, die meisten Dinge mit sich selbst auszumachen. Schmerz oder Freude äußern sie selten laut, sondern erwarten, dass andere ihre Gefühle ebenso intuitiv erfassen, wie sie es selbst tun würden. Es erscheint ihnen als die bessere Wahl, in Ruhe über alles nachzudenken, ihre Empfindungen durchzufühlen und sie im Rahmen kreativer Prozesse zu verarbeiten, als den Versuch zu unternehmen, sich anderen zu erklären.

Darüber hinaus haben die Fische Schwierigkeiten damit, ihre Eindrücke rational zu erfassen und anderen begreiflich zu machen, wodurch nicht selten Verständigungsprobleme entstehen. Für sie stehen weniger Logik und Vernunft im Vordergrund, sondern das, was sie intuitiv wahrnehmen. Die komplexen Bilder und intensiven Gefühle, die sie erfassen, lassen sich nur schwer in Worte fassen, sodass ihre Erklärungen auf andere unpräzise, irrational oder weitschweifig wirken. Ihre Erzählungen weisen Lücken auf oder sparen wichtige Informationen aus, die erforderlich wären, um ihnen folgen zu können, und so ist es für andere nicht ganz leicht, sie auf Anhieb zu verstehen.

Die Fische fühlen sich im Numinosen zu Hause. Ihre Versuche, andere auf die Verbundenheit von allem, was ist, hinzuweisen, werden häufig als Spinnerei abgetan, was sie nur darin bestärkt, sich in sich selbst zurückzuziehen. Das Spannungsfeld zwischen ihrer multisensorischen Wahrnehmung und ihrer enormen Gefühlstiefe auf der einen Seite und dem nüchternen sowie rationalen Umfeld auf der anderen Seite stellt eine große Herausforderung für die Fische dar. Sie haben daher oft das Gefühl, auf dem falschen Planeten inkarniert zu sein. Ihre mitfühlende, gutmütige und hilfsbereite Art wird ausgenutzt oder als naiv abgestempelt, was in ihnen die Überzeugung festigt, dass sie niemand wirklich versteht. Die daraus resultierende Einsamkeit kann ihnen stark zusetzen. Ein zentrales Wachstumsfeld für die Fische besteht darin, sich darüber bewusst zu werden, dass ihre Verträumtheit und Hypersensibilität in Wahrheit ihre größten Geschenke sind.

Gesunde Selbstbehauptung

Die unbewussten Fische begeben sich bei der kleinsten Gelegenheit direkt in den Opfermodus und resignieren an der Lieblosigkeit der Welt. Sie fühlen sich oft von ihrem Umfeld nicht gebührend wertgeschätzt, für ihre Dienste nicht genügend gelobt, von ihren Liebsten nicht ausreichend umsorgt oder von ihren Kollegen nicht wohlwollend genug behandelt. Sollten sie in ihrem persönlichen Leben keinen Grund finden, um sich zum Opfer zu erklären, stürzen sie sich in den Weltschmerz und beklagen, wie schlecht die Welt doch ist. In solchen Momenten ziehen sie sich zurück und versinken in ihrem Leid. Als Grund für all den Kummer, den sie empfinden, führen sie ihre enorme Empfindsamkeit ins Feld und behaupten, wenn man so sensibel sei wie sie, könne man über all diese schlimmen Dinge nicht hinwegsehen.

Ein zentrales Problem der Fische ist ihre Neigung, andere subtil zu manipulieren, indem sie ihnen ein schlechtes Gewissen machen – eine Fähigkeit, die aus ihrer eigenen Empfänglichkeit für Schuldgefühle hervorgeht. Immer dann, wenn den Fischen etwas nicht passt, reagieren sie überaus theatralisch in der Hoffnung, damit das Herz ihres Gegenübers zu erweichen und zu bekommen, was sie wollen. Diese Taktik führt jedoch häufig dazu, dass sie ein Umfeld der passiven Aggression kreieren, in dem vieles unausgesprochen bleibt und Vorwürfe auf subtile Weise geäußert werden, um ihre Wünsche durchzusetzen.

Wenn es die Fische selbst waren, die einen Fehler gemacht haben, überkommt sie eine Welle von Schuldgefühlen, die sie dazu verleitet, sich in endlose Entschuldigungen und Rechtfertigungen zu verlieren. Sie versuchen verzweifelt, das Herz des anderen zu erweichen, was jedoch häufig dazu führt, dass sie das Kräftegleichgewicht in ihren Beziehungen destabilisieren. Indem sie sich so sehr erniedrigen, verlieren sie häufig den Respekt ihres Gegenübers und vergessen dabei, dass sie ursprünglich diejenigen waren, die verletzt wurden.

Ein bedeutendes Lernfeld für die Fische besteht darin, Verantwortungsbereiche klar zu erkennen und zu wahren. Sie dürfen lernen, zwischen ihrem eigenen Verantwortungsbereich und dem des anderen zu unterscheiden. Nur so können sie klare Grenzen setzen, diese verteidigen und die Reaktionen anderer nicht persönlich nehmen. Ebenso wichtig ist es, die Grenzen anderer zu respektieren. Indem die Fische bewusst abgrenzen und Verantwortung für ihr Handeln übernehmen, können sie aus dem passiv-aggressiven Kreislauf ausbrechen und gesunde, respektvolle Beziehungen aufbauen.

Bewusstseinsentwicklung mithilfe des veränderlichen Kreuzes

Entwicklung von klare Kommunikation (Zwillinge)

Die verträumten Fische erhalten von ihrem Umfeld häufig das Feedback, unzuverlässig und chaotisch zu sein. Während andere es bevorzugen, Termine bereits Wochen oder sogar Monate im Voraus festzusetzen, kommen die Fische bereits bei der aktuellen Wochenplanung ins Straucheln. Sie bringen Uhrzeiten durcheinander, vergessen auf wichtige Rückfragen zu antworten, oder verlieren plötzlich das Interesse an Plänen, die sie noch vor wenigen Tagen begeistert geschmiedet haben. Sie befinden sich im Fluss mit dem Leben, lassen sich am liebsten treiben und treffen ihre Entscheidungen intuitiv. Ähnlich chaotisch wie ihre Lebensführung ist auch die Art ihrer Kommunikation. Es fehlt ihnen an präzisem, konkretem Denken. Ihr Denken ist bildhaft und ihre Gefühle drängen sich schnell zwischen ihre Gedanken. Für andere ergeben ihre Äußerungen manchmal keinen Sinn, mit ihren Ausschweifungen driften sie vom Thema ab, und trotz unzähliger Erklärungen und Exkursen bleibt am Ende unklar, was sie sagen wollten.

Die Rettung naht in Gestalt des Zeichens Zwillinge. Es unterstützt die Fische dabei, sich klar und deutlich auszudrücken, um für andere greifbarer zu sein. Durch die Zwillinge-Energie wird es den Fischen möglich, auf den Punkt zu kommen, die eigenen Gedanken zu ordnen und zu gewährleisten, dass sie so verstanden werden, wie sie es beabsichtigen. Zugleich schulen die Zwillinge sie darin, aufmerksam zuzuhören und nachzufragen, wenn sie befürchten, dass ihr Gegenüber sie nicht richtig verstanden haben könnte. Sie lernen, ihre intuitive Wahrnehmung und ihre mitfühlende Kommunikationsweise mit präziser Informationsweitergabe und klaren Äußerungen zu verbinden. So entsteht eine reife, achtsame und verlässliche Kommunikation, die klare Verhältnisse schafft und das gegenseitige Verstehen in das Zentrum der Begegnung stellt.

Unterstützende Übung

Wenn du eine Fische-Betonung aufweist, ist es wichtig, regelmäßig zu überprüfen, ob dein Gegenüber dich richtig verstanden hat und ob auch du seine Aussagen korrekt aufgefasst hast. Da dein Denken anders funktioniert als das der meisten Menschen, kann es hilfreich sein, immer wieder eine Art Check-up durchzuführen, um Missverständnissen vorzubeugen. Wann immer du das Gefühl hast, dass etwas falsch verstanden wurde, halte inne und frage nach, wie es gemeint war, oder wiederhole, wie du es aufgefasst hast. Indem du nachhakst, schaffst du Klarheit und vertiefst die Verbindung zu deinem Gegenüber. Schließlich merkt die andere Person dadurch, wie wichtig es dir ist, ihre Gedankengänge richtig zu erfassen.

Ein weiterer wichtiger Aspekt ist aufrichtige Kommunikation. Deine starke Sensibilität und dein Wunsch, niemanden zu verletzen, können dazu führen, dass du manchmal zu Ausreden oder Notlügen greifst, um unangenehme Situationen zu vermeiden. Doch jede Lüge wirkt sich negativ auf dein Energiefeld aus, zieht unehrliche Menschen in dein Leben und birgt die Gefahr, dass sie aufgedeckt wird. Das kann am Ende mehr Schaden anrichten, als eine ehrliche Antwort es je gekonnt hätte. Sage also ehrlich, wenn du etwas nicht möchtest oder es dir anders überlegt hast. Beginnst du dich zu rechtfertigen oder die Unwahrheit zu sagen, ist das ein Zeichen dafür, dass du dich unwohl mit der Grenze fühlst, die du gezogen hast. Erinnere dich daran, dass die Reaktion deines Gegenübers nicht in deinem Einflussbereich liegt. Jeder ist für seine Reaktionen selbst verantwortlich. Jeder entscheidet vollkommen eigenständig darüber, wie er auf eine bestimmte Begebenheit reagiert. Wenn du versuchst, die Reaktionen des anderen zu beeinflussen, indem du auf vorgeschobene Gründe und Ausreden zurückgreifst, wirkst du auf seinen Verantwortungsbereich ein.

Voreilige Schuldgefühle können dich daran hindern, klare Grenzen zu setzen. Achte daher ganz bewusst darauf, bei der Wahrheit zu bleiben und ein klares »Ja« oder »Nein«

zu äußern, je nachdem, wie du zu einer Sache stehst. Auf diese Weise fokussierst du dich auf deine Bedürfnisse und übernimmst Verantwortung für dein Handeln. Dies ist entscheidend, um aus passiv-aggressiven Mustern auszubrechen und gesunde, respektvolle Beziehungen zu pflegen.

Reflektiere am besten am Ende des Tages, wie gut dir diese Schritte gelungen sind. Hast du ehrlich und klar kommuniziert? Konntest du Missverständnisse vermeiden oder rechtzeitig aufklären? Hast du dich auf deinen eigenen Verantwortungsbereich konzentriert? Diese regelmäßige Selbstreflexion wird dir helfen, deine Kommunikationsfähigkeiten zu stärken und deine Beziehungen positiv zu verändern.

Entwicklung von Entschlusskraft (Schütze)

Die Fische sind so fluide in ihren Betrachtungen, Wünschen und Zielsetzungen, dass sie je nach Gefühlslage und Umfeld ihre Ansichten anpassen. Sie fühlen sich schnell mit anderen verbunden und übernehmen wie selbstverständlich deren Standpunkte. Durch ihre Mitmenschen tanken sie Inspiration sowie Motivation und lassen sich von ihnen regelrecht mitreißen. Sie surfen dann auf deren Welle mit und können sich einer Sache völlig verschreiben. Problematisch daran ist, dass andere den Fischen das »Was« und das »Wie« liefern, während sie alleine schnell antriebs- und ziellos sind. Selbst wenn sie das »Was« ausfindig gemacht haben, kann das »Wie« ihnen Probleme bereiten, da ihr Antrieb mit zunehmender Anstrengung schwindet. Die Konsequenz ist, dass sie unzählige Gründe vorschieben, um zu prokrastinieren und sich vor dem Losgehen zu drücken.

Der feurige Schütze mit all seinem Elan, seiner Zuversicht und Positivität zeigt den Fischen zum einen, wie sie zielstrebig ihre Visionen verwirklichen können, und sensibilisiert sie zum anderen dafür, wie wichtig es ist, zu überprüfen, ob es sich dabei auch wirklich um ihre eigenen Träume handelt. Seine enorme Manifestationskraft lässt die Fische erkennen, wie leicht sich Ideen in die Umsetzung bringen lassen. Voraussetzung hierfür ist nur, die eigene Visionskraft zu nutzen und felsenfest daran zu glauben, dass man die Fähigkeit besitzt, wahre Wunder zu vollbringen und alle seine Träume Wirklichkeit werden zu lassen. Durch den Schützen lernen die Fische also, einerseits sich selbst treu zu bleiben und andererseits auch genügend Willensstärke zu entwickeln, um die eigenen Visionen zu verwirklichen.

Unterstützende Übung

Finde einen ruhigen Ort, an dem du ungestört bist. Setze dich bequem hin, schließe die Augen und atme tief ein und aus. Lasse alle Gedanken los und konzentriere dich auf deinen Atem. Stelle dir vor, du stehst an einem friedlichen Ort in der Natur. Vielleicht ist es ein Strand, ein Wald oder eine Lichtung. Vor dir erstreckt sich ein leuchtender Pfad, der sich durch die Landschaft windet und von einem sanften, warmen Licht erhellt wird. Dieser Pfad symbolisiert deine tiefsten Wünsche und Visionen, er leuchtet dir den Weg und zeigt dir, wo deine wahre Bestimmung liegt. Gehe langsam auf den Pfad zu und nimm wahr, wie er dich anzieht. Spüre, welche Gefühle in dir aufsteigen, wenn du auf diesem Pfad stehst. Welche Emotionen entstehen, wenn du dich mit diesem leuchtenden Weg verbindest?

Während du auf dem leuchtenden Pfad stehst, spüre, wie die Energie des Pfades in dich übergeht und sich in deinem ganzen Körper ausbreitet. Der Pfad gibt dir Klarheit und Stärke. Stelle dir nun folgende Fragen: Ist dieser Pfad wirklich der meine, oder wurde er von anderen für mich vorgezeichnet? Wie fühle ich mich, wenn ich mir vorstelle, diesen Pfad bis zum Ende zu gehen? Welche inneren Ressourcen stehen mir zur Verfügung, um auf diesem Pfad zu bleiben und meine Vision zu verwirklichen? Lass die Antworten intuitiv in dir aufsteigen, ohne sie zu bewerten. Vertraue darauf, dass der Pfad dich in die richtige Richtung führt.

Visualisiere nun, wie das Licht des Pfades in deinem Herzen zu leuchten beginnt, als ob sich der Pfad in dir fortsetzt. Spüre, wie dieses Licht sich in deinem ganzen Körper ausbreitet und dir Kraft und Entschlossenheit schenkt, deinem Weg zu folgen. Wiederhole innerlich folgende Affirmationen:

»Ich vertraue diesem leuchtenden Pfad und lasse mich von ihm leiten.«
»Ich habe die Kraft und Entschlossenheit, meine Träume in die Realität umzusetzen.«
»Mein Weg ist klar, und ich gehe ihn mit Zuversicht und Entschlossenheit.«

Lass diese Affirmationen tief in dir wirken und spüre, wie sie deinen inneren Antrieb stärken. Atme tief ein und aus, während du langsam das Bild des leuchtenden Pfades verblassen lässt und die Energie in dir aufnimmst. Spüre, wie das Licht des Pfades nun in dir leuchtet und dir auch im Alltag den Weg weist. Wenn du bereit bist, öffne langsam die Augen und bringe die Klarheit und Stärke, die du gewonnen hast, in dein tägliches Leben. Plane nach der Meditation bewusst eine kleine Handlung, die dich deinem Ziel näher bringt, und setze sie in die Tat um. So bleibst du auf deinem leuchtenden Pfad und verwirklichst Schritt für Schritt deine Vision.

Entwicklung von Struktur (Jungfrau)

Die Fische haben ihren ganz eigenen Rhythmus. Vieles, was für andere völlig normal ist, kostet sie große Überwindung. Wenn ihnen der Druck der Außenwelt zu groß wird, ziehen sie sich zurück und verbringen manchmal ganze Tage im Bett, unerreichbar für die Außenwelt. Dieses plötzliche Abtauchen kann jedoch Probleme verursachen und dazu führen, dass die Fische vom Leben aufgefordert werden, sich eine andere Strategie zu überlegen, anstatt sich vor den Herausforderungen des Lebens zu verstecken. Hier kommt ihr Gegenzeichen, die praktische, zuverlässige und fleißige Jungfrau, ins Spiel. Denn Routinen und Strukturen sind ihr Spezialgebiet und es wäre doch gelacht, wenn sie es nicht schaffen würde, Ordnung in das chaotische Leben der Fische zu bringen.

Mit der Unterstützung der Jungfrau-Energie lernen die Fische den Fluss des Lebens, dem sie sich so gerne bereitwillig hingeben, in eine konkrete Richtung zu lenken. Dadurch gewinnen sie Klarheit und fühlen sich inmitten ihrer Aufgaben und Verpflichtungen weniger verloren. Anstatt sich den lieben langen Tag einfach nur treiben zu lassen, finden sie nun die goldene Mitte und ein gesundes Gleichgewicht zwischen den weiten Räumen ihrer Fantasie und den klar abgesteckten Aufgaben ihres täglichen Lebens. So gelingt es ihnen, mit beiden Beinen fest im Leben zu stehen, während sie gleichzeitig ihr Leben auf eine dynamische und zyklische Weise gestalten. Ihre Tendenz zu prokrastinieren, weicht einer durchdachten Schwerpunktsetzung, die es ihnen ermöglicht, ihre Ziele in überschaubaren Schritten zu verfolgen, ohne kurz vor der Ziellinie die Motivation zu verlieren.

Unterstützende Übung

Finde einen ruhigen Ort, an dem du ungestört bist und mache es dir bequem. Schließe die Augen und atme tief ein und aus, um zur Ruhe zu kommen. Lasse alle Gedanken los und konzentriere dich auf das Hier und Jetzt. Stelle dir nun vor, du stehst inmitten eines großen, wunderschönen Gartens. Dieser Garten symbolisiert dein Inneres, das zyklisch und dynamisch ist. Während du in diesem Garten stehst, spürst du die verschiedenen Jahreszeiten, die sanft an dir vorüberziehen. Jede Jahreszeit hat ihre eigene Energie und ihren eigenen Rhythmus, genau wie du.

Beginne mit dem Frühling. Spüre die frische, belebende Energie, die den Garten zum Leben erweckt. Die Pflanzen beginnen zu sprießen, die Knospen öffnen sich, und alles ist voller Tatendrang. Dies ist die Zeit, in der auch du voller Energie bist, Pläne schmiedest und dich voller Elan den Aufgaben widmest, die vor dir liegen. Nimm diese frische, aufblühende Energie in dich auf und spüre, wie sie dich mit Tatkraft und Zuversicht erfüllt.

Lasse nun den Sommer in deinen Garten eintreten. Die Sonne steht hoch am Himmel, und der Garten steht in voller Blüte. Dies ist die Zeit des Schaffens und der Fülle, in der du dich produktiv und voller Lebensfreude fühlst. Nutze diese Energie, um deine Pläne weiter voranzutreiben und deine Ziele zu verfolgen. Fühle, wie diese warme, leuchtende Energie dich durchströmt und dir die Kraft gibt, deine Aufgaben mit Freude und Leichtigkeit zu meistern.

Langsam zieht nun der Herbst in deinen Garten ein. Die Blätter beginnen sich zu verfärben und fallen sanft zu Boden. Der Herbst symbolisiert die Zeit des Loslassens und der Ernte. Du kannst nun auf das Erreichte zurückblicken und die Früchte deiner Arbeit genießen. Spüre, wie du in dieser Phase Dinge loslassen kannst, die dir nicht mehr dienen, und dich gleichzeitig für das dankbar zeigst, was du erreicht hast. Lasse diese ruhige, reflektierende Energie in dich einfließen.

Schließlich tritt der Winter in den Garten ein. Alles ist ruhig, die Natur zieht sich zurück, um neue Kraft zu schöpfen. Dies ist die Zeit des Rückzugs und der Regeneration. Genauso wie die Natur im Winter ruht, darfst auch du dich zurückziehen, um neue Energie zu sammeln. Erlaube dir, in dieser Phase ganz bei dir selbst zu sein, ohne Druck und Verpflichtungen. Spüre, wie die ruhige, erholsame Energie des Winters dich einhüllt und dir die notwendige Ruhe schenkt, um später wieder mit neuer Kraft in den Frühling zu starten.

Erkenne, dass jede Jahreszeit ihren eigenen Wert hat, genau wie die unterschiedlichen Phasen deiner Leistungsfähigkeit und Produktivität. Lerne, die Schwankungen in deinem Energielevel anzunehmen und sie als natürlichen Teil deines Wesens zu betrachten. Wiederhole innerlich folgende Affirmationen: »Ich akzeptiere die zyklische Natur meines Wesens und weiß, dass jede Phase ihren Wert hat.« – »Ich finde Balance zwischen Aktivität und Ruhe, Produktivität und Entspannung.« – »Ich vertraue darauf, dass mein intuitiver Rhythmus mich trägt und leitet.« Atme tief ein und aus, während du langsam das Bild des Gartens und der Jahreszeiten hinter dir lässt. Spüre die Balance, die du in dir geschaffen hast, und öffne langsam die Augen.

Beziehe zudem den Mondzyklus in deine Wochen- und Monatsplanung ein. Beobachte, in welchen Mondphasen du besonders produktiv bist und in welchen weniger. Frauen sollten natürlich auch auf ihren Menstruationszyklus achten und seine unterschiedlichen Phasen berücksichtigen. Lege wenn möglich berufliche Termine oder wichtige Meetings auf Tage, wo du vor Energie nur so strotzt, und räume dir Zeit für dich ein, wenn dein Energielevel eher niedrig ist.

♓

Wie die Fische über sich hinauswachsen

REFLEXIONSFRAGEN, DIE DEINE SELBSTWAHRNEHMUNG STÄRKEN

- Welche Botschaften finden immer wieder ihren Weg zu mir?
- Wie verbunden fühle ich mich mit meiner Intuition?
- Drücke ich meine Gefühle aus und teile sie mit meinen Mitmenschen?
- Schenke ich mir kostbare Me-Time und gestatte mir, mich zurückzuziehen?
- Fühle ich mich in der Gesellschaft mancher Menschen energielos?
- Welchen Menschen vertraue ich blind?
- Sende ich mein strahlendes Licht und meine bedingungslose Liebe in die Welt?
- Habe ich das Gefühl, etwas tun zu müssen, um geliebt zu werden?
- Opfere ich mich für meine Mitmenschen auf?
- Fühle ich mich für andere verantwortlich?
- Gibt es Menschen, die mir ein schlechtes Gewissen machen?
- Welche Abhängigkeitsverhältnisse zeichnen sich in meinem Leben ab?
- Geht es mir automatisch schlecht, wenn andere leiden?
- Wie kann ich mich und meine Bedürfnisse deutlicher wahrnehmen?
- Auf welche Dinge kann ich mich gut konzentrieren?
- Womit lenke ich mich demgegenüber ab?
- Wann prokrastiniere ich am meisten?
- Wie kann ich mehr Struktur und Ordnung in mein Leben bringen?

Die oberste Bewusstseinsstufe Die bewussten Fische

Auf dieser Bewusstseinsebene strebt der Archetyp Fische nach selbstlosem Dienst an der Menschheit, bringt seine Medialität in die Gemeinschaft ein und bildet eine wertvolle Schnittstelle zwischen den geistigen Sphären und der physischen Welt. Nächstenliebe und Mitmenschlichkeit werden von ihm in das alltägliche Leben integriert, und er ist seinem Umfeld ein Beispiel an Seelenruhe und Friedfertigkeit. Durch ihn darf Magie und Hellsichtigkeit in das Kollektiv einfließen, sodass sich die Menschen wieder in Erinnerung rufen, dass sie spirituelle Wesen sind, die eine menschliche Erfahrung machen.

Die bewussten Fische sind spirituelle Vorreiter, die mit ihren medialen Fähigkeiten, ihrem Gespür für Synchronizitäten und ihrem tiefen Urvertrauen einen wesentlichen Beitrag leisten, um der Menschheit beim Prozess des Erwachens zu helfen. Sie fungieren als spirituelle Krieger, die ihren Mitmenschen vollkommen neue Perspektiven eröffnen und ihnen aufzeigen, wie ein Leben im Einklang mit der Göttlichkeit, die in jedem von uns steckt, aussehen kann. Sie veranschaulichen, welche Potenziale zum Vorschein kommen, wenn man sich vertrauensvoll durch das Leben führen lässt und all den Zeichen und Signalen, die uns umgeben Aufmerksamkeit schenkt.

Sie sind fantastische Künstler, die aus höheren Sphären Inspiration schöpfen und Kunstwerke erschaffen, denen ein Zauber innewohnt, der nicht von dieser Welt ist. Ihr Blick für das Schöne, Magische und Märchenhafte macht sie zu grandiosen Geschichtenerzählern, die mit ihren Märchen, Gedichten und literarischen Werken zum Nachdenken anregen und große Erkenntnisstürme im Kollektiv auslösen. In diesem Stadium nehmen die Fische immer eine verbindende Perspektive ein. Sie machen sich für die Liebe stark und eröffnen einen vollkommen neuen Blickwinkel auf Situationen, wodurch es den Beteiligten möglich wird, sich auf der Herzensebene zu begegnen. Ihr verlässliches Radar, das jedem noch so gut getarnten Ego-Muster auf die Schliche kommt, macht sie zu großartigen Mentorinnen. Sie halten anderen auf einfühlsame und liebevolle Weise den Spiegel vor und lassen sie erkennen, welche Dynamiken in ihnen bisher aktiv waren. So zeigen sie ihnen auf, wie sie in Verbindung bleiben können, statt sich immer noch fester in der Trennung zu verankern. Sie kreieren im Großen wie im Kleinen Momente des Mitgefühls und der bedingungslosen Liebe und sind die Wegbereiter für eine friedlichere und humanistischere Welt.

Die bewussten Fische gehen mit gutem Beispiel voran und konzipieren ein Alltagsmodell, das nicht nur ein Funktionierenmüssen zum Inhalt hat, sondern auch schwankende Leistungsphasen, emotionale Gefühlswellen und die Wirkung der kosmischen Energien berücksichtigt. Sie lenken den Fokus weg vom reinen Tun hin zum Sein, mit all seinen Vorzügen. Sie machen vor, wie man durch wohltuende Ruhephasen, kreative Tätigkeiten und eine Balance von Geben und Empfangen ein Lebensmodell gestaltet, das einen langfristig erfüllt, weil es allen Bedürfnissen des Menschseins gerecht wird.

Auf der höchsten Ebene zeigt dieser Archetyp auf, wie wichtig es ist, tiefes Vertrauen zu entwickeln und sich daran zu erinnern, dass wir allgegenwärtig behütet und beschützt sind. Er ruft seinen Mitmenschen in Erinnerung, dass eine höhere Kraft immer auf uns acht gibt und wir uns nicht sorgen müssen. Die bewussten Fische zeigen anderen, wie man in einen Zustand vollkommener Glückseligkeit eintreten kann, um sich an die eigene Vollkommenheit zu erinnern. Dabei geht es nicht darum, hedonistisch durch das Leben zu gleiten und alles Negative zu negieren, sondern darauf zu vertrauen, dass selbst in negativen Erfahrungen und schicksalhaften Veränderungen eine tiefere Bedeutung verborgen liegt – eine Bedeutung, die für die Erfahrung Mensch, für die wir inkarniert sind, von entscheidender Wichtigkeit ist. Mit ihrem tiefen Urvertrauen und ihrer weisen Weltsicht sind die bewussten Fische für andere wichtige Lebensratgeber. Ihre Mitmenschen saugen ihre Weisheit und ihr intuitives Wissen regelrecht auf und finden in den Gesprächen mit ihnen eine tiefe innere Ausrichtung und Halt.

Er ruft seinen Mitmenschen in Erinnerung, dass eine höhere Kraft immer auf uns acht gibt.

Auf der höchsten Bewusstseinsebene sind die Fische unvergleichliche Heilerinnen. Sie stellen ein Portal der kosmischen Liebe und der ganzheitlichen Heilung dar. Sie haben einen intuitiven Zugang zur spirituellen Welt und verschreiben sich der Aufgabe, sich zum Wohle anderer in den Dienst der Allgemeinheit zu stellen. Sie erfassen spirituelle und metaphysische Wahrheiten vollkommen intuitiv und sind ein Kanal für das Göttliche. Sie sind echte Weltverbesserer, die es als ihre kollektive Pflicht ansehen, einer höheren Sache zu dienen und sich für Frieden und Mitmenschlichkeit stark zu machen. Sie etablieren ein immer stärkeres Bewusstsein dafür, dass der Anstieg der Bewusstheit der einzige Weg ist, bestehendes Leid zu lindern und wirklich etwas zum Guten zu wenden. Deshalb übernehmen sie die volle Verantwortung dafür, ihr Leben bewusst und achtsam auszugestalten, mit allen Lebewesen gleichermaßen rücksichtsvoll umzugehen und das Göttliche, frei von Bewertung, in allem zu erkennen, was sich ihnen zeigt. In diesem Stadium sind sie vollkommen losgelöst von persönlichen Wünschen oder Bedürfnissen, stellen sich uneingeschränkt in den Dienst der Gemeinschaft und lehren ihre Mitmenschen, wie sie mehr Licht und Bewusstheit in ihr Leben bringen.

Wie die Fische ihren Lebenssinn finden

Mit einer Fische-Betonung liebst du es, in Rollen zu schlüpfen, deine Fantasie und deine schöpferischen Talente zum Ausdruck zu bringen. Alles Kreative, Künstlerische und Musische ist dir auf den Leib geschneidert, und so kannst du in anderen jede Menge Gefühle freisetzen, wenn du zum Mikrofon greifst, deine Kunstwerke präsentierst oder eines deiner Gedichte vorträgst. Denn bei allem, was du hervorbringst, rührst du die Herzen deiner Mitmenschen an, weil man sich bei deinen Werken nie ganz sicher sein kann, welcher Dimension sie entspringen.

Daneben ist es dein größter Wunsch, anderen zu helfen und durch deine Empfindsamkeit einen Weg in ihr Herz zu finden. Deine rücksichtsvolle und behutsame Art ermöglicht es dir, zu ihnen durchzudringen und ihr Vertrauen zu erlangen. Sie öffnen sich dir und verraten dir ihre intimsten Gedanken, weil sie sich von dir verstanden und akzeptiert fühlen. Durch aufmerksames Zuhören und deine Gabe, ihnen sanftmütig ihre Mechanismen aufzuzeigen, bist du ihnen dabei behilflich, ihren Weg zu finden. Nicht indem du ihnen die Richtung weist, sondern indem du sie auffängst, wenn sie sich verlaufen haben, und sie unterstützt, auf ihren Weg zurückzufinden. Die Präsenz und Achtsamkeit, mit denen du ihnen begegnest und dein Talent, vollkommen intuitiv im passenden Moment das Richtige zu sagen, befähigt dich dazu, der Engel zu sein, der ihnen in hoffnungslosen Momenten Zuversicht schenkt und ihnen aufzeigt, dass auch sie Flügel besitzen.

Schluss

Ich bin unendlich dankbar, dass sich dieses Buch in deinen Händen befindet. Mein Wunsch ist es, dir dabei zu helfen, all deine mannigfaltigen Facetten zu entdecken und dich in vollem Umfang, entsprechend deinem kosmischen Fingerabdruck, zur Entfaltung zu bringen. Ich hoffe, das ist mir gelungen.

Mit meinem Buch möchte ich das Licht, in dem die Astrologie betrachtet wird, verändern, und aufzeigen, was für ein bedeutender Katalysator sie für die Bewusstseinsentwicklung des Menschen ist.

Während ich dieses Buch schrieb, habe ich vieles über mich und die Dynamiken des Lebens herausgefunden. Ich habe gelernt, wie mühevoll und schmerzhaft inneres Wachstum sein kann und dass sinnbildlich am Ende des Regenbogens ein Topf voller Gold wartet, der uns auf wundersame Weise ganz schnell vergessen lässt, wie schwer es war, ihn aufzuspüren.

Doch ich kann euch sagen: Haben wir unsere Schatten erst einmal besiegt, verblasst ihr Schrecken im strahlenden Glanz unserer inneren Schätze.

Wie würde die Welt aussehen, wenn alle dieses Buch gelesen hätten?

Ich bin davon überzeugt: Wenn alle *Die Wunder des Kosmos* gelesen hätten, würde es den Menschen deutlich leichter fallen, sich mit Nachsicht, Verständnis und Wohlwollen zu begegnen. Denn durch das umfassende Wissen über die zwölf astrologischen Archetypen, das in diesem Buch vermittelt wird, würden sie verstehen, welche inneren Muster und Dynamiken dem Verhalten ihres Gegenübers zugrunde liegen, welche inneren Motive es leiten und welche Empfindungen hinter seinen Worten stecken.

Verstehen ohne viele Worte wäre möglich.

Die Astrologie ist die Sprache des Kosmos. Wie jede andere Sprache auch besitzt sie Vokabeln, die es zu erlernen und zu verinnerlichen gilt. Wenn du hier, am Ende dieses Buches, angekommen bist, weißt du genau, was mit folgenden Aussagen gemeint ist: »Meine Jungfrau ist heute nicht zu bremsen, ich habe schon das ganze Haus geputzt!«, »Sie strahlt wie ein Löwe« oder »Das muss jetzt nicht unbedingt Steinbock-Maßstäben genügen«. Du weißt nun, was eine Jungfrau zu ihrem Perfektionismus veranlasst, einen Krebs die Scheuklappen dicht machen lässt und einen Wassermann dazu motiviert, das Weite zu suchen.

Dieses Wissen kannst du fortan gebrauchen, um mit deinen Mitmenschen in Verbindung zu bleiben, gerade dann, wenn es schwierig wird.

Indem du nachvollziehen kannst, was in einer anderen Person vor sich geht, kannst du ihr aufrichtiges Mitgefühl entgegenbringen, woraus Nähe erwächst und eine echte Verbindung entsteht. Da viele Menschen sich sehr schwer damit tun, über ihre innersten Beweggründe zu sprechen oder diese gar nicht klar benennen können, ist Astrologie ein wundervolles Tool, um Verbundenheit zu erzeugen. Du wirst nun, nachdem du alle zwölf Tierkreiszeichen auf umfassende Weise kennengelernt hast, deinen Mitmenschen viel mehr Verständnis entgegenbringen, und zwar insbesondere auch dann, wenn sie sich und ihr Verhalten selbst nicht verstehen können. Du erschaffst für sie einen Raum der authentischen und vorurteilsfreien Begegnung. Wenn also jeder *Die Wunder des Kosmos* gelesen hätte, könnten wir die anderen sehen, wie sie sind, und würden auch von unserem Gegenüber so gesehen werden, wie wir sind.

Die Wunder des Kosmos werden dich nun durch dein Leben begleiten, und ich hoffe sehr, dass meine Ausführungen dir nicht nur die Augen hinsichtlich des Verhaltens deiner Mitmenschen geöffnet haben, sondern auch dich selbst viel tiefer mit dir und deinem Innersten in Berührung gebracht haben. Möge der kosmische Zauber deine inneren Schätze emporheben, sodass du dich in Losgelöstheit und Selbstvertrauen in all deinen Facetten zum Ausdruck bringst.

Quellenverzeichnis

Einleitung

Meyer, Michael R.: *A Handbook for the Humanistic Astrologer*, Doubleday & Co, 1974.
Rudhyar, Dane: Astrology is a language. If you understand this language, the sky speaks to you.

Kapitel Widder

Klein, Silke: *365 Zitate. Positives Mindset.* Impact Verlag, 2023, S. 52
Gandhi, Mahatma: Stärke wächst nicht aus körperlicher Kraft, vielmehr aus unbeugsamem Willen.

Hesse, Hermann: *Jedem Anfang wohnt ein Zauber inne.* Lebensstufen. Insel-Verlag, 2002.
Jedem Anfang wohnt ein Zauber inne.

Knischek, Stefan: *Lebensweisheiten berühmter Philosophen. 4000 Zitate von Aristoteles bis Wittgenstein.* Humboldt, 2007, S. 36
Konfuzius – Ist man in kleinen Dingen nicht geduldig, bringt man die großen Vorhaben zum Scheitern.

Schneider, Ralph: *Zitatenschatz Wassermann: 21. Januar bis 19. Februar*, Humboldt, 2006, S. 31
Somerset Maugham, William: Aufrichtigkeit ist höchstwahrscheinlich die verwegenste Form der Tapferkeit.

Sokrates: „Drei Siebe des Sokrates", in: Steinbach, Gabriele: *Arbeiten mit Geschichten.* Ziel Verlag, 2016.

Sutton, Jan: *1000 Pocket Positives*, How To Books, 2003, S. 71
Carver, George Washington: How far you go in life depends on your being tender with the young, compassionate with the aged, sympathetic with the striving and tolerant of the weak and strong. Because someday in your life you will have been all of these.

Regan, Lillith: *Quotes by Mahatma Gandhi: The complete collection of 280 quotes.* Independently Published, 2020.

Gandhi, Mahatma: I will not let anyone walk through my mind with their dirty feet.

Kapitel Stier

Vgl. https://www.bestenzitate.com//zitat/johann-wolfgang-von-goethe-3859

Goethe, Johann Wolfgang: Stürze dich kühn in die Fülle des Lebens.

Kudla Hubertus: *Lexikon der lateinischen Zitate. 3500 Originale mit deutschen Übersetzungen.* C.H. Beck, 2001, S. 96

Heraklit: Panta rhei.

Vgl. https://gutezitate.com/autor/andré-gide

Gide, André: Wenn sich eine Tür schließt, öffnet sich eine andere.

Kapitel Zwillinge

Klein, Silke: *365 Zitate. Positives Mindset.* Impact Verlag, 2023, S. 27

Rumi: Gestern war ich klug und wollte die Welt verändern. Heute bin ich weise und möchte mich verändern.

Tepperwein, Kurt: *Leben im Hier und Jetzt.* mvg Verlag, 2007, S. 270

Niebuhr, Karl Paul Reinhold: Gelassenheitsgebet – Gott gebe mir die Gelassenheit, Dinge hinzunehmen, die ich nicht ändern kann, den Mut, Dinge zu ändern, die ich ändern kann, und die Weisheit, das eine vom anderen zu unterscheiden.

Reichel, Tim: *365 Zitate. Tägliche Motivation.* Impact Verlag, 2022, S. 104

Kierkegaard, Søren – Man kann das Leben nur rückwärts verstehen, aber leben muss man es vorwärts.

Kapitel Krebs

Schmidt, Markus: *Transformation 2016–2026 & Spirituelle Irrtümer.* Books on Demand, 2016, S. 158.

Rumi: Hör mit den Ohren der Toleranz. Sieh durch die Augen des Mitgefühls. Sprich die Sprache der Liebe.

Kapitel Löwe

Sharma, Robin S: *Der Mönch, der seinen Ferrari verkaufte. Eine Parabel vom Glück.* Knaur Leben, 2019, S. 39

Suzuki: Ich bin ein Lebenskünstler, mein Kunstwerk ist mein Leben.

Vgl. https://www.businessinsider.in/tech/16-of-historys-greatest-philosophers-reveal-the-secret-to-happiness/slidelist/54902820.cms

Gautama Buddha: There is no path to happiness: happiness is the path.

Kapitel Jungfrau

Vgl. meinpapasagt.de

Dyer, Wayne: Wenn du glaubst, dass es funktioniert, wirst du Chancen sehen. Wenn du glaubst, dass es das nicht tut, wirst du Hindernisse sehen.

Mandt, Jörg: *Der Weg ist kein Ziel.* Books on Demand, 2022, S. 85

Mitsch, Werner: Ich kann fliegen, sagte der Wurm, als er mit dem Apfel vom Baum fiel.

Katzera, Johanna: *Die Geschichte von den zwei Wölfen.* 12. Mai 2020 (Online unter: https://einfachachtsam.de/geschichte-zwei-woelfe/).

Geschichte des alten, weisen Indianers, der seinem Enkelsohn von dem Kampf der beiden Wölfe im Inneren eines jeden ???

Dyer, Wayne: *Glücklichsein ist der Weg.* Goldmann, 2020.

Wenn Du Deine Sicht auf die Dinge veränderst, verändern sich die Dinge, die Du siehst.

Kapitel Waage

Tischinger, Michael: *Auf die Seele hören. Wegweiser in ein selbstbestimmtes Leben.* Herder, 2019.

Krishnamurti, Jiddu: Nur jemand, der weiß, was Schönheit ist, blickt einen Baum oder die Sterne oder das funkelnde Wasser eines Flusses mit völliger Hingabe an, und wenn wir wirklich sehen, befinden wir uns im Zustand der Liebe.

Hume, David: *Essays Moral, Political, Literary*, mit Vorwort von F. Miller. Liberty Fund, 1987.

Hume, David: Beauty is no quality in things themselves: it exists merely in the mind which contemplates them; and each mind perceives a different beauty.

Kapitel Skorpion

Quarch, Christoph: *Die Kunst der Gelassenheit.* 20. Januar 2020 (Online unter: ethik-heute.org).

Kornfield, Jack: Erst wenn man seine Lebensgeschichte mit allen daran geknüpften Hoffnungen und Ängsten loslässt und allen vergangenen Kummer, kann der Geist zur Ruhe kommen und das Herz sich öffnen.

Reichel, Tim: *365 Zitate. Tägliche Motivation.* Impact Verlag, 2022, S. 104

Chopra, Deepak: Leid ist Schmerz, an dem wir festhalten.

Nidiaye, Safi: *Das Öffnen des Herzens ist nicht etwas, das man tun kann, sondern etwas, das geschieht. Der Schlüssel dazu ist Bereitschaft. Sobald du bereit bist, etwas anzunehmen, öffnen sich die Türen deines Herzens, und zwar so weit, wie deine Bereitschaft reicht.*

Hofmann, Marie: *Schritt für Schritt zum großen Glück: Jeden Tag ein kleines Stück.* Herzsprung-Verlag, 2021

Tse, Lao: Wenn ich loslasse, was ich bin, werde ich, was ich sein könnte. Wenn ich loslasse, was ich habe, bekomme ich, was ich brauche.

Kapitel Schütze

Reichel, Tim: *365 Zitate. Tägliche Motivation*, Impact Verlag, 2022. S. 50

Lama, Dalai: Es gibt nur zwei Tage in deinem Leben, an denen du nichts ändern kannst: der eine ist gestern, der andere morgen.

Kapitel Steinbock

Choprak, Deepak: *Die Zukunft Gottes.* Driediger Verlag, 2015

Rumi: Jenseits der Vorstellungen von Richtig und Falsch liegt ein Ort. Dort werde ich Dich treffen.

Kapitel Wassermann

Apple Inc.: Think Different-Werbespot, 1997. Gefunden auf https://www.youtube.com/watch?v=5sMBhDv4sik (zuletzt aufgerufen am 9. 09. 2024)

Jobs, Steve: The people who are crazy enough to think they can change the world are the ones who do.

Kapitel Fische

Hodge, Susie: *50 Schlüsselideen Kunst.* Springer, 2014.

van Gogh, Vincent: Ich träume meine Malerei, und dann male ich meinen Traum.

Literatur

inspiriert durch:

Dyer, Wayne: *Wirkliche Wunder. Wie man scheinbar Unmögliches vollbringt.* Rowohlt Taschenbuch Verlag, 1995.

Redfield, James: *Die Prophezeiungen von Celestine. Ein Abenteuer.* Ullstein, 2023.

Redfield, James: *Das Geheimnis von Shambala. Das dritte Buch von Celestine.* Allegria Taschenbuch, 2007.

Scholdt, Gunda: *Esoterische Astrologie. Das Praxisbuch.* Books on Demand, 2017.

Sharma, Robin S.: *Der Mönch, der seinen Ferrari verkaufte. Eine Parabel vom Glück.* Knaur Leben, 2019.

Strelecky, John: *Das Cafe am Rande der Welt. Eine Erzählung über den Sinn des Lebens.* dtv, 2018.

Tolle, Eckhart: *Eine neue Erde. Bewusstseinssprung anstelle von Selbstzerstörung.* Arkana, 2005.

Tolle, Eckhart: *Jetzt. Die Kraft der Gegenwart.* Kamphausen Media, 2023.